U0264305

安全仪表系统
工程设计与应用
（第二版）

Safety Instrumented Systems：Design，Analysis and Justification，2nd Edition

〔美〕Paul Gruhn，P. E.，CFSE
Harry L. Cheddie，P. Eng.，CFSE 编著

张建国　李玉明　译

中国石化出版社

内 容 提 要

本书从实际工程应用出发，阐述了对 SIS 应用如何进行分析、设计、工程集成、安装，以及操作和维护。

本书面向过程工业领域仪表和控制系统工程师，特别适合从事安全仪表系统（SIS）设计、安装，以及维护工作的读者参考。在最终用户、工程公司、系统集成商，以及咨询服务机构中与 SIS 应用相关的工程技术人员、项目经理，以及销售人员，都可以从本书受益。

著作权合同登记　图字：01-2016-5800 号

Safety Instrumented Systems：Design, Analysis and Justification, 2nd Edition By Paul Gruhn, P. E., CFSE and Harry L. Cheddie, P. Eng., CFSE.
ISBN：1-55617-956-1

"Copyright © 2006 ISA. All rights reserved. Reprinted in limited copies with permission. Photocopies are prohibited under international copyright laws.
版权 2006 ISA。版权所有。许可限量再次印刷。国际版权法禁止影印。"
版权© 2006 由 ISA-仪表、系统和自动化学会；亚历山大大道 67 号（67 Alexander Drive）；邮政信箱：12277（P. O. Box 12277）；三角地研究园，NC 27709（Research Triangle Park, NC 27709）版权所有。
未经出版商书面许可，不得将本书的任何内容复制存储于检索系统，或者以电子、机械、影印、录音或者其他等任何手段以任何形式传播。
中文版权为中国石化出版社所有。版权所有，不得翻印。

图书在版编目（CIP）数据

安全仪表系统工程设计与应用／（美）保罗格润，（美）哈瑞·L. 谢迪编著；张建国，李玉明译. —2 版. —北京：中国石化出版社，2017.5（2024.5 重印）
书名原文：Safety Instrumented Systems：Design, Analysis and Justification, 2nd Edition
ISBN 978-7-5114-4408-0

Ⅰ. ①安… Ⅱ. ①保… ②哈… ③张… ④李… Ⅲ. ①安全仪表-设计 Ⅳ. ①TH89

中国版本图书馆 CIP 数据核字（2017）第 099482 号

未经本社书面授权,本书任何部分不得被复制、抄袭,或者以任何形式或任何方式传播。版权所有,侵权必究。

中国石化出版社出版发行
地址:北京市东城区安定门外大街 58 号
邮编:100011　电话:(010)57512500
发行部电话:(010)57512575
http://www.sinopec-press.com
E-mail:press@sinopec.com
北京科信印刷有限公司印刷

*

710 毫米 ×1000 毫米 16 开本 17 印张 311 千字
2017 年 5 月第 2 版　2024 年 5 月第 3 次印刷
定价:98.00 元

通　告

　　本出版物中的所有资料，用于读者的普通教育。由于作者和出版商没有任何控制能力约束读者对这些资料的使用，因此作者和出版商双方都拒绝承担因读者使用这些内容引发的任何类型的部分以及全部责任。期望读者在将本书的任何内容用于特定应用时，应自行作出全面的专业评判。

　　此外，作者和出版商没有调查和考虑在将书中的任何资料用于特定应用时，读者的能力对任何专利的影响。读者有责任审查任何可能的专利对将本书资料用于任何特定应用时有可能造成限制。

　　本书中提及的任何市面上的实物产品，都仅仅是作为例子引用。作者和出版商不会对引用的任何实物产品背书。引用的任何商标或者商品名称属于各自的拥有者。作者和出版商在任何时候都不对引用的任何实物产品的有效性作出表示。在使用实物产品时，在任何时候都应遵循制造商的说明书，即使与本书中给出的资料相矛盾。

译者致谢

翻译这本书的动议，来自于国家安全生产监督管理总局安监总管三〔2014〕116号"国家安全监管总局关于加强化工安全仪表系统管理的指导意见"的实施。

该指导意见明确要求加快安全仪表系统功能安全相关技术和管理人才的培养要通过开展安全仪表专业培训，强化功能安全相关知识，培养一批具备专业技术能力、掌握相关标准规范的工程技术人员，满足开展和加强化工安全仪表系统功能安全管理工作的需要。这本书的翻译旨在为广大业界读者提供一份可供参考的资料。

随着现代过程工业生产规模的日益庞大，复杂的工艺技术和生产装备的广泛采用，生产装置和设施的"过程安全"成为重要的课题。采用仪表和自动控制技术的紧急停车系统、安全关断系统，以及安全联锁系统等名目繁多的安全保护系统为确保安全生产功不可没，同时由于这些系统本身的故障或功能失效导致意外事故发生也屡见不鲜。经过几十年的仪表技术和安全生产理论的发展进步，推动了IEC 61508/IEC 61511等"功能安全"国际标准的制定。这些标准规范的显著特点，是以"性能化"设计和全生命周期管理为导向，以安全完整性等级（SIL）为指针，为形形色色的仪表保护系统应用确立了统一的设计和工程实践准则。

基于IEC 61508的国家标准GB/T 20438《电气/电子/可编程电子安全相关系统的功能安全》和基于IEC 61511的国家标准GB/T 21109《过程工业领域安全仪表系统的功能安全》颁布十余年来，受到政府安全监管部门和业界的重视和认可。但是，市面上有关安全仪表系统工程应用的书籍并不多见。本书的翻译出版，在一定程度上对读者了解安全仪表的相关概念和技术应用会有所帮助。

本书的原著，是美国ISA（International Society of Automation）出版的《Safety Instrumented Systems：Design，Analysis and Justification，2nd Edition》。该书是美国ISA 84安全仪表系统认证程序（ISA 84 Safety

Instrumented Systems Certificate Programs)1 级证书－SIS 基础技术专员（Certificate 1：ISA 84 SIS Fundamentals Specialist）的培训教材（ISA 培训课程编号 EC 50）。由于是 SIS 的基础知识培训教材，本书作者在行文上尽量避免采用专业术语和定义，而是用生动的语言、形象的比喻解释有关 SIS 应用的相关概念和知识，特别适合于初级学习之用。

这本书中介绍的法律法规以及 SIS 工程应用的技术背景立足于美国，很多方面并不适用于我国的安全监管和工程实践要求。不过，基于我国企业开拓国际市场以及学习欧美发达国家的先进技术和安全理念的现实需要，广大读者一定会从本书受益。

本书的原作者是保罗格润（Paul Gruhn，P. E.，CFSE）和哈瑞 L. 谢迪（Harry L. Cheddie，P. Eng.，CFSE）。在本书翻译出版之际，译者对原作者表达敬意和感谢。

原著对这两位作者的介绍如下：

保罗格润是位于得克萨斯州休斯顿市的 ICS Triplex 公司的安全专家。保罗是 ISA 会员和 ISA SP84 委员会成员。ISA SP84 委员会编写了 ISA 84 系列标准—1996 版"安全仪表系统在过程工业中的应用"和 2004 版"过程工业安全仪表系统的功能安全"。保罗是 ISA 课程 EC 50-"安全仪表系统"课件的编者和讲师。保罗积极参与 ISA 在当地或国家层面的各种活动。保罗也是系统安全学会（System Safety Society）和国家专业工程师学会（National Society of Professional Engineers）的成员。保罗拥有伊利诺伊州芝加哥市伊利诺伊技术学院的机械工程学士学位，是得克萨斯州执业专业工程师，TÜV 认证的功能安全专家。

哈瑞 L. 谢迪是 Exida 的首席工程师和合伙人。目前从事安全技术研究工作，并基于 IEC 61508 和 IEC 61511 标准开展培训课程开发以及教学。加入 Exida 之前，哈瑞是位于加拿大安大略萨尼亚市的拜耳公司的控制系统顾问，同时也是工程部门的主管，负责过程控制系统的设计和维护。哈瑞毕业于英国索尔福德大学，电气工程学士（优等荣誉）学位。加拿大安大略省注册专业工程师。哈瑞是美国质量学会（American Society for Quality）认证的质量工程师和可靠性工程师，TÜV 认证的功能安全专家。

本书的翻译出版，得到了国家安监总局领导的直接关怀、支持和鼓励，得到各级安监部门和团体相关领导以及业界各方朋友的支持和大力协助，得到中国石化出版社的热忱合作，以及得到ISA的信任和肯定，得到译者工作单位领导的大力支持和同事们的热情帮助。译者对各级领导和各方朋友对本书出版给予的支持和帮助表示深深的谢忱和敬意。

还要特别感谢下列团体对本书出版发行给予的大力支持：

- 中国化学品安全协会
- 中国自动化学会仪表与装置专业委员会
- 中国化工学会培训中心
- 中国石油和化学工业联合会(上海)培训中心
- 广东新华粤华德科技有限公司
- 北京安稳优自动化技术有限公司

本书中相关概念的翻译既参照国标，也考虑了石化和化工行业的通行表达，在行文上尽量保持原著的风格，也修正了一些明显错误。不过由于译者的水平所限，表达不准确或者可能出现差错很难完全避免。诚恳地欢迎广大读者朋友批评指正。

译者

目　　录

安全仪表系统工程设计与应用(第二版)

1 概　述

我已经晕了！

Gruhn

"工程责任不应该是灾难发生后的亡羊补牢"
——*S. C. 福劳曼（Florman）*

1.1　安全仪表系统

在过程工业领域，常常听到安全联锁系统、安全仪表系统、安全停车系统、紧急停车系统、仪表保护系统等等，不同的公司有着不同的叫法。ISA SP84 委员会内部也一直讨论这些系统的术语。曾经考虑采用安全系统，但对不同的群体，有着不同的理解。对许多化学工程师来说，"安全系统"会视为管理规程和工程实践，而不是控制系统。现在常用的*紧急停车系统(Emergency shutdown system - ESD)*，在电气工程师英文字典里，ESD 的意思是静电放电(Electro - static discharge)。许多人并不愿意把*紧急(Emergency)*一词放在系统的名称里，因为该词倾向于负面。另外一些人同样不喜欢"安全停车系统"。因为只要与"安全"一词出现关联，就会立即引人注意。

美国化学工程师学会化工过程安全中心(AIChE CCPS) 1993 年出版的《化工过程安全自动化指南》一书中，采用了*安全联锁系统(Safety Interlock System —— SIS)*这一术语。ISA SP84 委员会的一些成员认为，*联锁仅代表了安全控制系统的众多类型中的一个*。ISA 委员会决定采用*安全仪表系统(Safety Instrumented System)*，很大程度上是为了与 AIChE 的 SIS 这一简称保持一致。AIChE CCPS 于 2001 年出版的《保护层分析》一书，也使用 SIS 这一缩略语，近年来更多地将 SIS 定义为"安全仪表系统"。

那么，安全仪表系统的定义是什么呢？ANSI/ISA - 91.00.01—2001(过程工业紧急停车系统和关键安全控制辨识)标准中，*紧急停车系统*定义为："用于将工艺过程或工艺特定设备置于安全状态的仪表和控制系统。不包括用于非紧急停车或常规操作的仪表和控制系统。紧急停车系统包括电气、电子、气动、机械以及液动系统(也包括那些可编程的系统)"。换句话说，安全仪表系统用于对工厂的危险工艺状态作出响应。这些工艺状态本身是危险的，如果不采取动作，可能会造成危险事件的发生。安全仪表系统必须正确响应，以防止危险事件的发生或者减轻危险事件的后果。

国际上也用其他的方式来描述这些系统。国际电工委员会标准 IEC 61508：电气、电子、可编程电子安全相关系统的功能安全(IEC 61508)，采用安全相关系统(Safety Related System)这一术语，缩略为 E/E/PES。如该标准的名称所示，E/E/PES 代表电气(Electric)、电子(Electronic)和可编程电子(Programmable electronic)。它意指继电器、固态逻辑以及基于软件的系统。

一般来说，标准关注的是与人身安全有关的系统。不过，同样的概念也可用于为保护设备和环境意图而设计的系统。事实上，在企业内很多方面都涉及风险，而非仅仅人身安全。因此，用于人身保护的安全相关系统的文字描述，同样适用于资产和环境保护等的系统应用。

如同其他出版物一样，本书出现了许多缩略语和术语。其中一些术语并未被业界完全认可或普遍使用，也可能会有不同的表达方式。在本书中，除非另有说明，所有术语都采用 ANSI/ISA-84.00.01—2004 第一部分第三款(Part 1，Clause 3)中的定义。缩略语在书中第一次出现时，通常会给出定义。而其他术语，则会在文中择机解释。

1.2　本书服务对象

本书面向过程工业中从事安全系统相关工作，并期望遵循相应工业标准的专业人员。这些人员来自于最终用户、工程公司、系统集成商、咨询机构，以及供货商。管理者和销售人员，通过对本书内容的初步了解，也会从中受益。

依据 1996 年版的 ISA SP84 标准，期望的读者群体为从事"SIS 产品的设计和制造、选型、应用、安装、调试、开车前的验收测试、操作、维护、文档编写与管理，以及测试"等相关人员。只要工作与安全系统有这样或那样的关联，该标准或本书其中一部分就会对你有所帮助。

上述 1996 年版标准，也给出了对过程工业的定义："涉及但不限于石油、燃气、木材、金属、食品、塑料、石油化工、化学品、蒸汽、电力、医药以及废料的生产、加工、制造，或者处理等的工艺过程"。

2004 年版的 ISA SP84 标准是一个全球性标准。它得到世界范围内的认可，任何国家可以将 IEC 61511 或者 ANSI/ISA-84.00.01—2004 作为其过程工业功能安全标准，ISA SP84 和 IEC 61511 委员会合作，共同推动实现这一目标。IEC 61511 与 ANSI/ISA-84.00.01—2004 整体相同，只是后者增加了一个宗亲条款或称为免责条款(Grandfather clause，参见标准第一章第一款)。IEC 61511 和 ANSI/ISA-84.00.01—2004 面向最终用户，而 IEC 61508 则是面向设备制造商。本书关注 ISA-84.00.01—2004，第 1~3 部分(IEC 61511 Mod)。

1.3　本书意图

当今的工业生产过程，采用基于计算机技术的系统进行控制，存在着大规模损毁的潜在风险。即使单一意外事故发生，往往也损失惨重，造成大量的人员伤

3

亡和重大财产损失。我们不能仅从反复出错中吸取教训("噢，那个工艺单元爆炸死了 20 人，重建时将设定值提高五度，就不会再发生这样的事情了")。我们应该尝试预测事故并防止其发生。仅从过去的意外事故中总结经验代价过于昂贵，这也是为什么各种过程安全法规在世界各地颁布的原因。希望这本书能以自己的方式为安全尽微薄之力。

本书所有的话题和探讨都是围绕着这一主题，即从安全仪表系统的工程实际出发，探讨安全要求规格书、分析、设计、安装，以及维护等不同阶段"如何做"，囊括了安全仪表系统应用中需要的实际知识。也可以用于指导制定和执行各种标准规定的工作步骤或操作规程。

仅仅依赖标准是否足以满足需要？答案取决于你本人和你所在企业的知识和经验水平。ANSI/ISA-84.01—1996 的"规范性的或正文的"(强制性要求)部分，仅有大约 20 页(而附录和参考资料足有大约 80 页)。该标准制定时，委员会成员知道某些条款和要求并非所有人都能做到。有些成员希望某些文字描述进行特别的模糊处理，以便为用不同的方式满足这些要求留出自主空间。有些成员观点恰恰相反，主张明确清晰地规定出要求。ANSI/ISA-84.00.01—2004(IEC 61511 Mod)标准的条文规定较之更加详细。该标准的第一章-规范性要求部分-超过 80 页。第二章-参考资料部分，指导如何实施第一章-也有 70 多页。在该标准编制的同时(2005 年初)，也一并编写了超过 200 页的技术报告 ISA TR84.00.04-实施 ANSI/ISA-84.00.01—2004(IEC 61511 Mod)指南-内容更加翔实充分。技术报告弥补了标准条文不能满足某些成员对详细程度要求更高的缺憾。标委会有几十位积极活跃的核心成员，也有几百位通讯会员，众口难调，这就是现实！两位作者合写这本书，无意触及标委会内部工作中的这些典型冲突。也不意味着本书比标准或与之配套的技术报告更准确或全面。

这本书涵盖了安全仪表系统的整个生命周期，从明确系统需求开始到该系统的停用。包括过程控制和安全控制之间的区别、常规控制和安全功能的隔离、独立保护层、确定安全完整性等级、逻辑系统和现场仪表的相关问题，以及安装和维护。本书关注安全仪表系统的设计要求、分析技术、技术选择、订货、安装、文档，以及测试。它也涉及到安全仪表系统的技术和经济合理性评判。本书力求务实，通过许多实际例子探讨解决方案，并尽可能少地引用理论和数学知识，用到的公式也仅涉及简单的代数。

1.4　业界的困惑

本书的目的之一是澄清业界在安全系统设计时常会混淆的概念和技术问题。

许多人希望直接将工业标准转化为他们解决具体问题时的推荐做法。不过该标准是基于性能化的设计和工程指引，而非硬性规定。因此，没有特别推荐的锦囊妙计。从本质上，标准只规定需要做什么，而不是告诉你特定的做法。下面探讨的仅是需要做出选择和判断的几个方面。

1.4.1 技术选择

继电器、固态技术还是微处理器，选择采用哪种技术？取决于应用需求吗？对小型应用来说，继电器系统仍是最常见的。但如果设计 500 个 I/O（输入/输出）点的系统，你是否考虑用继电器搭建？采用一套仅有 20 个 I/O 点的冗余可编程系统是否经济？有些人不喜欢将基于软件的系统用于安全应用，而另一些人则根本没有顾虑，谁对谁错呢？

许多人认为，采用冗余的 PLC（Programmable Logic Controller，可编程逻辑控制器）作为逻辑解算器（Logic Solver）足以满足系统设计要求。但是如何对 PLC 进行编程呢？我们会看到编写常规控制系统程序的人员，经常也从事安全系统的编程，并且采用相同的编程规则，可以吗？

1.4.2 冗余选择

安全仪表系统应该具备怎样的冗余？这取决于所选技术吗？取决于风险水平吗？如果绝大多数的继电器系统采用简单的非冗余架构可以被认可，为什么三重化的可编程系统变得如此受欢迎？什么情况下非冗余的系统能够被接受？何时需要冗余的系统？何时需要三重化的系统？怎样对这些决定的合理性进行评判？

1.4.3 现场仪表

安全系统不仅仅是逻辑控制单元，对现场仪表-传感器和最终元件又需要做怎样的考虑呢？传感器应该选用离散检测开关还是模拟变送器？是否需要采用智能化的仪表？是否需要冗余的现场仪表配置？是否需要对阀门进行部分行程测试？现场总线可用吗？对现场仪表多长时间进行一次测试？

1.4.4 测试周期

以怎样的频度对系统进行测试？每月一次、每季度一次、每年一次，还是按照工艺装置的停车时间？取决于安全系统采用的技术吗？与非冗余系统相比，冗余系统需要更频繁的测试还是更少？测试的时间间隔取决于风险水平吗？在测试时如果允许旁路，限制到多长时间？怎样完成在线测试？测试能自动进行吗？仪表设备的自诊断水平对人工测试时间间隔有怎样的影响？整个系统作为一个整体进行测试，还是对每部分分别进行？如何对所有这些问题做出恰当的决定？！

1.4.5　厂商宣传

每一个厂商都会吹嘘自己的产品如何与众不同，似乎只有他们的产品才是最棒的。三重化系统厂商骄傲地展示着他们的产品如何技压群芳，而二重化系统的厂商则声称他们的系统与三重化的系统是伯仲之争。如果单一的系统是好的，是否二重化更好，三重化也更好？一些厂商甚至推出了四重化冗余系统！不过至少有一个逻辑控制器的厂商声称他们的非冗余系统已经获得了安全完整性(SIL)3级的认证。冗余逻辑系统是否需要？应该相信哪些厂商的说辞－更重要的是－为什么？如何用相同的尺度审视所有的销售"花招"？当无所适从时，将难以做出最终决定，也许问一问信得过的同事，会更容易找到答案！

1.4.6　认证与早先使用

面对这些问题与矛盾，有些厂商认为获得符合各种标准的认证，具有潜在的巨大利益。从一开始，认证都是由独立的第三方机构完成的。尽管获得第三方认证会承受昂贵的费用，但期望藉此获得双重好处：证明他们产品的适配性并淘汰潜在的竞争者。不过，工业标准并不强制规定采用独立认证的产品，用户也能够灵活地使用某些没有经过第三方认证的仪表设备。用户怎样基于早先使用(Prior Use)，自己"认证"某种部件或系统适合具体应用？需要多少经验和什么文档进行证明？如何保证不会违背相关法律？厂商怎样自己证明他们的产品满足了各种标准？发现自己的错误是困难的，那么自我证明和标榜具有多高的可信度？相关的标准、附录、技术报告和白皮书，详细地阐述了上述这些问题。

1.5　工业指南、标准以及法规

"愚人对法规是顺从，智者视法规为指引"。

——皇家空军(RAF)座右铭

工业界编写自己的标准、指南和推荐的工程惯例，原因之一是为了避免政府颁布法规。业界对意外事故的发生负有责任，如果不能自律以及自我管制，政府就可能介入并实施监管。一旦风险被公众察觉并引发"恐慌和担忧"，政府通常会插手。在美国，首次因公众压力而成功促使国会颁布的管理法规诞生于100年前，起因是一系列的海运汽船锅炉事故夺去了数以千计的生命。下面列举的这些规范或文档，其中一部分是基于性能化的或者目标的，另外一些则是直接硬性指定。

1.5.1 HSE-PES

《可编程电子系统的安全相关应用第一章和第二章(*Programmable Electronic Systems In Safety Related Applications*，*Part1&2*)》，英国健康和安全执行局(U. K. Health & Safety Executive)编著，书号：ISBN 011-883913-6 & 011-883906-3，1987 年出版。

该书是首部此类专著，由英国健康和安全执行局编撰发行。虽然它专注于软件可编程系统，但其中建立的概念也适用于其他技术。它涵盖了定性和定量评估方法，以及许多设计检查表。第一章-"入门指南"-仅有 17 页，主要是面向管理人员。第二章-"通用技术指南"-则有 167 页，主要服务对象是工程技术人员。尽管该技术文献在英国之外并没有被广泛认知，但事实上非常不错。考虑到该技术文件的涉及面，近年来已经被用作许多技术文件的基础。

1.5.2 AIChE-CCPS

《化工过程安全自动化指南(*Guidelines for Safe Automation of Chemical Processes*)》，AIChE 编著，书号：0-8169-0554-1，1993 年出版。

在印度博帕尔(Bhopal，India)事故之后，美国化学工程师学会成立了化工过程安全中心(CCPS)。从那时起，CCPS 编撰出版了大量以各种设计和安全为主题的工具书，用于过程工业领域。本专著涵盖了分散控制系统(DCS)和安全联锁系统(SIS)的设计，并包含了其他有用的信息。本书的编写花费了好几年的时间，是大量最终用户企业(非供货厂商)的专业人员共同努力的成果。

1.5.3 IEC 61508

《电气、电子、可编程电子安全相关系统的功能安全(*Functional Safety of Electrical/Electronic/Programmable Electronic Safety - Related Systems*)》，IEC 61508，1998 年颁布。(IEC 61508 第二版于 2010 年颁布-译注)

国际电工委员会颁布的 IEC 61508，是一个"伞形"标准，它涵盖了继电器、固态和可编程系统，包括现场仪表。该标准应用于所有工业领域，包括运输、制药、核电，以及过程工业等等。它共有七章，其中一部分于 1998 年首次颁布。该标准的出发点是不同工业领域编写各自的行业标准时，都以它给出的概念为基准。目前至少在运输、机械，以及过程工业领域得以实现。过程工业功能安全标准(IEC 61511)第一版于 2003 年颁布，关注于最终用户。IEC 61508 标准主要面向产品和系统制造。当厂商的产品寻求认证，用于某一特定安全完整性等级(SIL)时，认证机构将 IEC 61508 作为认证的依据和基础。

1.5.4 ANSI/ISA-84.00.01—2004(IEC 61511 Mod)和ANSI/ISA-84.01—1996

《*过程工业领域安全仪表系统的功能安全(Functional Safety: Safety Instrumented Systems for the Process Industry Sector)*》，ISA 84.00.01-2004，第1~3部分(IEC 61511 Mod)，以及先前的《*安全仪表系统在过程工业中的应用(Application of Safety Instrumented Systems for the Process Industries)*》，ISA 标准 84.01—1996。

ISA SP84 委员会历时十余年制定了该标准。该技术文件在数年间经历了许多改变。它最初是作为美国标准并专注于可编程逻辑单元(并不涉及现场仪表)，而最终扩展到包括其他技术的逻辑单元以及现场仪表。

在 ISA SP84 标准制定期间，IEC 标委会也开始着手编写 IEC 61508。ISA SP84 标委会认为他们的标准能够在 IEC 的框架下，用作过程工业领域的行业标准。在此背景下，IEC 制定 61511 时以 ANSI/ISA-84.01—1996 为蓝本。事实上，ISA SP84 标委会的主席，同时也是 IEC 61511 标委会的主席。

ANSI/ISA-84.01—1996 标准规定每五年更新一次，以适应新的技术发展。与其重新编写 ISA SP84 标准，不如直接移植 IEC 标准，标委会最终决定采用 IEC 61511。为了从 ISA SP84 的 1996 年标准过渡到新标准，引入"宗亲条款(或称免责条款)"作为补充约定。这样形成了新的标准 ANSI/ISA-84.00.01—2004，第1~3 部分(IEC 61511 Mod)。

1.5.5 NFPA 85

《*关于锅炉和燃烧系统危险的规范(Boiler and Combustion Systems Hazard Code)*》，美国国家消防协会，2004 年颁布。

NFPA 85 是世界范围内最被认可的关于燃烧系统安全的标准。它是非常典型的直接规定具体设计要求的标准。该标准涵盖：

- 单燃烧器锅炉操作
- 多燃烧器锅炉
- 粉煤燃料系统
- 司炉操作
- 常压流化床锅炉操作
- 余热回收蒸汽发生器系统

NFPA 85 的意图，是提供安全操作并预防火灾、爆炸和炉膛内爆。其中一些关键要求与燃烧器管理系统逻辑有关。NFPA 并不要求强制执行该标准，不过保险公司、政府监管机构，以及一些企业标准通常要求遵循 NFPA 85。许多国家和公司要求燃烧器管理系统要符合 NFPA 85 规定。

是否将燃烧器管理系统(Burner Management System-BMS)归类为安全仪表系统，存在非常大的争议。认为它是 SIS 的，是因为这两种系统的定义非常相似。不过，NFPA 标准没有安全完整性等级的规定。各标准委员会成员正努力促成各标准的协调一致。

1.5.6　API RP 556

《炉火加热器和蒸汽发生器仪表和控制系统推荐的工程惯例(*Recommended Practice for Instrumentation and Control Systems for Fired Heaters and Steam Generators*)》，美国石油学会，1997 年发布。

该工程惯例相关章节涵盖了用于以下设备的停车系统：炉火加热器、蒸汽发生器、一氧化碳或废气蒸汽发生器、燃气透平废气锅炉，以及非炉火废热蒸汽发生器。该技术文件除了用于常规炼油厂外，也声称"在化工厂、汽油提炼厂，以及类似的生产装置中应用是适用的，不需作任何修改"。

1.5.7　API RP 14C

《离岸生产平台水面上基本安全系统、设计、安装，以及测试推荐的工程惯例(*Recommended Practice for, Design, Installation, and Testing of Basic Surface Safety Systems for Offshore Production Platforms*)》，美国石油学会，2001 年发表。

该指导文件，基于"证明了的工程惯例"直接硬性规定出相关技术要求，涵盖离岸生产平台水面上安全系统的设计、安装，以及测试等方面。它面向设计和操作人员。

1.5.8　OSHA(29 CFR 1910.119-高危险化学品的过程安全管理)

过程工业有具大的内在动力编写行业标准、指南，以及推荐的工程惯例。正如前面所述，如果业界本身无法控制风险，政府就会干预。20 世纪八十到九十年代，在美国由于发生了多起重大的过程工业灾难性事故，致使政府于 1992 年颁布了 29 CFR 1910.119。如同其标题所示，它针对涉及高危物质的相关组织。OSHA 估计美国有超过 25000 套设施受到该法规的监管，并不仅仅是炼油厂和化工厂。该法规有十几项规定，其中多项涉及到安全仪表系统的选型、设计、文档，以及测试等的详细要求。

例如：

*第 d3 项：过程安全信息：*与工艺过程中的设备…(包括)安全系统…有关的信息。"对在役设备…，业主要*确定*其设备是以*安全的方式*设计、维护、检验、测试，以及操作，并形成文档"。

看过该 OSHA 法规的人们会有很多疑惑。例如，什么是"安全的方式"？怎样"确定"并以什么方式形成"文档"，从而证明处于"安全"运行？怎样的安全是足够安全？对这些问题，OSHA 文件只给出了一点点答案。OSHA 法规中的相关规定，是 ISA SP84 中"宗亲条款或免责条款"的基础。前面提到的标准和指南中，都详细讨论到这些问题。

*第 j 项：机械完整性：*应用于下面的工艺过程设备：…，紧急停车系统，…的*检验和测试*："工艺设备的检验和测试频率，应该与制造商推荐的做法以及良好的工程惯例相一致。如果操作经验表明有必要，测试的频度应该加大"。谁的经验?！谁的良好的工程惯例?！前面提到的标准和指南中，也都详细论及到这些问题。

第 j5 项：设备缺陷："在继续使用之前，业主应矫正超出可*接受限度*的设备*缺陷*，或者以安全及时的方式采取必要的措施*确保安全操作*"。"缺陷"的定义是什么？该规定本身看起来就是矛盾的，它首先引入"可接受限度"的概念(如果我站在"这儿"是可接受的，跨过假设的边界并站到了"那儿"，就不再是可接受的)，这看起来没错。但非常类似的表述又说到，如果出现任何差错，你就明显地不能"确保"(保证)安全操作。换句话说，怎么做你都不会赢。在出现任何错误和人员受到伤害时，OSHA 的"一般责任(general duty)"条款都是适用的。

第 j6 项：质量保证："在新工厂和设备的建造中，业主应该*保证设备适用*于该工艺过程中的预期用途"。业主应该"*保证*"?！本杰明富兰克林说过，只有死亡和交税是"确定的"。"适用于"?！依照谁的规定?！供货商设法向你推销的不是他们的系统吗？以什么尺度来衡量呢？工业标准详细地讨论到了这些问题。

附录 C：与指南和推荐的工程惯例的符合性：机械完整性："从制造商的数据或业主的使用经验中，获取各种仪表和设备部件的平均无失效时间，帮助确定检验和测试频率以及制定相关操作规程"。业主应该认识到保持这类信息记录的必要性。这些数据如何影响各种系统的测试频率？如何决定？一些制造商提供了失效率数据，而另外一些厂商则没有。同样地，工业标准详细地讨论到了这些问题。

值得关注的是，OSHA 2000 年曾给 ISA 写过一封信，认可 ANSI/ISA－84.01—1996 是"关于 SIS 的公认的良好的工程惯例（RAGAGEP－Recognized And Generally Accepted Good Engineering Practice）"，如果遵循了该标准的规定，就意味着"符合 OSHA PSM 关于 SIS 的要求"。

1.6 标准制定思路的变化

大家总是期望有预先计划好的解决方案简单"食谱"。例如："在炼油厂催化裂化装置上设置高压停车安全功能，请翻到第 35 页。其中列出了双重化传感器、双重化逻辑单元、非冗余阀门、功能测试时间间隔是每年一次，以及建议的如何进行逻辑组态等等。关于在无人值守海上平台高压分离器设置高液位停车安全功能，请翻到第 63 页。它给出了……"。很多原因都不允许这样制定标准。标准不会给出清晰的、简单的，以及精确的答案。它们也不会强制规定具体的技术、水平、冗余度，或者测试时间间隔。

直接给出硬性规定的标准，虽然很有用，但不能涵盖今天系统的多样性、复杂性，以及所有的细节。例如，如果从当地的五金商店购买一个压力开关，很可能满足了某硬性规定标准的要求。但是关于该部件如何恰当地完成特定功能的要求，此类标准中即使有，也是非常少地涉及到。

二十年前，最常见的安全系统由离散检测开关、离散继电器逻辑，以及电磁阀控制的开关阀构成，那时需要考虑的问题非常简单。今天的传感器可以是离散检测开关、常规模拟变送器、智能变送器，或者安全变送器。逻辑控制器现在可以是继电器逻辑、固态逻辑、常规 PLC，或者安全 PLC。最终元件现在可以是配电磁阀的开关阀，或者配智能定位器的调节阀。简单地说，这类硬性规定的标准无法一一规定如此多的组合，以及如何选择这些部件和技术。不过，现在新一代基于性能化设计的标准，从全新的视角规定了如何正确地选择方法和手段。

在制定工业标准的思路和方法上，发生了根本性的改变。标准的制定正放弃给出硬性规定的做法，而更多地是朝着以性能化设计为导向提出要求的方向前进。事实上，位于北海（North Sea）的派珀阿尔法（Piper Alpha）海上平台爆炸事故发生后，该做法也是政府调查报告中给出的建议之一。硬性规定的标准，通常不会考虑新技术的发展，容易过时。在这种情况下，每个组织不得不自行决定什么是"安全"。他们也不得不自行"确认"他们的系统事实上是"安全"的，并形成适当的"文档"。不幸的是，这些都是很少人愿意做的困难决定，更少人愿意将其形成书面的规定。"什么是安全"超越了纯粹的科学领域，而是涉及哲学、道德，以及法律等层面的问题。

1.7 不能仅凭感觉

直观感受可能会得出错误的结论。例如，一个二选一系统(两个冗余的通道只要有一个功能正常，就能完成停车功能)，或者一个三重化的三选二系统(三个冗余的通道中要求两个功能正常，就能完成停车功能)，哪一个更安全？直觉可能使你认为，如果单一通道架构的系统是"好的"，那么两个通道会更好，三个通道一定最好。你可能据此得出结论，三重化的系统是最安全的。可惜事实并非如此。很容易地分析出双重化的系统实际上更安全些。第八章将更详细地探讨这一主题。任何事物都有两面性，二选一的系统在安全性上会好些，但它有更多的误关停机会。这不仅造成生产停车和经济损失，误关停对"安全"也没有任何益处，即使其失效被称为"安全失效"。

至少有两个研究(一个来自跨国石油公司，另一个来自一流协会)表明，在役安全仪表功能既存在过度设计(37%～49%)，也有设计不足(4%～6%)现象。此种情形可能并不像人们过去想象的那么明显。基于性能化设计的标准出现，为业界更好地辨识风险，实施更恰如其分的安全策略以及成本优化的解决方案提供了可能。

如果你所在的工厂过去十五年里没有发生过事故，这意味着你们拥有一个安全的工厂吗？如果这么认为，可能会让你心满意足，但是说明不了任何问题。你开车在过去的十五年间可能没有出现过任何交通事故，但你如果每天晚上去酒吧喝上 6 大杯酒，然后毫不在意地开车回家，不会认为你是一位"安全的"驾驶者。毫无疑问，在塞韦索(Seveso，意大利)、弗利克斯伯勒(Flixborough，英格兰)、博帕尔(Bhopal，印度)、切尔诺贝利(Chernobyl，前苏联)，以及帕萨迪娜(Pasadena，美国)等灾难发生前，人们可能会一直持有这样的看法。没有发生过，并不意味着它将来不发生，或者不可能发生。

如果安全仪表系统设计是很简单的事情、凭直觉就可实现，相关的工业标准、指南、推荐的工程惯例，包括本书等也许都没有存在的必要了。飞机和核电厂不可能凭直觉和内心的感受去设计建造。如果你问波音 777 的总工程师："为什么选择这种规格的引擎，并且仅用两台"？他的回答是："问得好，其实我们也没有把握应该这样，但这是供货商给出的建议"。你会感觉到这有多可靠和安全呢？你可能认为波音应该知道如何设计和建造整个系统。事实上确实如此！为什么安全仪表系统就应该有所不同呢？你设计的所有系统都基于供货商的推荐吗？你如何处理相互矛盾的建议？你真的想让狐狸帮你数出鸡的数量或者帮你建造鸡笼吗？

许多用于描述系统安全性能的术语看起来简单直观，然而这也是导致许多概念混淆的原因。例如，"可靠（Reliable）"10 倍以上的系统会更不"安全（Safe）"吗？如果我们用 PLC 更换原来基于继电器的停车系统，厂商声称新的 PLC 系统比继电器系统"可靠"十多倍，就自然地意味着该系统更安全？安全性（Safety）和可靠性（Reliability）不是同一概念。实际上很容易看到一个系统可能比另一个更"可靠"，但仍然是*低安全的*。

1.8　自满是危险的

对于安全，很容易变得自负和懈怠。工程师往往认为，采用现代技术几乎能够克服任何问题。不过，历史证明人为因素会引发一些问题，我们总是有很多需要学习的东西。桥梁有时会垮塌，飞机有时会坠毁，石化厂有时也会爆炸。不过，这也并不意味着技术不好，或者干脆回到石器时代。不错，原始人不用担心原子弹，但另一方面我们现代人也不必担心瘟疫的出现。我们只需从错误中吸取教训，并阔步前进。

在三哩岛（Three Mile Island）事故（美国最严重的核电意外事故）之后，在切尔诺贝利事故（曾经的世界最严重核电事故）之前，苏联科学研究院的主管曾说过："苏联的反应堆不久将会如此安全，甚至可以安装在红场上"。他现在还会这样说吗？

印度博帕尔意外事故发生时，其厂长并不在厂里。当找到厂长时，他并不相信出了这样的事情。在被质询时还说到："泄漏不可能发生在我们厂里，工厂正处于停车状态。我们的技术不会出错，不会发生泄漏"。对现在活着的人来说，该厂长的行为只会让人感到惊愕。

在阿拉斯加瓦尔迪兹油轮意外事故之后，海岸警备队的队长在被质询时说："那是不可能的！我们有完善的导航系统"。

没有永不故障或失效的系统，问题只是何时发生。人们常常需要旁路某些系统，有时也会违反操作规程。过分迷信先进的技术能够解决所有的问题，容易使我们懈怠。我们必须有这样的意识，即当作出任何决定时，要明白自己究竟干了什么并且是否有把握。要认识到，如果所做的一切都是基于对事实的认知而非想当然，我们的"团队"就是"领导者"。

技术可能是好的，但也并非无懈可击。作为工程师和设计者，对于安全绝不能懈怠。

1.9 学习永无止境

总有人满足于一成不变地延续其做事习惯，"我这样做已经15年了，没有出过任何问题！如果没有坏，就不要改"。

三十年前，我们对计算机和软件知道多少？如果你现在将计算机拿到维修店去维修，发现他们只会对硬盘进行格式化并安装DOS作为操作系统(这是15年前技术人员所学到的)，你会愉快？

三十年前，我们对医学的认知是什么？当某天生病去看医生时，遇到的是一位65岁的医生。但你了解到这位医生自从40年前在医学院校毕业后，再没有学过一点点新知识，你会有什么感觉？

三十年前，飞机设计技术水平有多高？波音747是30年前的技术奇迹。那时能够制造的最大引擎只能达到45000磅的推力。从那以后，冶金技术和发动机设计有了长足的进步，新一代的引擎可以达到超过100000磅的推力。不再需要在大型喷气客机上安装四台发动机。事实上，一些航空公司将许多波音747更换为波音777，而后者只有两台发动机。

从别人的错误中吸取教训，还是重蹈覆辙地都去尝试？新的安全系统标准以及本书中，有大量非常有价值的知识和信息，其中许多来之不易。对安全上的认知，可能业界为此付出了惨痛的代价。希望充分利用好这些知识和信息，帮助我们让世界变得更安全。

好了，我们已经提出了这么多的论点和问题，接下来看看如何回答。

小　结

安全仪表系统用于对工厂的特定危险状态作出响应，如果不采取动作将导致危险事件的发生。要求必须正确响应，防止或减轻危险事件。这样的安全系统必须合理地设计和操作，相关要求在各种标准、指南、推荐的工程惯例以及有关的法规中都有论述。不过，这些要求可能并不容易理解。编制安全要求规格书、选择技术、确定冗余水平以及检验测试周期等，也并不是那么容易。各种工业标准以及本书的目的都是为了帮助过程工业中的相关从业者，能够适当地选型、设计、操作以及维护这些系统。

参 考 文 献

1. *Programmable Electronic Systems in Safety Related Applications−Part 1−An Introductory Guide*. U. K. Health & Safety Executive，1987.

2. *Guidelines for Safe Automation of Chemical Processes*. American Institute of Chemical Engineers−Center for Chemical Process Safety，1993.

3. ANSI∕ISA−84. 00. 01—2004，Parts 1~3（IEC 61511−1 to 3 Mod）. *Functional Safety：Safety Instrumented Systems for the Process Industry Sector* and ISA−84. 01—1996. *Application of Safety Instrumented Systems for the Process Industries*.

4. IEC 61508—1998. *Functional Safety of Electrical∕Electronic∕Programmable Electronic Safety−Related Systems*.

5. 29 CFR Part 1910. 119. *Process Safety Management of Highly Hazardous Chemicals*. U. S. Federal Register，Feb. 24，1992.

6. Leveson，Nancy G. *Safeware−System Safety and Computers*. Addison−Wesley，1995.

2
安全生命周期

"如果我要用 8 小时砍一棵树，我会花 6 小时磨斧子"。

——A. 林肯

设计一个单一的部件，是相对简单的事情，一个人就可胜任。不过，对于设计大型的*系统*，不管是汽车、计算机，或者飞机，通常都远超个人所能。设计一套安全仪表系统也不是一个仪表或控制系统工程师能够完全胜任。系统的设计，包括安全仪表系统，需要一个多专业的*团队*完成。

2.1　后知后觉与先知先觉

"后见之明并非没有价值，它可使你获取新的先见之明"。

——*P. G. 诺依曼（Neumann）*

事后看清自己所做所为的对与错是容易的。要做到*先知先觉*，会有些困难。不过，面对今天大型且高风险的系统，先见之明是必需的。很简单，我们不能承受通过反复试错来设计大型石化厂，这样做的风险太大。我们必须尝试预防或避免某些意外事故的发生，即使它们发生的概率非常低，甚至从来还没发生过。这就是我们需要探讨的*系统安全*的主题。

系统安全的理念和技术，诞生于军工和航天工业。军工领域有很多非常明显的高风险例子。下面的案例虽然以轻松的语气进行叙述，对于当事人来说可能是噩梦般的经历，所幸有惊无险，没有造成伤害。

因配重设计不当导致洲际弹道导弹（ICBM）发射井被摧毁。该配重用于发射井内升降机上下运行时的平衡。但设计者只考虑到将注入燃料的导弹升起到地面发射，没有考虑放弃发射时还必须将该导弹落到井底卸载燃料。第一次操作已注入燃料的导弹升井几乎成功。当传动装置将导弹升起距地面还有 5 英尺时，因为某种失误导弹在重力的作用下直接落到井底。40 英尺直径的发射井，爆炸使直径瞬时扩张到 100 英尺左右。

格陵兰岛（Greenland）的雷达预警系统也曾在运转的首月出现了操作问题。当时报告有俄国导弹侵入，但实际上它侦测到的是*刚刚升起的月亮*。

如果某事受某人的行为影响，那就会在某一时间点上显现出来，即使你并不期望这样。北美雷达防卫部（North American Radar Defense－NORAD）和战略空军司令部（Strategic Air Command－SAC）曾准备发布警报，因为雷达系统显示有入侵导弹飞来。实际上，这是某人误装了一盘训练用磁带。可笑的是，同样的乌龙事件*再次发生*后，最终对策是将训练磁带存放到另一个地方！要认识到人为错误本质上是系统错误，因此要从系统设计上限制这种不可避免的人为错误发生。

2.2 HSE 的调查结果

英国健康和安全执行局（Health and Safety Executive-HSE）曾对各种工业领域因控制和安全系统失效直接导致的 34 起事故做了调查分析，调查结果如图 2-1 所示。绝大多数事故是可以预防的。其中多数事故（44%）是因*不正确或不完善的技术要求规格书*导致的。规格书包括*功能要求*（即系统应该做*什么*）和*完整性要求*（即应该做*多好*）两部分。

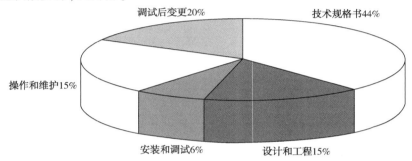

图 2-1　U. K. HSE 的调查结果，事故原因按照阶段划分

有许多功能要求规格书出错的例子。克利兹（Kletz）在其书中列举了一个由计算机控制放热反应的案例。当物料填加到反应器后，冷却水的流量随之需要加大。不过，系统的控制程序也设置了这样的功能，即当生产装置出现任何故障时，将输出"冻结在"上一个量值上。命运也许注定了两个对立状态会同时发生。在向反应器填加物料后，恰好系统检测到齿轮箱油液位过低。根据设计，此时冷却水的流量不能增加。这样最终导致反应器过热并被迫将物料排放掉。系统完全按照组态的程序运行，这不是系统硬件失效。

一架火星探测器设计用于围绕着该星球旋转，结果发射后它却坠落在火星上。导致这一事故的原因是因为美国合作方采用的是英制单位，而欧洲合作方采用的是公制。没有硬件失效。

另一架火星探测器设计用于在该星球上着陆。按照设计，当探测器降到距火星地面某一高度时，其起落架展开，同时火箭马达关机。机械设计师知道，在起落架刚开始启动时会产生假信号，需要暂时屏蔽掉。不幸的是，这一要求没有形成文档，也许没有告知其他设计者。软件设计师只是单纯地组态为在检测到起落架一旦开始操作时就关闭火箭马达。其结果是在过高的高度关闭火箭，导致卫星坠毁。没有硬件失效。在技术规格书中的一个小的疏忽遗漏，造成价值超过一亿美元的卫星报废，还不包括助推火箭以及其他发射费用。

你可能对这些案例中的愚蠢行为摇头叹息，但有数以千计的类似情形记录在各种文献中。即使它们不是发生在你所从事的工业领域，也会有很多教训需要吸取。特雷弗克利兹(Trevor Kletz)曾说过："意外事故不是因为我们缺乏相关知识发生的，而是由于错误地使用了已知的知识"。是从别人的错误中吸取教训，还是要亲自重蹈覆辙呢？

关于系统性能的完整性要求规格书不可或缺。HSE的文献中列举了一个案例，一用户采用可编程控制器(PLC)取代其原来的继电器系统。他们认为在执行功能上这两个系统是一样的，只是采用了更新的技术改进了系统的性能，因此组态了相同的逻辑。可惜与老系统相比，新的技术具有完全不同的失效特征，实际上安全性甚至更低。关于这一话题的深入讨论，将在后续的章节中进行。

莱韦森(Leveson)在其专著中说明了绝大多数的意外事故都会涉及到软件，而软件中的瑕疵又可追溯到技术要求。换句话说，关于控制系统的操作或要求计算机完成的操作，其假设的内外条件可能不完整或干脆就是错误的。例如没有完全掌控的系统状态、环境状态，等等。

有些事故发生的原因，可能出乎系统最初设计者的预料。例如，第一次海湾战争期间，爱国者导弹未能拦截到一枚侵入的飞毛腿导弹。该飞毛腿导弹打击了美国的设施，造成多人死亡。爱国者导弹系统最初的设计意图是在相对较短的时间内预警并发射操作。以这样的方式操作时，其内部计数器和计时器的些许差异足以影响导弹的精度。由于在数年间对系统不断地进行修改，并采用了超过20种编程语言的不同计数编号系统导致设计偏差。该事件中也没有硬件失效。

毫无疑问，只有系统的用户才能编写出系统技术要求规格书。供货商不可能设想或归纳出所有的操作模式，供货商也不可能告诉使用者如何最好地操作他们的生产设施，或者什么类型的系统逻辑最适合于他们的应用。

HSE发现的下一个最大问题(20%)，是在调试完成后又因某种原因变更引起的。有的变更可能是一些微不足道或顺手而为的事情，因而没有形成适当的文档或由相关人员进行审查。发射物偏离规定的路线坠落以及工艺装置发生爆炸，往往都是因为这些问题引发的。最终用户对调试后的变更管理负有主要责任。

调查发现，15%的意外事故是由操作和维护问题引发的。当一个仪表技师修复一个故障时，可能又在系统中引入了新的问题。另外，有时认为计划修理的故障已经全部处理完毕，事实上，可能还没有完全修好。最终用户对操作和维护的管理负有主要责任。

因设计和工程错误的原因导致意外事故占15%。这些错误归咎于供货商和系统集成商。有时技术规格书是正确无误的，但是所供系统不能满足技术规格书中至少某一点要求，同时，因为对系统没有彻底地测试，这些缺陷没有被发现。

相对占比较少(6%)的错误，归咎于安装和调试问题。

总的来说，其他一些组织也发表了类似的调查结果，尽管不一定对每一种失效都细分到占多少百分比的程度。

为了设计安全系统，需要考虑所有这些不同的阶段，而不仅仅是关注最容易的部分。标委会在编制不同的工业标准和指南时，认识到这一点并试图涵盖所有的阶段。本书也尝试着按照这一思路去做。

2.3　安全生命周期

大型系统需要一套系统性的设计 *流程*，防止出现重大失误。图 2-2 所示是 ANSI/ISA-4.00.01—2004(IEC 61511 Mod)标准中给出的生命周期架构。这应该仅仅视作一个例子。在其他的工业文献中，有各自对生命周期的描述。图 2-3 展示的是简化的生命周期。各企业可能基于其独有的要求，按照自己的思路生成其他形式的生命周期。

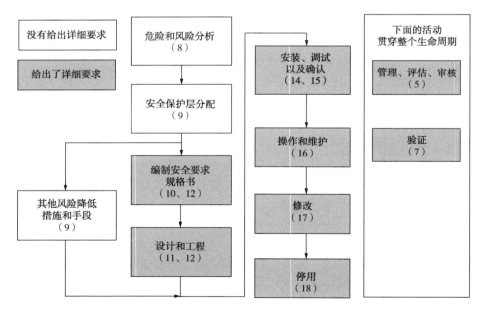

图 2-2　SIS 的生命周期(附有 IEC61511 的条款序号)

有人会抱怨，像设计用于降低风险的所有其他任务一样，如果完成安全生命周期中指定的全部步骤，将增加总体成本并导致较低的生产率。由工程学会、20个工业领域，以及60个生产企业等团体组成的工作组，曾联合对超过500亿工时的样本进行过深入研究，结论是*安全的改善促进了生产率的提高*。在美国，OSHA(Occupational Safety and Health Administration－职业安全和健康管理署)指出，从过程安全管理法规颁布以来，意外事故的发生率已经降低20%以上，企业声称生产率也*明显提升*。

图 2-3　简化的生命周期

2.3.1　危险和风险分析

过程设计的目标之一，是实现生产装置的本质安全。正如特雷弗克利兹(Trevor Kletz)所说："只有不存在的物料，才不会发生泄漏"。因此首要目标是通过改进工艺过程设计，消除众多的危险，例如消除中间产品的不必要储存，使用更安全的催化剂，等等。有很多专著致力于探讨本质安全的工艺过程设计。

标准中阐述的第一步是要清楚与工艺过程有关的危险和风险。*危险分析的任务是辨识出危险和危险事件*。有许多可供使用的危险分析技术[例如：HAZOP、假设分析(What If)、故障树(Fault Tree)、检查表(Checklist)，等等]，有许多文献不同程度地对这些方法作了介绍。*风险评估是对危险分析中辨识出的危险事件，进行风险等级划分*。风险是事件发生的频率或概率，与该事件的严重性或后果的乘积。风险可能影响人员、生产、资产、环境，以及企业形象等。风险评估可以是定性评估，也可以是定量评估。定性评估是将风险从低到高，进行主观地等级划分。定量评估，顾名思义，是试图用数字表示风险，例如死亡或意外事故率，物料释放的规模，等等。对这些问题的研究，并不是仪表和控制工程师的独有职责，需要很多其他专业的人员，例如安全、操作、维护、工艺、机械设计，以及电气等，共同完成这些评估。

2.3.2　将安全功能分配到保护层

如果危险事件相关联的风险能够用仪表之外的其他措施预防或者减轻，那是再好不过了，因为仪表是复杂的、昂贵的、需要维护，以及难以避免失效。例如，围堰是最简单可靠的措施，能够很容易地围挡液体的溢出。KISS(Keep it

Simple，Stupid-力求简单、"傻瓜")应该是首选的策略。

指定由仪表承担的所有安全功能(即安全仪表功能)，需要确定所需的性能水平，标准将其定义为安全完整性等级(SIL)。对许多组织来说，这一直是比较困难的一步。SIL 并不是对过程风险的直接度量，它是为了将辨识出的风险降低到可接受的水平，衡量安全系统所需安全性能的量度。标准给出了很多方法用于指导如何确定 SIL 等级。

2.3.3 编制安全要求规格书

下一步是编写安全要求规格书，即将输入和输出(I/O)要求、功能逻辑以及每个安全功能的 SIL 等，梳理成技术文件。很自然，不同的系统有不同的要求，无法编制一个通用的、适用于各种场合的推荐性样本。"如果温度传感器 TT2301 超过 410℃，则关闭阀 XV5301 和 XV5302。本功能必须在 3 秒内响应完成，并需要满足 SIL2"，就是一个简单的安全要求描述。如果同时关注误停车，那么也需要同时列出可靠性要求。许多不同的系统可以设计成满足 SIL2 要求，但它们各自会有不同的误停车。综合考虑生产停工相关成本以及安全关切，是一个重要的问题。规格书还要包括所有工艺操作状态对 SIS 的不同要求：从启动开车到停车，以及维护等方方面面。也要注意到，不同的工艺操作模式，某些逻辑状态可能是相互冲突的。

将按照安全要求规格书中确定的逻辑，对系统进行组态编程和测试。如果规格书存在错误，将会带到后续的设计中。这不是调整系统冗余或者人工检验测试频度能够弥补的问题，简单地说它直接影响所需功能的发挥。这样的错误，被定义为系统性失效或功能失效。对于规格书中存在的问题，采用差异化(或称多样性)的冗余系统，并由不同的人员利用不同的语言进行编程，甚至由独立的团队进行测试，都无助于从根本上解决，因为这是功能逻辑的设计基础本身存在的错误。

举个机械方面的例子，加深对这一点的理解。假定我们对阀门有特定要求，包括一定的口径、关闭时间、承受压差等等。这些都代表了对功能的要求，即阀门必须*做什么*。不同的供货厂商会用不同的方式执行这些要求。如果选用的是碳钢阀，在使用两个月之后，发现该阀由于严重的锈蚀而损坏，哪里出错了呢？在技术要求规格书中，只描述了该阀应该*做什么*。这种情况说明其*完整性*要求是不全面的，没有陈述工艺物料的腐蚀特性，进而对阀门材质提出特别要求。安全完整性要求规格书应该说明完成其功能时应该达到*多好*。在 SIS 的术语中，这就是 SIL。

2.3.4 SIS 设计和工程

这一步涵盖概念设计、详细设计，以及工厂测试。应对*概念设计*(即拟议的实施方案）进行分析，确定是否满足功能和安全性能双重要求。我们不能仅凭经验选择某种规格的喷气发动机并安装在飞机上，也不能凭"内心的感受"随意地确定一台价值百万美元的压缩机的型号，甚至也不能通过反复试错，来确定桥梁对桩基尺寸的要求。我们当然可以借鉴过去的经验，尝试选择技术、配置结构，确定测试的时间间隔等等。这包括现场仪表以及逻辑系统。需要考虑的因素还包括整体的系统规模、预算、复杂性、响应速度、通信要求、接口要求，以及旁路和测试的执行方法等。接下来，可以做一个简单的定量分析，确定该系统是否满足了性能化设计要求。其意图是在具体实施解决方案*之前*评估系统。这就如同在建造工艺装置*之前*而不是之后，完成 HAZOP。同理，在具体实施、建造和安装*之前*，对安全系统进行分析是比较好的做法。其原因简单明了，在图板上重新设计更经济、更快捷，并且更容易。

详细设计涉及实际的技术文档和系统的装配集成。一旦设计已经确定，就要对系统进行工程实施，并遵循严格和保守的工作规程。这是防止设计和工程错误唯一的现实方法。流程的各个节点活动，都要生成完备的文档，形成可审核的工作轨迹，以便其他人员进行独立的验证。所谓旁观者清，要意识到自我发现自身的工作错误往往是困难的。

在系统集成完成后，在承包商的工作场地，应该对硬件和软件做全面彻底的测试。在工厂执行任何变更要比到安装现场去做方便容易的多。

2.3.5　安装、调试及确认

这一步的意图，是确保系统的安装和开车符合整体设计要求以及安全要求规格书要求。对整个系统，包括现场仪表，必须进行彻底的检查。应该形成详细的安装、调试及测试文件，表明每一工作程序都得以贯彻执行。完成检查后，应有书面签字。对已经检查过的每一个功能以及所有测试等都要完整地记录，形成适当的技术文件。

2.3.6　操作和维护

并不是所有的故障都能自我显现出来，因此，对*每一个安全仪表系统都必须进行定期的测试和维护*，确保系统对实际的"要求（Demand）"作出恰当地响应。检验和测试的频率，应该在生命周期的更早阶段确定。所有的测试，都要形成文档记录，这将保证审核活动能够顺利进行。通过审核，确定设计阶段的初始假设（例如：失效率、失效模式，以及测试时间间隔等等）和系统的实际操作状况相比，是否合理。

2.3.7　修改

一旦工艺过程状态发生改变，有可能要对安全系统进行相应地修改。为了审查变更影响范围的广度和深度，对所有拟议的修改，要返回到相应的生命周期阶段。从那个节点开始，对相应的修改重新经历生命周期流程。一个微不足道的改变，实际上对整个工艺流程也许有重大的影响。唯一可行的方法，是对变更的全部活动，形成必要的文档记录，并由认可的团队对整个过程进行审查。过去的教训已经说明，很多的意外事故是因审查不够引起的。对变更的部分，必须进行全面彻底的测试。

2.3.8　停用

在系统停用前，要进行必要的审查，确保该系统从服务状态移出时，不会对运行中的工艺流程或者周边其他的仪表单元造成影响。在系统停用的执行过程中，应准备必要的应急措施，以保护人员、设备，以及环境。

小　结

安全仪表系统的整体设计并不容易。对工程知识和技能要求通常远超个人所能，需要对工艺流程、操作、仪表、控制系统，以及危险分析等各个环节有充分的了解。需要多专业团队之间的密切配合。

经验教训已经表明，安全仪表系统设计必须遵循一套详细的、系统性的、以及有完整文档的设计流程。从工艺流程的安全审查、其他安全层落实、系统性分析、形成详细的文档和工作步骤开始，为 SIS 的后续全部工程实践，提供有章可循的设计基础。这些步骤在各种法规、标准、指南，以及推荐的工作规程中都有所描述。这些步骤被称为安全生命周期。其意图是生成一套文档化的可审核轨迹，确保没有什么细节被忽略或者落入每个组织内那些必然存在的"漏洞"中。

参 考 文 献

1. *Air Force Space Division Handbook*.
2. *Out of Control：Why control systems go wrong and how to prevent failure*. U. K. Health & Safety Executive，1995.

3. Kletz, Trevor A. *Computer Control and Human Error.* Gulf Publishing Co., 1995.

4. Leveson, Nancy G. *Safeware—System Safety and Computers.* Addison—Wesley, 1995.

5. ANSI/ISA—84. 00. 01—2004, Parts 1-3(IEC 61511—1 to 3 Mod). *Functional Safety: Safety Instrumented Systems for the Process Industry Sector.*

6. IEC 61508—1998. *Functional Safety of Electrical/Electronic/Programmable Electronic Safety—Related Systems* .

7. *Programmable Electronic Systems in Safety Related Applications, Part 1— An Introductory Guide.* , U. K. Health & Safety Executive, 1987.

8. *Guidelines for Safe Automation of Chemical Processes.* American Institute of Chemical Engineers—Center for Chemical Process Safety, 1993.

9. Neumann, Peter. G. *Computer Related Risks.* Addison—Wesley, 1995.

3
过程控制与安全控制

钥匙插在机柜门锁上，跳线不恰当地放置着，写有密码的纸条粘贴在显示器上，我看我们存在安保问题。

Gruhn

　　"肯定不会出错，咔嗒咔嗒（敲击键盘声）…出错了，咔嗒咔嗒…出错了，咔嗒咔嗒…"

——佚名

过程控制通常由气动、电动模拟量单回路控制器完成，而安全功能则采用完全不同的硬件来执行，例如硬接线的继电器系统就是典型的安全系统之一。从20世纪70年代开始，电子分散式控制系统(DCS)逐渐取代单回路控制器。在20世纪60年代后期，可编程逻辑控制器(PLC)得到发展并用于取代继电器系统。由于这两类系统都是软件可编程的，有人自然地认为将常规控制和安全功能在同一系统(通常是DCS)实现，应该是有益的。所谓的益处包括：单一的电源、集成的通信、减少培训和备件、更简单的维护，以及更低的总体成本。一些人相信现代DCS的可靠性和冗余配置，"足够好"地适用于这样的混合使用设想。不过，所有的本土和国际标准、指南，以及推荐的工程惯例，都明确地要求执行这两种不同功能的系统分开设置。作者本身赞同这样的建议，并借此强调，*DCS的可靠性并不是问题所在*。

3.1　控制和安全定义

关键系统需要进行全面的测试和文档管理。常规过程控制系统是否也需要同样严格的测试和文档管理，是有争议的。美国政府在1992年颁布过程安全管理(PSM)法规(29 CFR 1910.119)以后，很多人就有疑问：是否有必要将对安全系统的文档和测试强制要求，同样应用到常规控制系统？例如，大多数组织对安全仪表系统的测试规程进行了严格的文档管理，但对其所有的常规控制回路可能并未这样做。有过程工业中的业主曾向OSHA的代表质询，是将PSM法规也贯彻于他们DCS的所有6000个回路，还是只适用于他们安全仪表系统仅有的300个回路？OSHA的答复是包括所有。用户的感受如同俗语所说，这是压垮骆驼的那根稻草，是想让他们破产。

这样的争论，推动了制定ANSI/ISA-91.01—1995"过程工业紧急停车系统和安全关键控制的辨识"标准。其修订版ANSI/ISA-91.00.01—2001标准于2001年颁布。这个简短的标准(只有区区两页)包括了过程控制、安全控制，以及安全关键控制的定义。

ANSI/ISA-91.00.01—2001标准将"基本过程控制系统(Basic Process Control System-BPCS)"-相对于"高级或先进"过程控制系统-定义为："用于工艺过程的常规控制功能(例如PID控制和顺序控制)的控制设备"。据统计，在绝大多数的陆地生产设施中，此类控制系统占整个仪表系统的95%以上。许多人将DCS、PLC，或者它们的混合系统，都归入此类。

ANSI/ISA-91.00.01—2001标准将"紧急停车系统(Emergency Shutdown System-

ESD)”定义为：“用于将工艺过程，或者工艺过程中特定的设备，置于安全状态的仪表和控制系统。不包括非紧急停车或常规操作的仪表和控制设备”。据统计，在绝大多数的陆地生产设施中，此类控制系统占整个仪表系统的10%以下。

ANSI/ISA-91.00.01—2001标准也定义了第三类-“安全关键控制(Safety Critical Control)”-即：“控制系统因失效不能正常操作，将直接导致毒性的、反应性(活性)的、易燃性的，或者爆炸性的化学物质灾难性释放”。这意味着在设有其他安全保护层的场合，任何存在的控制或安全保护层的失效将即刻造成危险事件发生。此种情况下的控制即为安全关键控制。这类回路的占比应该非常少。

基于以上的定义，用户告诉OSHA，他们的6000个DCS回路不是安全相关的，因此不需要像300个安全仪表回路那样，进行同等严格程度的文档管理和测试。

这并不是说分散控制系统的设计不需要进行全面的分析、形成文档，以及操作管理，只是不要求按照安全系统那样的广度和深度进行监管。

3.2 过程控制的特征——主动的或动态的

认识并且理解过程控制与安全控制之间的本质不同非常重要。过程控制系统是主动的或动态的。他们有模拟输入，模拟输出，完成数学计算和数据处理，并有反馈回路。因此，控制系统中的大多数失效，从本质上是可以自我显露的。例如：考虑一台机器人在自动生产线上的情形。正常情况下，机器人抓起部件A并放置到区域B。如果系统出现故障，会很容易被发现。因为它不再将部件A放置到区域B。系统或者工作或者不工作一清二楚，没有“隐藏的”的失效存在。此类系统只有一种失效模式并且是显露的，不需要采取全面的诊断措施侦测这些失效。一台用于过程调节的调节阀故障全开或全关，它可能马上影响到生产，人们很快就会发现存在的问题。即使阀门开度停留在某一位置，因被控对象失调也会很容易地找到问题所在。对于这样的失效或问题，全面地测试和诊断通常是不需要的。

3.2.1 需要频繁更改控制方式

过程控制系统必须有足够的灵活性，允许操作中的频繁干预。过程参数(例如：设定值、PID参数整定、手动和自动之间的切换等等)需要在正常操作过程中不时更改。也可能将系统的某一部分置于旁路，工艺过程改由手动控制。对常规控制系统来说，这是再平常不过的事情。简单、方便，以及快捷访问是基本要求，以满足这些更改需要。

3.3　安全控制的特征——被动的或休眠的

　　安全系统正好相反，它们是休眠的或被动的。它们在很长的操作时间内什么也不做，当然也不希望它们有所动作。以安全阀为例，正常时，该阀是关闭的。只有当压力达到某一设定限值时它才打开。如果压力一直不超过设定值，那么该阀就从不需要动作。存在于这些系统中的失效不可能自我暴露。如果安全阀被堵塞住了，不可能马上被发现。如果 PLC 系统处于"休眠"状态，短路故障将使其无法执行断开功能，在没有监视计时器(Watchdog Timer)时，系统本身就没有能力辨识出该问题的存在，维护人员也无从判断。一个输出模件采用可控硅开关元件，它可能出现一直处于励磁(Energized)状态的故障。很多系统无法辨识此类问题。如果在正常操作时输出是励磁的，你如何辨识这个状态的好坏呢？如果一个使用中的阀门已经七年没有进行过全行程操作，你有多大把握说它还能正常关闭？如果一台备用发电机有两年没有启动过，当需要它投用时，你有多大把握说它功能正常？同样地，你的割草机整个冬天都放置在仓库里，其油箱和汽化器里还装满了汽油，你有多大把握保证来年再用时仍然正常启动？任何系统在正常境况下不动作(或者不改变状态)，你就没有十足的把握说需要它动作时它一定能启动。要想知道这些平时休眠或静止的系统其功能是否正常，唯一的方法就是测试。或者必须人为测试系统，或者必须能自我测试。因此，对休眠的、被动操作的安全相关系统，需要全面的诊断能力。另一种选择是采用本质上故障安全(Fail-safe)的系统，危险失效几乎不存在，但通常不是所有的部件都能做到故障安全。

　　这意味着设计用于常规*控制*的系统，总体上可能不适用于安全应用。安保(即访问控制)和诊断是突出的两个主要问题。

　　安全系统要求高等级的访问控制，以便满足其安保特性及变更管理规程。安全功能不应该被随意篡改。如何为操作员访问某些功能提供便利，同时又要屏蔽其他不允许访问的功能？你如何判断对系统的某一区域作出改变时，同时又不会影响到与之无关的其他区域的关键功能？许多控制系统没有执行非常有效的访问控制措施。

　　在安全控制系统中要求有全面的诊断措施，是因为并不是所有的失效都能够自我显露出来。许多人*误*以为所有的现代电子系统都包括全面的诊断能力。事实*并非如此*。这样做有着很简单的经济原因。在第 7 章中将就这一问题作深入详细地探讨。

3.3.1　需要限制更改

安全系统很少允许人机交互。操作员与工艺流程互动,并采用常规控制系统控制工艺流程。如果控制系统不再能够保持控制状态,通常由独立的报警指示问题所在。操作员随后可依据规程进行人工操作。如果自动控制系统和人工干预都达不到所需的矫正效果,最后一道防线(SIS)应该自动地并且是独立地实施其功能。在操作员和安全系统之间仅有的交互操作,是在工艺装置开车时以及在对系统的某一部分进行维护作业时进行旁路。要注意在旁路期间,应该执行严格的操作规程。人们必须清醒地认识到 SIS 是最后一道可以依赖的防线。这些系统应该有严格控制的访问机制。人们最不愿看到的是在都不知情的情况下,系统的功能被某操作人员禁止掉。这样的事情确实曾发生过。

3.3.2　要求模式与连续模式

AIChE CCPS 1993 年版的《化工过程安全自动化指南》和 1996 年版的 ANSI/ISA-84.01,都将安全系统视为低要求模式系统,尽管那个时候还没有采用这一术语。如果安全系统设计合理,那么过程要求(Demand)就不会太频繁(例如:每年一次)。近年来发布的 IEC 61508,因适用于*所有*工业领域,其中介绍了高要求或连续模式系统的概念。简单地说,就是这些系统的动作要求会很频繁。典型例子是汽车的刹车操作。连续模式的概念也已写入过程工业标准 IEC61511 并被 ISA SP84 标委会接受。

新变化催生新问题。衡量安全系统性能水平的安全完整性等级(SIL)概念,起初仅应用于低要求模式系统。"要求时失效概率(Probability of Failure on Demand-PFD)"这一概念,对那些一年内可能有 10 或 10000 个要求需要做出响应的系统来说,并不适用。对于这种情况,标委会采用危险*失效率(Dangerous Failure Rate)*取代概率来衡量不同的 SIL 等级。失效率和概率之间数值上相差有 10000 倍,这是简单地基于每年有大约 10000 小时。

连续模式的系统,在概念上基本上类似于 ANSI/ISA-91.01 标准所指的"安全关键控制"。ISA SP84 标委会的成员对过程工业中的连续模式应用,甚至都难以举出例子。诸如每天都进行装卸作业的批量反应器需要在高液位时频繁地关闭阀门。有些人视为连续模式,不过它是(控制不稳的)基本过程控制,而非安全保护。

3.4　控制系统和安全系统分别设置

在过程工业,是否将控制系统和安全系统整合在一个系统中,至今仍存在争议。换句话说，能将所有的安全功能集成到过程控制系统中吗？支持者试图服众的理由是：这两种系统今天的技术都是可编程的，过程控制系统很可靠也能够做成冗余，为什么不呢？而反对者的辩驳理由很简单，业界的所有标准、推荐的工程惯例以及指南都建议将过程与安全控制分开并单独设置。

将控制和安全功能整合在一起的支持者也引用这样的理由，即控制系统是主动的和动态的，并且从本质上其故障能自我显露出来（如前面所述），正好弥补安全系统其故障是隐藏的缺憾。例如：一台模拟调节阀的开度是连续变化的，很容易辨识出存在的问题。由安全系统控制安装在调节阀上电磁阀，再由电磁阀驱动调节阀的开关操作，这不是很完美吗？事实并非如此。这样做满足不了全部的安全要求。简单地改变阀门开度并不能确保它能完全关闭或达到密封要求，这样做无法测试到电磁阀的功能是否完好。如果阀门出现不能关闭的故障（任何东西都会坏掉，只是不确定什么时候），就不可能完成安全动作。有意将控制和安全整合在一起时，要进行谨慎全面的分析，看看能否贯彻安全要求，还有许多其他问题需要考虑到。

过程安全领域的先驱之一特雷弗克利兹（Trevor Kletz）曾指出："安全系统，例如紧急关断系统，应该完全独立于过程控制系统，并且如果允许，最好是硬接线的。如果它们基于计算机，应该独立于控制计算机"。

下面介绍在各种技术规范或文献中对这两种系统如何配置给出的建议。

3.4.1 HSE-PES

英国人再清楚不过地给出了隔离的要求。他们的技术文件《*可编程电子系统的安全相关应用（Programmable Electronic Systems In Safety Related Applications，Part1&2）*》分成两章。第一章是面向经理等管理人员的，仅有 17 页，而图 3-1 在其原著中就占了一整页（该技术文件的第二章，是面向工程技术人员的，大约 170 页）。要求独立的传感器、独立的逻辑单元，以及独立的阀门。

3.4.2 AIChE-CCPS

美国化学工程师学会（AIChE）

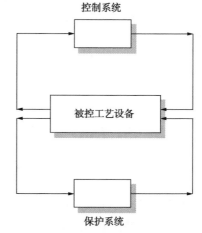

"强烈地建议将控制和保护系统隔离开，分别独立地提供"。

图 3-1 英国健康和安全执行局的建议

31

1993 年版的《化工过程安全自动化指南》，大约 50 页专注于所谓的联锁系统及其附加的背景材料。作为指南，该书并没有采用诸如"应该(Shall)"这类强制要求的字眼，而是用像"通常……"这样的语句，总是持开放的态度进行解释。不过，有一些陈述，如下面的这一段，则是很坦诚和直接了当的：

"通常地，逻辑控制器应该与基本过程控制系统(BPCS)中的类似部件分开设置。进一步地，一般来说，SIS 输入传感器和最终控制元件也要与 BPCS 中相类似的部件分离开"。有什么理由可以否定该文献中"通常地"和"一般来说"这样的建议吗？这可是由来自最终用户在内的业界专家编写的指南要求。

"在 BPCS 和 SIS 传感器、执行器、逻辑控制器、I/O 模件，以及机架或卡件箱……之间，提供物理的和功能的隔离，以及明显的标识"。换句话说，物理上将部件隔离开，就能保证一个系统内的失效不会影响到另一系统。执行不同的逻辑也是同样的道理，如果将两个系统混在一起组态，如果功能要求规格书中存在错误，将使这两个系统具有同一软件缺陷。在图纸文档和现场安装采用不同的系统标识，人们就可以认识到："噢，这是安全设备，我需要小心并遵循严格的工作规程"。

3. 4. 3　IEC 61508

该国际标准适用于*所有*工业领域，并涵盖采用继电器、固态，以及可编程技术的安全系统(或者简称为 E/E/PES，即电气、电子，以及可编程电子系统)。

"EUC(被控设备)控制系统应该与 E/E/PE 安全相关系统、其他技术的安全相关系统，以及外部的风险降低设施分开设置并各自独立"。

如果该要求不能被满足，整个控制系统都需要按照安全相关系统设计，并遵循本标准中指明的要求。一个这样做的例子是飞行器的控制。难以想象设置一套独立的安全系统，当飞机在 35000 英尺的高空失效时，将其置于安全状态。在某些情况下，控制和安全是如此紧密地混合在一起，那么整个系统必须按照安全相关对待。

3. 4. 4　ANSI/ISA-84. 00. 01—2004

在最初的 1996 年版标准中，有下面两句关于隔离要求的陈述。这些陈述非常直白并易于解释。

"SIS 的传感器应与 BPCS 中的传感器分开设置"。但如果有足够的冗余，或者如果危险分析表明有足够的其他安全保护层提供了充足的保护，可以例外。

"逻辑控制器应该与 BPCS…隔离"。只在不可能将常规控制从安全功能中隔离出来时才能例外，例如像燃气透平这样的高速转动设备。

ISA 标准通常每五年修订一次。考虑到完全重写 ISA SP84 标准的难度，标委会最终同意直接采用 IEC 61511 作为新的 ISA 标准。不过 IEC 标准中关于隔离的表述，不像 ISA SP84 1996 年版标准那么明确。事实上，正是因为在这一问题上的争论和诉求，使新标准的发布推迟了一整年。用户不想*强制*隔离它们。很多人认为，对于非常小的系统，或者安全性能要求低的系统，如果措施得当，将控制和安全整合在一起是可以接受的。新标准的相关要求如下：

条款 9.5.1 中写道："…的设计应该被评估，相对于保护层的全部安全完整性要求，应该确保公共原因…的可能性以及…保护层与 BPCS 之间的关联失效足够低"。很自然地，对"足够低"的解释是开放性的，以及对如何制定评估要求也是可探讨的。

条款 9.4.3 中写道："如果声称 BPCS 的风险降低能力大于 10 倍，应该按照本标准设计"。"风险降低"这样的性能化设计术语，将在本书后面的章节中阐述。本条款的意思是，如果将常规控制和安全功能整合在一个系统里，即使声称的安全性能等级仅在 SIL1 范围内，系统的设计也要符合本标准。对于小系统，这可能是切实可行的，而对于大系统而言，这种系统配置方式总体上不具有可操作性。

条款 11.2.4 中写道："如果无意证明基本过程控制系统符合本标准，那么基本过程控制系统应该分开设置并且独立于安全仪表系统之外，独立的范围应确保 SIS 安全完整性不受损害"。诸如确定"独立范围"的陈述再一次地表明了对其解释的开放性。

条款 11.2.10 写道："组成安全仪表功能的仪表设备，如果同时也用于基本过程控制，该仪表设备的失效在导致基本过程控制功能失效时不能对安全仪表功能触发一个"要求"，否则该仪表不应同时用于基本过程控制。除非进行了必要地分析，确认全部风险是可接受的"。换句话说，现场仪表也应该被分开设置。不过，仍然保留了这样弹性的规定，即如果"分析"证明整合在一起的系统是合理可行的。进行怎样的合理性分析评判？简单来说，其分析思路和方法要足以服众。

3.4.5 API RP 14C

美国石油学会 14C"离岸生产平台水面上基本安全系统分析、设计、安装，以及测试推荐的工程惯例"，用于离岸平台停车系统的设计。对于不同的工艺单元，硬性地规定出了如何确定停车系统的输入和输出。不过，它没有给出对逻辑单元设计的任何要求(它假定普遍使用气动逻辑系统)。

"安全系统应该提供两个层面的保护…。这两个层面的保护应该是除常规操作控制设备之外独立设置的"。

这些文件中某些规定可能会被随意解释。例如：一台安全阀和一套气体检测器可以被看作是"除常规操作控制设备之外，独立设置的两个层面的保护措施"吗？14C 明确了如何确定系统的 I/O 和功能逻辑，但没有给出哪些类型的逻辑单元可以使用。离岸平台已经使用了气动、继电器、PLC，甚至三重化（Triple Modular Redundant-TMR）等安全系统，并且都声称满足了 RP14C 的要求，事实上也可能确实如此。

3.4.6　API RP 554

美国石油学会推荐的工程惯例 554"过程仪表和控制（Process Instrumentation and Control）"适用于炼油厂。它关于隔离要求的陈述更加直接了当。"停车和控制功能宜分别设置并采用各自独立的硬件…"，同时"停车系统仪表设备宜专门设置，并与预停车报警和过程控制系统分开"。换句话说，安全相关逻辑系统和相应的现场仪表，宜专门设计和安装，并与控制和报警分开设置。该技术文件以及 14C 都是推荐的工程惯例，不是强制标准。它更多地使用"宜"而非"应该"。

3.4.7　NFPA 85

美国国家消防协会颁布了锅炉和燃烧器管理系统的标准，例如"关于锅炉和燃烧系统危险的规范"。这些技术文件都可视为"硬性规定"的标准。硬性要求的标准一般都是直来直去的陈述，易于解释，因此对一些人来说觉得很舒服。该标准非常清晰地提出隔离要求。"独立性要求：执行燃烧器安全管理功能的逻辑系统，不应与任何其他逻辑系统整合在一起"。一套 DCS 可能需要有 6000 个 I/O 点对一台大型工业锅炉进行控制，但其燃烧器管理系统仍然是独立设置的系统。另一句规定说道："逻辑系统应仅限于一台锅炉"。换句话说，采用可组态多个程序的冗余逻辑系统同时操控多个燃烧器管理系统，是不能被接受的。不过，对那些自保设施，可能不必遵循 NFPA 标准。

3.4.8　IEEE 603

电气和电子工程师协会已经颁布了用于核能发电站设计的标准，例如"用于核电站安全系统的标准规范（Standard Criteria for Safety Systems for Nuclear Power Generating Stations）"。过程工业当然不像核能工业那样严格。在该标准中，隔离安全层的概念更加清晰明确。

"安全系统设计应该确保在失效存在时，其他系统的后续动作不能妨碍安全系统满足其要求"。

一些核电设施采用四重化冗余计算机配置，两两串联后再并联。看起来好像还不够，*有些地方将两套这样的四重化冗余系统再并联在一起使用！* 在美国，通常在采用四重化系统时，还附加"常规模拟"系统作为备用。

几年前在英国的杂志期刊上曾登载了一篇文章，探讨如何对英国核电站使用的可编程安全系统进行软件测试。案例动用了 50 名工程师花费 6 个月对系统进行检验测试！石化企业能否承受 25 人/年对每套安全系统进行检验测试？美国核管理委员会（Nuclear Regulatory Commission-NRC）曾有人告诉本书的一位作者，别说 25 人/年，在核能工业更可能是几*百人*/年！

3.5 共因失效与系统或功能失效

对公共原因失效有一些不同的叫法和定义。共因失效一般可定义为，单一的诱因或失效，对系统的多个部件或多个部分造成影响。

表征此类问题的一个方法是用"β 因数"。在冗余系统的一个"分支"或"部分"中，某些失效会影响到另外分支或部分中同样的部件，造成整个系统失效。此类失效占总失效的百分比即为 β 的数值。例如：假设中央处理器（CPU）有 1×10^{-6} 个失效/小时的失效率。如果 CPU 三重化配置并且所有三个并排布置在同一个机箱中，某些失效就可能一次影响到两个或三个 CPU（例如设计、制造，或者软件错误）。β 因数为 10% 意味着该系统会以 10^{-7} 个失效/小时的失效率将该系统整体置于失效状态。请注意，β 因数模型是纯粹的经验模型，它并不客观存在，仅仅是个模型或者说是对真实情形的估计。有很多文献介绍了估算 β 百分数值的方法。

系统失效，也称为功能失效。因影响到整个系统，有时也分类为共因失效。系统失效的例子，通常包括设计、操作，以及维护当中的人为失误。不过，受热、振动，以及其他外部因素，也可以视作系统失效。系统失效会影响冗余和非冗余系统。如果在电磁阀的设计要求中存在系统错误，可导致诸如电磁阀低温不能正常操作等问题。如果采用的是冗余阀门，系统失效也是共因失效。一些系统失效可能相对容易辨识出来（例如设计错误），但是要估算此类失效的数量或占比（例如，如果试图使用 β 因数计算）通常是很困难的，因为它们难以量化。例如：工程设计错误数量有多少？或者维护技师校验三个变送器时，都校验不准确的概率有多少？

核工业的一份研究表明，在核电站的全部失效中，有 25% 是与共因失效有关的。对冗余控制系统的调查发现共因失效占比为 10% ~ 30%。让人惊讶的是，一些完全冗余的系统仍然存在着单点失效。例如一套网络化的计算机系统有 7 条冗余通信线路，不幸地是，它们都分配在同一根光缆中，一旦该光缆被切断，整个系统就会瘫痪。当然没有人会刻意按照这种方式设计通信系统。失效的这个点，就是很多问题最终集中到的那个症结所在，形象地打个比喻，当失效出现在这个点时，相当于一个人什么也"看不到"了，如第 2 章题图所示，某些东西不可避免地会落入冰缝。

如果常规控制和安全功能在同一系统中执行，总会有潜在的因素导致共因故障。系统之间在物理上隔离的越彻底，越不可能出现单点失效对这些系统同时造成影响。"不要把所有的鸡蛋放到一个篮子里"，不管这个篮子多么结实可靠，总存在不可预见的情形导致它摔落到地上。什么东西都会坏掉，问题只是什么时候发生。

3.5.1　人力因素

各种标准明确要求将常规控制系统和安全系统分开设置，但它们都没有真正地说到为什么。这些问题实际上是显而易见的，很多可归结为人力因素。

安全系统要求对变更进行严格地管理。如果将常规控制和安全功能整合在一个系统中，怎样有效地保证操作员灵活访问需要改变的某些功能，而锁定那些不允许触碰的功能？如何保证在修改系统的一个局部(例如软件逻辑)时，不会影响到系统中其他与之无关的安全功能？如何保证将某常规控制回路置于旁路(正常操作中司空见惯)，同时又不会影响到安全报警或动作？避免出现操作错误的唯一有效途径是将不同的系统分开设置。

一个实际的例子有助于对此加深印象。故事是在 ISA SP84 标委会一次会议的午餐时，本书的一位作者听到的。一家公司从另一个企业收购了一个在役工厂。从母公司派了一位工程师到该工厂对常规控制和安全系统进行技术审核。工程师发现，所有的常规控制和安全功能都是在 DCS 上实现的。进一步地检查发现，有三分之一的安全功能被随意地废弃了(即被删除了)，三分之一设置为旁路，剩下的三分之一经测试发现有的功能也不正常。人们有充分地理由认为，建立并遵循适当的操作和管理规程，就可避免类似问题的发生。总之，对安全系统的旁路、维护，测试等操作以及变更管理，都必须建立严格的工作步骤或规程。不幸地是，有意或无意地违反各种规程时有发生。如果我们所有人都是合格的驾驶者，严格遵守相应的交通规则，就可减少对安全带或安全气囊的依赖。

小　结

过程控制系统是主动的和动态的，绝大多数故障都能自我显露出来。安全系统是被动的或休眠的，许多故障不能自我显露。安全系统需要手动测试或有效地自我诊断，这种本质区别使得一般用途常规控制系统不能有效地整合安全功能。

常规控制系统设计为相对容易地被访问，操作员能够按照需要频繁地改变控制方式。而安全系统要求执行严格的安保管理规程和访问控制，防止不经意地变更或修改。常规控制系统的任何改变，不能妨碍安全系统正确地执行其功能。

过程控制和安全系统近年来一直分开设置，并采用差异化或多样性技术。气动控制系统被基于软件的 DCS 取代。基于继电器的安全系统被基于软件的 PLC 取代。将过程控制和安全系统整合，确实具有潜在的利益：单一的供电、简化的存储、统一的维护和培训，以及可能更低的总成本。不过，众多的工业领域标准、指南，以及推荐的工程惯例，都*强烈地要求避免*这种尝试。现代控制系统的可靠性一直还没有大的突破。

安全系统要遵循严格的设计要求。安全系统的分析、文档管理、设计、操作、维护，以及变更管理等，都要求认真对待。在同一系统中既执行常规控制功能又执行安全功能意味着整个系统要按照安全系统的要求去严格管理。这样对任何适度规模的系统都不是经济可行的。将所有的鸡蛋放在同一个篮子里绝不是好主意，还是那句话，什么东西都会坏掉，问题只是什么时候发生。

如果一个组织违背标准要求，最好有正当的、形成书面文件的原因。在你的潜意识里应该保持这样的简单想法："我如何在法庭上申诉这种决策的合理性"？任何事情如果曾经发生，就可能重现。对被问及为什么违反标准时，如果你的回答是："这样做成本低"，就不要期待法庭对你友善了。

参 考 文 献

1. Kletz，Trevor A. *Computer Control and Human Error.* Gulf Publishing Co.，1995.
2. *Programmable Electronic Systems in Safety Related Applications，Part 1-An Introductory Guide.*，U. K. Health & Safety Executive，1987.
3. *Guidelines for Safe Automation of Chemical Processes.* American Institute of Chemical Engineers-Center for Chemical Process Safety，1993.
4. IEC 61508—1998. *Functional Safety of Electrical/Electronic/Programmable Electronic Safety-Re-*

lated Systems.

5. ANSI/ISA-84. 00. 01—2004, Parts 1-3(IEC 61511-1 to 3 Mod). *Functional Safety：Safety Instrumented Systems for the Process Industry Sector* and ISA-84. 01—1996. *Application of Safety Instrumented Systems for the Process Industries.*

6. API RP 14C—2001. *Analysis, Design, Installation, and Testing of Basic Surface Safety Systems for Offshore Production Platforms.*

7. API RP 554—1995. *Process Instrumentation and Control.*

8. NFPA 85—2001. *Boiler and Combustion Systems Hazards Code.*

9. IEEE 603—1991. *Standard Criteria for Safety Systems for Nuclear Power Generating Stations.*

10. Smith, David J. *Reliability, Maintainability and Risk：Practical Methods for Engineers.* 5th Edition. Butterworth-Heinemann, 1997.

11. Neumann, Peter. G. *Computer Related Risks.* Addison-Wesley, 1995.

12. ANSI/ISA-91. 00. 01—2001. *Identification of Emergency Shutdown Systems that are Critical to Maintaining Safety in Process Industries.*

4.
保护层

这次跳车产生了17000多条报警信息，领导要求
你尽快进行分析，并在一个小时内拿出报告！

Gruhn

事故的发生很少是单一原因造成的。意外事件往往是由一系列罕见事件联合导致的，人们起初认为这些事件相互独立，不太可能在同一时间发生。我们以迄今最为惨重的化学工业灾难——印度博帕尔事故来说明这一点。这次事故估计造成 3000 人死亡和 200000 人受到伤害。

博帕尔事故中泄漏的化工物料为 MIC(甲基异腈酸酯)。泄漏发生于一个储罐，该储罐的存储量超过了公司的安全规定。操作规程明确要求储罐采用制冷系统，使罐内的物料温度保持在 5℃ 以下，并在温度达到 11℃ 时报警。由于运行费用的原因，制冷系统停用，罐内物料温度接近 20℃，报警值也被从 11℃ 改为 20℃。

事故的起因是，工人冲洗一些堵塞的管道和过滤器时，没有按照要求加装盲板。水通过阀门泄漏到了 MIC 储罐中。温度计和压力表指示的温度和压力异常未引起重视，因为操作人员认为仪表读数不准确。本来放空到洗涤设备可以中和掉释放物料，由于正值装置处于停车检修状态，认为冲洗设备不需操作，也被停掉了，再者，洗涤设备本身设计的容量也不够。另外，火炬可以烧掉释放的部分 MIC 物料，但是，当时火炬也处于检修停用状态，同样，火炬设计的处理能力，也不足以处理当时的释放量。MIC 可能也泄漏到了邻近的储罐，但是液位计错误地指示这些罐并未充满。水幕对中和释放的 MIC 是有效的，不过当时的释放点处于离地面的 108 英尺高处，水幕根本达不到那个高度。工人们眼睛和喉咙不适，意识到可能有释放发生，但当时的管理人员没有理睬这些工人的反映。

工人们开始惊慌和奔逃，却忘记有 4 辆应急大巴用于疏散员工和附近的居民。MIC 主管找不到氧气面罩，并在攀爬围墙时摔断了大腿。当厂长被告知发生了事故时，他用怀疑的口吻说："工厂正在停车检修，不可能发生气体泄漏，不会出这样的意外，不可能"！

调查表明，大量的意外事故都是在生产过程出现异常，操作员试图保持生产或者重新启动生产过程中发生的。在此期间，操作人员期望节省时间并简化操作程序，违背公司的安全规章制度，从而导致危险状态发生。

再好的冗余安全层，都可能因不好的或相互矛盾的管理实践击溃。从文献中可查阅到化工工业中许许多多这样的例子。在一个聚合物生产厂，为了增加 5%产量，操作过程中旁路了所有报警和联锁，结果导致意外事故发生。另外一个例子，工艺达到设定值时联锁和报警都失效了。究其原因是由于管理层取消了安全仪表的例行维护检查，联锁和报警出现故障并没有被及时发现。

詹姆士瑞森(James Reason)描述了多个安全保护层失效时，意外事故是如何发生的。图 4-1(a)展示了多个安全保护层的设计意图。如果所有的保护层都是有效的(即坚不可摧)，失效就不会穿越它们导致最终的危险事件发生。不过，在现实当中，任何安全保护层都不会固若金汤，它们的特征更像瑞士奶酪，上面的孔洞代表因管理、工程、操作、维护等环节存在的瑕疵以及其他错误。各保护层上不仅有孔洞，而且还不断移动、增大或缩小，时隐时现。如果各保护层上的孔洞恰好连成一条线，如图 4-1(b)所示，当有触发事件存在时，就会很容易地穿过所有保护层。

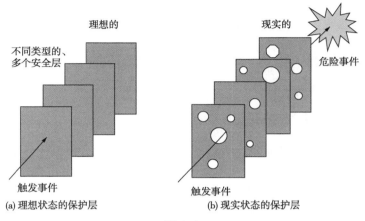

图 4-1

　　图 4-2，通常被俗称为"洋葱图"，很多安全技术文献有不同形式的表述。它展示了各种安全保护层是如何组合在一起的：其中一些是预防型的保护层，另一些是起减轻作用的保护层。基本的概念是简单明了的："不要将所有的鸡蛋放在同一个篮子"。有些行业也将这样的保护层体系称为"纵深防御"。

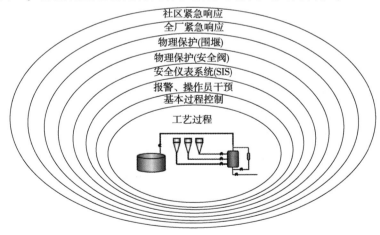

图 4-2　保护层

　　风险表示为事件发生的概率(或频率，或可能性)与该事件的严重性(或后果)的乘积。工艺设施设置多个安全保护层的目的，是用于减少某一风险参数。

预防型保护层执行的安全功能，是为了减少危险事件发生的概率。减轻保护层执行的安全功能，是为了减轻危险事件的危害后果。下面只是预防和减轻保护层的例子，所列保护层并不是在任何工艺设施上都这么用或都一定存在。

4.1 预防保护层

预防保护层用于减少危险事件发生的概率或可能性。通常采用多个差异化或多样性设计的保护层。

4.1.1 工艺装置设计

工艺装置本身必须贯彻安全设计理念。这就是为什么要执行 HAZOP(HAZard and OPerability studies——危险和可操作性分析)和其他安全审查，诸如故障树、检查表，假设分析等的直接原因。

过程工业的一个主要目标，是设计本质安全的生产装置。不能设计一个危险的工厂，然后再采用许多权宜之计来亡羊补牢。通过降低压力、降低物料存储量，以及采用非危险材料等本质安全设计的措施和方法，使那些治标不治本的措施失去存在的必要。特雷弗克利兹(Trevor Kletz)说过："只有不存在的物料，才不会发生泄漏"。

本质安全设计需要许多其他方面的相应改变，因此招致了很多的非议和抵触。典型的抱怨是："我们*承受不起*这样的方案"！据本书作者之一对各工业领域的观察，设计本质上更安全的工厂*可能*需要投入更高的初始成本(尽管并不都是如此)，但对工艺装置的*整个生命周期*而言，总体成本会*更低*。推行质量管理也是如此，想一想当初有多少公司也是声称承受不起。现在看来，承受不起的反而是*没有它*。

消除或减少危险，通常需要简化设计，这本身就降低了风险。可选择的设计方法是通过设置保护设备来控制风险，但这样做也会增加复杂性。

日常生活中也有本质更安全设计遭到抵制的例子。曾发生儿童在废弃的冰箱中玩耍被关在里面，因冰箱门锁打不开而窒息的悲剧。针对这种情况，电冰箱安全法案(Refrigerator Safety Act)得以制定并颁布执行。起初制造商*坚持认为*难以承受设计更安全门锁增加的成本。但当强制推行后，设计了现今普遍采用的非常简单的磁性闭锁。这样能从冰箱里向外推开，因此*消除了安全隐患*。新的设计比过去老的设计也更经济。

4.1.2 过程控制系统

过程控制系统是下一个安全保护层。用于控制生产装置，优化燃料消耗，提高产品质量等等。试图将所有工艺参数(例如压力、温度、液位以及流量等)保持在安全边界以内。因此，它也可以认定是安全保护层。不过，控制系统的失效也会触发一个危险事件。

自动化不能完全替代人。事实上，自动化常常将依赖人力完成的任务变得更复杂。如果因为对人工判断和凭直觉操作不满意，就让计算机做越来越多的决策，那么，由人担当最终的裁决者可能仍然会犯错误。经验已经表明，人对自动系统的监控并非十分到位。操作员的日常工作，只是必要时的一点点人机交互动作，时间一长就可能造成反应迟钝和削弱警惕性，并可能导致懈怠和过度信赖自动化系统。长期被动地监视自动化系统，会使得操作员对紧急状态的响应准备不足，措手不及。一些人评论道："计算机控制使操作员变成了低能儿"。解决这一问题的一个途径，就是一开始就让操作员全程参与安全分析和设计决策过程。鼓励操作员深度介入，而不是相反。

4.1.3 报警系统

如果过程控制系统不能执行其功能(不论什么原因，诸如内部失效或回路被置于旁路状态)，可以通过报警提示操作人员执行某种形式的干预。

报警和监控系统应该做到：

(1) 发现问题越快越好，早期预警，确保在达到危险状态之前采取相应动作。

(2) 报警设备应该独立于被监控系统(即被监控系统失效不会对报警功能造成影响)。

(3) 尽可能低的复杂性。

(4) 易于维护、检查，以及校验。

如果要求操作员借助报警信息执行相应的手动操作，报警和监控系统可视为安全保护层。因为不可能*任何*动作都能做到自动化，所以有时需要操作人员执行某些手动操作。设计人员不可能预想到*所有*可能发生的情况并设置自动功能。因此操作员的手动操作应该足以适应某些异常工况，灵活应对。

不过，这是把双刃剑。因为在设计阶段没有考虑到的事件，操作员培训时也不可能有对该事件针对性的训练。另一方面，简单盲目地遵循操作规程，有时也会造成意外事故。而不按部就班地执行规程，是有经验的人常有的自以为是，人为错误的发生也难以避免。

4.1.3.1　人员可靠性

本书作者之一曾听说，有人并不希望在他们厂采用自动系统控制安全，而设想完全依赖熟知工艺流程特性且训练有素的人员管控安全。常规的日常操作也许是可行的(尽管对此还有争论)，但对于关键的紧急状态，这是不妥当的。

例如，下面的原因曾导致一些意外事故发生：

(1) 操作员对偶发事件陌生，无法判断真实性。

(2) 操作员对过量信息招架不住，不能采取及时有效的动作。

曾经有一些意外事故，可直接归咎于人员的操作。业界的一些人士，特别是著名的特雷弗克利兹(Trevor Kletz)，写了大量卓越的文献来论述此类案例。希望业界从这些例子中吸取教训，尽可能避免重蹈覆辙。克利兹说："意外事故的发生，不是因为我们缺乏知识，而是错误地运用了已有的知识"。历史已经告诉我们，许多悲剧总会重演。

有这样的一些例子，操作员看到了报警，也知道它的意思，但*仍然*无动于衷。或者认为那是虚假报警("噢，它老是这样，已经习以为常了"——这也是印度博帕尔事故发现的诸多问题之一)，或者他们等待其他事情出现再做判断(有时等来的是灾难性的结果)。

当事情出现了错误，随之而来的往往会是一连串的越来越严重的糟糕局面。据本书的作者之一知道，某厂发生了停车事故，在此期间 DCS 打印出了 17000 条报警信息！面对这些海量信息，操作员会心理崩溃，束手无策。太多的信息决不是好事。克利兹在文献中论述了一些其他类似的案例。

在生命受到威胁的紧急关头要求一分钟内做出决断，99%的人会错，这是军事领域实际研究得出的结论。换句话说，在紧急情况下，不论是否受过很好的训练，人往往是最不可信赖的。

4.1.4　操作规程

有些人*也许*会将操作和维护规程视为保护层，这是有争论的。通过检验可检查出容器的腐蚀和降级情况，进而有助于预防意外事故。操作规程将工艺单元的操作限制在其安全限度以内，也可以防止意外事故。通过预防性维护，更换那些有潜在问题的部件，也有助于避免意外事故。不过，所有的操作规程都可能被违反(有意或无意地)。再加上成本的压力和人力资源的减少等因素推动，某些操作规程过去是可行的，现在或今后就可能不合理或不合时宜。

如果*认可*操作规程为保护层，需要对其编制专门的文档，也需要对操作者进行训练以便切实遵照执行，同时还要进行定期审核。如果操作员和技师告知工程师和经理人员某些规程的实际执行情况，估计他们会感到惊愕。操作员和技师不愿意说的实情，可能是遵守这些规程会给他们带来诸多不便。

4.1.5　停车、联锁仪表系统（安全仪表系统——SIS）

如果控制系统和操作员不能做出应有的行动，自动停车系统就会随之动作。这些系统通常与其他系统分开设置，有专门的传感器、逻辑系统，以及最终元件（请参见第三章关于分开设置相关问题的论述）。这些系统设计为：

（1）在一定的条件满足时，允许工艺过程进入安全的方式操作；或者，

（2）如果达到特定的异常工况，自动地将工艺过程置于安全状态；或者，

（3）采取动作减轻危险后果。

因此，安全系统可提供许可、预防，以及/或者减轻功能。区分 SIF（安全仪表功能）和 SIS（安全仪表系统）之间的不同也是重要的。SIF 是单一的功能（例如：高压停车、低液位联锁，等等），而 SIS 是将所有这些功能整合到一个完整的系统里。大多数 SIF 由单一的输入传感器和单一的（少数情况下多个）最终元件组成。不过，SIS 可能包括几十、几百，有时甚至是几千个输入和输出。

这些系统要求严格的安保措施，防止不经意地改变和恶意修改，并且要求全面的故障诊断。本书的关注点就是这些系统。

4.1.6　物理保护措施

安全阀和爆破片是一种物理保护措施，可用于防止出现过压状态。虽然这种措施适用于防止压力容器的爆炸，但物料的放空可能会造成次生危险事件（例如：有毒性物料的释放）或者因违反环境法规被处罚。

4.2　减轻保护层

危险事件一旦发生，减轻层可用于降低其危害后果的严重程度。它们可以对释放出的物料进行收集、排放，或者中和处理。

4.2.1　封闭系统

如果一个常压储罐爆裂，围堰可用于防止释放物料扩散。不过，将液体围在围堰内，可能造成次生危险。核电厂的反应器通常安装在密闭的建筑物内，有助于防止意外释放。原苏联切尔诺贝利的反应器没有建造外面的密闭建筑，而美国三哩岛的反应器是安装在这种密闭建筑之内的。

4.2.2　洗涤设备和火炬

冲洗设备用于中和释放的物料。火炬则用于烧掉多余的物料。博帕尔设有这两种系统。不过,该工厂意外事故发生时,正好处在全厂停产检修期间,这些系统事实上处于停止工作状态。

4.2.3　火气(F&G)系统

火气系统(F&G)由传感器、逻辑控制器和最终元件组成,用于探测可燃气体、毒性气体,或者火警。一旦出现异常状态,a)提供状态报警,b)将工艺过程置于安全状态,或者c)执行预定动作,减轻危险事件的后果。传感器包括热感、烟感、火焰,以及气体探测器,并配置手报措施。逻辑系统包括常规 PLC、分散控制系统(DCS)、安全 PLC、F&G 专用 PLC 或者专用的多回路 F&G 控制器。最终元件可能是闪光灯/频闪闪光灯、警报器、电话告知系统、爆破管、喷淋系统、灭火系统,甚至工艺装置联动停车。

气体探测系统并不能防止气体的释放。它仅仅指示什么时候、在什么地方发生了气体泄漏。火灾探测系统也不能阻止火灾的发生,它也仅仅指示什么时候、在什么地方出现火警。这些都是传统的减轻层,用于降低已经发生事件的后果。在美国,通常是"仅作报警",不启动任何自动控制动作,要求消防员出动并且人工灭火。在美国之外,这些系统常常产生某种形式的自动动作,或者与停车系统结合在一起。

停车系统和火气系统之间存在一个明显的不同,停车系统是正常赋能的(或称励磁的、得电的)(即失电停车),而火气系统是正常失能的(或称去磁的、失电的)(即得电执行动作)。这样做的原因其实很简单。停车系统用于将工艺装置置于安全状态,意味着停止生产过程。误停车(即没有任何生产异常的情况下,关停了工艺装置)从经济上说是有害的。但是在安全层面,误关停通常不会导致灾难发生,因此对安全是没有影响的。不过研究表明,事实上停车和开车时间仅占整个生产操作时间的 4%,但所有意外事故的 25% 发生在这 4% 的时间里。火气系统被设计用于保护设备和人员,这些系统的误操作有可能损害某些设备单元并且甚至可能造成伤亡(例如在控制室的 Halon 或 CO_2 系统,如果没有预警地突然泄放,将导致操作人员处于危险之中)。如果系统被设计为正常失能的,误关停失效就非常少见。

火气系统是否应归类为安全仪表系统,争论还在持续。因为这对系统的成本、硬件、可用标准、职责、设计规范、操作,以及维护等都会造成不同程度的影响,所以答案很难轻易得出。

4.2.4 紧急疏散程序

在灾难性释放发生时，紧急疏散程序用于员工甚至厂外社区居民撤离危险区域。尽管这些管理程序不是物理系统（警报除外），仍然可能将其纳入到安全保护层之列。

在博帕尔也安装了警报器用于通知工厂周围的居民。不过，这些设施除了让这些居民感到厌烦，没有任何正面的吸引力（就像灯光下乱舞的飞蛾）！

4.3   差异化措施

投资者很清楚差异化的必要性。如果投资者将他的全部积蓄买入一支股票，一旦该股票崩盘，投资者就会成为穷光蛋，将资金分散投资，就可化解过于集中的风险。东方不亮西方亮，即使某支股票投资失败，也不至于全军覆没。同样的思路可用于过程工厂的安全保护层设置。不要把所有的鸡蛋放入同一个篮子，不论篮子有多好。什么东西都会坏，只是时间问题。总体上，保护层越多，又是多样性的设计，就越好。此外，每个保护层应该尽可能地简单。一个保护层的失效不能妨碍另外的保护层执行应有的功能。

设置多个不同种类保护层的好处，可参见图4-3。该图也有助于理解保护层分析（LOPA）的概念，在第6章还会详细论述。假设在基本过程设计基础上，仍然存在可能导致多人伤亡的危险事件发生频率是每年一次，在图中的右侧纵轴表示，并标识为"过程中的内在风险"。在工艺装置上每年发生一次多人伤亡的灾难性事件，没有人会认为这是"可容许的"！期望达到的目标，是将其控制在1/100000次每年的范围，图中的左侧纵轴表示，并标示为"可容许的风险"。每个安全层都致力于将风险降低到最小。不过，没有完美无缺的保护层，如图4-1（b）所示。什么是每个安全层的"风险降低因数（Risk Reduction Factor-RRF）"？单一的保护层不会达到100000倍的风险降低。换句话说，单一保护层的安全性能水平，不可能将发生频率为每年一遇的危险事件降低到每100000年一遇。如果采用五个独立的保护层并且每个提供10倍的风险降低，则能达到这么高的要求。

这些不同种类的保护层，一般都是由不同供货商提供，总体上是相互隔离的系统，并且它们通常都是基于不同的技术。这种高水平的差异化设计，能使共因失效（即单一的失效影响多个部件）的发生非常少见。不过，今天这些系统中有很多采用了计算机及其软件技术。假设将火气探测、关断停车，以及报警功能等等，都全部整合在一套过程控制系统中，会发生什么情况呢？在一个单元中实现很多功能，不会使其中任何一个更好。将多个程序集中到一个计算机系统里，不会使其中任何一个程序会更好更快地运行。事实上，通常是适得其反。大众甲壳虫汽车设计的目标，是搭载多少位乘客以某种时速跑某一里程。将 10 位朋友塞入同一辆车里，不会使车跑得更快。同样的道理，在一套控制系统里完成更多的功能，不会使其做得更好。换句话说，基本过程控制系统的风险降低能力是有限度的。事实上，IEC 标准将 BPCS 声称的风险降低因数限定为 10 以内。将太多的功能塞入到控制系统，可能事实上是*降低了*工艺设施的整体安全。这种做法并没有获取任何有益的改进！

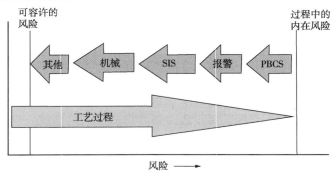

图 4-3　多个保护层降低风险

小　结

事故通常是由人们起初认为它们相互独立、并且不太可能在同一时间点发生的一些罕见事件的组合结果。防止这些意外事故的方法之一，是设置多个不同类型的安全保护层。这样能更有效地防止一个触发事件穿透这些保护层，最终发展为危险事件。

应该设计多个、差异化(或称多样性)的独立安全保护层。一些保护层用于预防危险事件的发生(预防保护层)，另一些则用于降低已发生事件的后果(减轻保护层)。

通常，保护层越多越好。然而将太多的功能整合在任何单一的保护层上，可能会损害安全而非改善安全。不过，最好的防御策略，是在初始设计时就消除危险隐患。"只有不存在的物料，才不会发生泄露"。本质安全设计会使设计方案更简单、总体成本更低。

参 考 文 献

1. Kletz, Trevor A. *Lessons From Disaster: How Organizations Have no Memory and Accidents Recur.* Gulf Publishing, 1993.
2. Leveson, Nancy G. *Safeware-System Safety and Computer.* Addison-Wesley, 1995.
3. Reason, J. T. *Managing the Risks of Organizational Accidents.* Ashgate, 1997.
4. *Oil and Gas Journal.* Aug. 27, 1990.
5. *Guidelines for Safe Automation of Chemical Processes.* American Institute of Chemical Engineers-Center for Chemical Process Safety, 1993.

5
编制安全要求规格书

系统已经制造完成正在测试，用户发来SRS了吗？

Gruhn

"肯定不会出错，咔嗒咔嗒(敲击键盘声)…出错了，咔嗒咔嗒…出错了，咔嗒咔嗒…"

——佚名

5.1 概述

一旦确认需要安全仪表系统，并且每个安全仪表功能(SIF)的安全完整性等级(SIL)目标已经确定，接下来就要编制安全要求规格书(SRS-Safety Requirement Specification)。SRS 或者是一个文件，或者是一组文件。SRS 列出 SIS 完成的所有功能要求，也包括对应用软件的要求。SRS 由下面两个主要部分组成：

(1) 安全功能要求规格书；

(2) 安全完整性要求规格书。

功能要求描述系统执行的*逻辑*。换句话说，它定义每个安全功能应该*做什么*。例如：当容器 A 中的压力低到设定值时，将关闭阀门 B。完整性要求描述对每个功能的*安全性能*要求。也就是说，它定义每个安全功能应该具有的*能力*或者*有多好*。例如：当容器 A 中的压力低到设定值时，要保证阀门 B 能够关闭的概率或可能性达到99%以上。本章后面出现"规格书"一词时，笼统地指功能要求和完整性要求这两种规格书。

工厂设计为本质安全，甚至没有内在的危险存在，当然最好不过。但在很多时候根本做不到。在工程实践中，通常是采用仪表监控工艺过程状态，并采取必要的动作防止危险发生。哪些工艺参数需要监控，应该采用怎样的安全动作，系统操作应该达到怎样的安全性能水平，都要反映在功能要求和完整性要求规格书中。

第二章展示了英国健康和安全执行局调查的 34 个意外事故，发生在不同的工业领域，都是由于控制和安全系统失效直接导致的。调查结论汇总在图 2-1 中，有44%的意外事故归因于不恰当甚至是错误的的规格书(功能以及完整性要求规格书)。失效原因占比中排第二位的，是由于调试后的变更(20%)。确保系统规格书正确，其重要性不言而喻。不合适的规格书将导致系统性(设计)失效。换句话说，尽管系统按照设计要求完美地工作，但由于设计本身错误造成输出动作不正确。系统性失效不是随机性的，并且在同样的条件下会重复发生。这些失效不能被充分地量化，一般来说也只能通过确保所有生命周期活动被有效地完成进行控制。

本章探讨编制安全要求规格书的相关问题、讨论 ANSI/ISA-84.00.01—2004 (IEC 61511 Mod)的相关要求，并包含需要编制的典型文档例子。

5.2 44%的事故归咎于不正确的技术要求规格书

为了弄明白*为什么*大多数意外事故是由于不正确的规格书引起的，有必要关注生成规格书的管理系统和步骤。按照第 2 章给出的生命周期模型，在准备规格书之前需要进行下面的活动：

（1）工艺过程的概念设计；

（2）危险分析和风险评估；

（3）非 SIS 保护层的应用；

（4）如果 SIF 是必需的，确定 SIL。

这四步形成正确地制定规格书的基础，在一个组织内完成这些步骤的工作规程必须有效并且适当。如果根本就没有相应的工作规程，或者即使有也并不合适的话，那么不论花费多少时间或精力编制系统要求规格书，都会是徒劳的。也就意味着基本的系统设计基础，可能从根本上就不正确。

本书的意图并不是定义工艺过程的设计步骤或危险分析技术。美国化学工程师协会化工过程安全中心（CCPS）等机构发行了大量过程设计和危险分析的出版物。应该指出，辨识和评估危险本身并不直接提升工艺过程或系统内在的安全，它是从危险分析中获取信息，更为重要的是，接下来采取的相应对策决定了系统安全。

简单地完成危险和可操作性研究（HAZOP）不会使工厂的本质安全有任何改进。这种分析毕竟只是一份报告或仅仅简单几页纸。但是参照该分析给出的建议，会使工程控制措施更合理，从而保障工艺过程更安全。

除了刚刚讨论到的系统性问题或者步骤程序上的问题，下面列出的是另外一些原因，在很大程度上也是导致规格书出现错误的原因：

- 管理系统
- 工作程序
- 评估的时间安排
- 核心人员的参与
- 职责不明
- 培训和工具
- 复杂性和不切实际的预期
- 文档不完整
- 规格书的终审不到位
- 规格书中存在未被认可的设计背离

5.2.1 管理系统

必须为生命周期工作模式设置一套管理系统（即确保有效性的系统），使其能够高效地贯彻执行。管理系统通常由下面的步骤组成：

（1）辨识生命周期各项活动，并确定这些活动预期的结果；

（2）设置绩效标准，以便将实际结果与预期要求进行比较；

（3）量化实际的绩效水平；

（4）评估并比较实际的绩效水平与设定标准之间是否存在差距；

（5）基于评估采取必要的纠正措施。

制定内部标准和工作程序是相对容易的，但是生成并保证全面贯彻执行的管理系统可能会面临很多困难。许多问题存在的根本原因，是没有建立管理系统或者其管理系统非常低效。ANSI/ISA - 84. 00. 01—2004，第 1 ~ 3 部分（IEC 61511-1-3 Mod）强调了功能安全管理的要求、重要性，以及方法论。

F. 伯德（F. Bird）和 G. 日耳曼（G. Germain）编著的《实用的损失控制领导力（*Practical Loss Control Leadership* ）》是一本关于管理系统的优秀著作。管理系统（*management system*）这一术语，虽然被广泛地使用，但是稍稍有些用词不当，因为这些系统常常只有一点点"管理"。更好的术语在英文中应该是*managing systems* 。

5. 2. 2　工作程序

为了有效地完成危险分析和 SIL 定级，应该为所有活动的开展制定工作程序。该工作程序要经过审查、批准，并且需要理解和掌握所有相关活动的内容。例如 SIL 定级的工作程序是仅针对个人的人身安全，还是涵盖其他风险受体（即环境事故、财务损失、设备/财产损害、经营业务中断、经营负债、企业形象，或者失去市场份额）？这些都要清晰明确地反映在工作程序中。

危险分析通常采用的技术包括：故障树分析（FTA，Fault Tree Analysis）、失效模式与影响分析（FMEA，Failure Mode and Effects Analysis）、危险与可操作性分析（HAZOP）以及其他类似的方法。其中 HAZOP 是过程工业最适宜，并被广泛认可和采用的技术。

至今还没有建立起一致的 SIL 定级技术（第 6 章的主题）。大型组织通常自己开发这些技术和工作程序，而规模较小的组织，也许只能依赖外部咨询机构。

5. 2. 3　评估的时间安排

安全评估有时会面临许多问题，例如还没有明确应采取的方法，或者匆忙地完成相关活动，对需要做的工作仅是肤浅的了解。制定评估计划的责任者，应该确保过程设计的进度和已经完成的文档足以保障可进行有价值的安全分析。安全评估绝不能仅仅形式上满足项目管理的时间安排和工作程序。

SIL 定级应该被看作是危险审查活动的扩展，这样可确保在进行安全评估时，能够思路清晰地、程序顺畅地过渡到 SIL 定级。

5.2.4 核心人员参与审查过程

过程工厂许多工艺单元和系统的复杂程度，对于个人来说，都远远超出了能够成为通才的能力，也就是说，不可能什么都懂。很简单，工艺过程的化学反应机理、工艺过程的管道和容器、用于监控生产过程的仪表、用于控制生产过程的控制系统、用于提供动力的转动设备、电力系统，以及用于分析的安全技术等等，一个人不可能统统都精通。

基于这些原因，HAZOP 和其他危险分析技术的使用，通常需要多专业的团队协作进行。一般需要项目、工艺、操作、安全、维护、仪表，以及电气等专业人员在内。这些研究的关注点，是分析工厂操作哪些方面可能会出现差错。如果某种危险被辨识出来，并且认为是严重的亦或不可忽视的，就要制定对策予以预防或者对已发生事故减轻其后果影响。

当经历危险分析和 SIL 定级的不同阶段时，不要将每个阶段视为截然不同的活动。换句话说，一个阶段完成后，不要简单地将其结果扔给下一个阶段的团队，各阶段之间不应有如此分明的界限。

5.2.5 职责不明

在 5.2 节开篇列出了四个活动，对于参与每一个活动的人员，都需要明确规定主体角色和责任，并形成共识。每个人都要对安排的角色及其职责有清楚的了解，按照预先建立的工作程序完成全部分析任务。每个活动的主体职责如下所示：

活　　　动	主 体 职 责	活　　　动	主 体 职 责
工艺过程概念设计	工艺设计	非 SIS 保护层的应用	工艺设计
危险分析和风险评估	安全工程	如果需要 SIF，进行 SIL 定级	安全工程

5.2.6 培训和工具

对参与评估的团队成员，要进行充分地培训并提供必要的工具。例如：在进行评估前，有必要对过程控制和电气人员进行工艺培训，同样地，也要对工艺人员进行控制系统的类型和性能等方面的培训。这些最基本的要求，都是为了确保在审查过程中能够进行恰当地对话以及相互理解沟通。在分析之前，明确每位成员应该具有的能力或需要进行培训的内容，非常有必要。

5.2.7 复杂性和不切实际的预期

一般而言，设计越简单越好。复杂的设计难以理解掌握、认识和审查。我们以特雷弗克利兹(Trevor Kletz)描述的一起意外事故为例说明这一问题。

事故发生在高度危险的环氧乙烷工艺装置上。有三台关断阀一字串联安装，并在两两阀门之间配置了排放阀。似乎这还不够，为了不中断生产进行在线测试，又并联安装了同样的 5 个阀门组合作为复线。

共有十个阀门的复杂系统由计算机进行自动控制。由于逻辑执行时遇到软件组态中的一个错误，计算机的输出导致阀门不能正确操作。据事后分析，有三吨的气体释放造成了爆炸和火灾，工厂被迫停工达数月之久，损失惨重。软件错误的原因在很大程度上要归咎于系统的复杂性。

如果设计一套安全系统预防或减轻危险事件的发生，对它的技术要求应该叙述得尽可能地简单明了。团队成员在确立解决方案时，也应该避免过于复杂，因为这可能导致不切实际的或是无法保证的预期。

5.2.8　文档不完整

过程控制和/或仪表人员通常负责安全要求规格书的编制。规格书应该足够简单，以便使所有人员都明白规格书中的每个要求细节。

表 5-1 汇总了应该包括在规格书中的信息。"详细要求"一项用于说明针对特定应用时需提供的信息，有时也包含一些必要的评论或注释。附加的项目也汇总在第十五章给出的设计检查表中。

表 5-1　安全要求规格书信息汇总

项　　目	详 细 要 求
文档和输入要求	
P&ID	
因果图(C&E)	
逻辑图	
工艺数据表	
SIF 防止的危险事件相关工艺信息(意外事件原因，流体动力学，最终元件，等等)	
工艺过程公共原因失效，诸如腐蚀、堵塞、涂层，等等	
影响 SIS 的法律法规要求	
其他	
SIF 的详细要求	
SIF 的 ID 编号	
SIF 所需的 SIL	
预期的要求率(Demand Rate)	

续表

项　　目	详 细 要 求
测试时间间隔	
对每个辨识出的事件，其工艺安全状态的定义	
工艺输入以及它们的联锁设定点	
工艺参数的正常操作量程以及它们的操作限度	
工艺输出以及它们的动作	
工艺输入和输出(包括逻辑、数学函数，以及需要的许可)之间的功能关系	
去磁(失能)关停或励磁(赋能)关停的选择	
手动停车的考虑	
SIS 系统在电、气等能源丧失时采取的动作	
SIF 将工艺过程置于安全状态时需要的响应时间	
对诊断出的故障以及其他任何显性故障，其响应动作要求	
人机接口(HMI)要求	
复位功能	
为满足所需的 SIL，对诊断功能的要求	
为满足所需的 SIL，对维护和测试的要求	
如果误关停有可能是危险的，相应的可靠性要求	
每个控制阀的失效模式	
所有传感器和变送器的失效模式	
其他	

　　一种简单有效的文档工具是因果图(见表5-2)。这种图展示了安全系统的输入/输出关系、联锁设定点、每个安全功能的 SIL，以及任何其他的安全要求。

表5-2　因果图

位号#	描述	SIL	仪表量程	关停值	单位	开阀 FV-1004	开阀 XV-1005	停泵 P-1007	关阀 PV-1006	备注
FALL-1000	至主反应器 R-100 流量	2	0-200	100.0	GPM	×		×		1
PAHH-1002	反应器内部压力	2	0-800	600	PSI	×	×			1，2
XA-1003	控制电源掉电					×	×	×	×	
XA-1004	仪表气源丧失					×	×	×	×	
HA-1005	手动停车					×	×	×	×	

　　备注：1. 在关闭 FV-1004 之前，需要 2 秒的延时。

　　　　　2. 复位功能设置在阀门 PV-1006 上。

规格书应该陈述要得到*什么*，不一定说明*如何去做*。允许其他人能够自由地决定如何最好地达到设定的目标，并且也允许应用新知识和新技术。

5.2.9　规格书最终审查不到位

规格书编制完成后，应该得到参与 SIL 定级的所有各方的审查和批准，确保都了解其内容并且意见一致。那些规格书的制定者不应该武断地认为参与 SIL 审查的每个人都有相同的认知。规格书的终审给每个人一个机会，将其意见反映到最终的决定中，同时澄清任何误解和疑问。

5.2.10　规格书中存在未被认可的背离

一旦规格书被批准，不能出现任何与设计初衷的背离，除非遵循正式的变更管理规程。在项目的执行过程中，如果有变更发生，规格书就需要更新（参见第 13 章"系统的变更管理"）。为了避免成本增加或时间安排障碍，可能有做出某种改变的想法，不过，没有经过适当的审查和批准程序，不能做任何改变。

5.3　ANSI/ISA-84.00.01—2004 （IEC 61511 Mod）第 1~3 部分的要求

ANSI/ISA-84.00.01—2004（IEC 61511 Mod）的子条款 10.3 对 SIS 的安全要求进行了汇总。下面是其中的一些关键要求，相关的详细叙述请参阅该标准。

在设计 SIS 时，应该足够详细和充分地罗列出所需的安全要求，至少应该包括下面这些内容：

- 为满足功能安全要求，对所需的全部 SIF 作出描述；
- 辨识并考虑共因失效的要求；
- 对于每个 SIF，其工艺过程安全状态的定义；
- 对于特殊过程安全状态，即当它们同时发生时，可能生成一个新的危险（例如：应急储罐的过载，多个安全阀同时向火炬系统排放），分别作出定义；
- SIF 要求（Demand）的可能来源和要求率（Demand Rate）；
- 对检验测试周期（Proof Test Interval）的要求；
- SIF 将工艺过程置于安全状态的响应时间要求；
- 每个 SIF 的 SIL 及其操作模式（要求/连续）；
- 工艺过程参数的量程和联锁设定点；
- 对输出动作的描述以及是否成功操作的评判原则（例如：对密闭阀的要

求);

- 工艺过程输入和输出之间的功能关系(包括逻辑、数学函数,以及许可条件);
- 手动停车的要求;
- 与励磁(赋能)关停或去磁(失能)关停有关的要求;
- 联锁停车后对 SIF 复位的要求;
- 最大可允许的误停车率(Spurious Trip);
- SIF 的失效模式及其失效时期望的响应;
- 与 SIF 启动和重新启动操作规程有关的特殊要求;
- SIS 和其他系统(包括 BPCS 和操作员)之间所有接口;
- 工艺操作模式以及在每种模式下对 SIF 的操作要求;
- 应用软件的安全要求(后面叙述);
- 超驰(Override)/禁止(Inhibit)/旁路(Bypass)的操作要求;
- 在 SIF 检测到故障存在,如何采取必要的动作,进入或保持安全状态的技术要求;
- SIF 的平均维修时间;
- 需要避免的 SIS 输出危险组合状态的辨识;
- SIS 可能遭遇的所有极端环境状态的辨识;
- 不论生产装置整体开车时,还是单个工艺单元操作,其正常和不正常模式下操作规程的辨识;
- SIF 对主要危险事件的特殊要求(例如:在火灾发生时,需要阀门维持操作多长时间)。

本标准子条款 12.2 给出了制定应用软件安全要求规格书的要求。从根本上说,应用软件与上述所列安全要求保持协调一致,是最基本的要求。

- 应该制定应用软件安全要求规格书。
- 在制定每个 SIS 子系统的软件安全要求规格书时,以下资料应该具备:
  - ○ SIF 的特殊安全要求;
  - ○ 与 SIS 的硬件结构相关联的要求,以及
  - ○ 制定安全计划的要求。
- 应用软件安全要求规格书应该足够详细,以确保软件设计和组态达到必需的安全完整性等级,并使得功能安全评估能够顺利进行。
- 应用软件设计和组态人员应仔细审查规格书,确保相关要求明确、无歧义、前后一致,并能够被充分理解。
- 对软件安全的特殊要求,应该清晰明确、可验证、可测试、可修改,以

及可跟踪。

- 应用软件安全要求规格书应为现场仪表设备恰当选型提供必要的帮助信息。

5.4 规格书文档要求

由于安全要求规格书是 SIS 设计的基础，因此所有必需的信息都应该包括在内，形成一整套完整的文件。下面的四项是关键的技术文件，应该包括在安全要求规格书(SRS)包中。

（1）工艺过程描述

应该包括下面的内容：

- 管道和仪表图（P&ID）；
- 工艺操作描述；
- 过程控制描述，包括：控制系统设计策略、控制类型、操作员接口、报警管理，以及历史数据记录；
- 相关安全法规，包括：企业的、当地的、省级或国家级的要求；
- 可靠性、质量，或者环境相关资料；
- 操作或维护相关技术文件。

（2）因果图

因果图可以将安全功能和完整性要求整合在一个技术文件中，专业人员很容易看懂。表 5-2 是因果图的一个例子。

（3）逻辑图

逻辑图可用作因果图的补充，用于描述更复杂以及/或者基于时间和顺序的功能。这种情形用因果图可能不太容易表达，也难以理解。逻辑图的设计可遵循 ISA-5.2—1976（R1992）。

（4）工艺过程数据表（Process data sheets）

工艺过程数据表为编制仪表选型规格书提供必要的信息。

小 结

安全要求规格书(SRS)由两部分组成：安全功能要求规格书和安全完整性要求规格书。它包括了硬件和软件要求。功能要求描述系统输入、输出，以及逻辑。完整性要求描述每个安全功能应该具备的安全性能水平。

英国健康和安全执行局调查了在不同的工业领域，因控制和安全系统失效直接导致的 34 起意外事故。调查结论显示多达 44% 的意外事故是因为技术规格书（包括安全功能要求和安全完整性要求）不正确或者不全面导致的。

　　为了确保 SIS 技术规格书的正确和全面，反复强调其重要性并不过分。

参 考 文 献

1. Kletz，Trevor A. *Computer Control and Human Error.* Gulf Publishing Co.，1995.

2. ANSI/ISA-84.00.01-2004，Parts 1-3(IEC 61511-1 to 3 Mod). *Functional Safety：Safety Instrumented Systems for the Process Industry Sector.*

3. Bird，Frank E.，George L. Germain，and F.E. Bird，Jr. *Practical Loss Control Leadership*. International Loss Control Institute，1996.

4. *Programmable Electronic Systems in Safety Related Applications，Part 1-An Introductory Guide.*，U.K. Health & Safety Executive，1987.

6

确定安全完整性等级（SIL）

"在作决定之前，如果坚持处处考虑清楚，那就无法作决定"。
——H. F. 埃米尔(Amiel)

安全仪表系统工程设计与应用（第二版）

6.1 概述

现在的安全系统标准是基于性能化设计，而非硬性规定。它们不再对技术、冗余水平、测试的时间间隔，或者系统逻辑作出强制要求。这些标准只是要求"风险越高，越需要安全系统对其控制越好"。有各种风险评估方法，也有很多方法将风险等级等效转换为安全系统必需的安全性能要求。用于描述安全系统安全性能的术语，就是安全完整性等级（SIL）。

许多工业领域都需要对风险进行评估和分级，然后管理层针对各种不同的设计选项作出决策。例如：如果需要设计一个核电设施，应该距离大型居民区多远？对于军用飞机武器控制系统，怎样的冗余水平是合适的？喷气发动机涡轮叶片的强度应该达到多高才能有效地抵御飞鸟的撞击？基于已知的失效数据，质保期应该设置为多长合适？理论上，做出诸如此类的决策，应该基于数学分析。实际上，将*所有*因素量化是十分困难的。依据主观评判和经验，有时仍是可行的选择。

军事组织是面对此类问题首当其冲的团体之一。例如：当某人按下引爆或停止第三次世界大战的按钮，他可能愿意思索一下，电子电路运行正常的可能性是否满足要求。美国军方制定了风险分类标准：MIL-STD 882-《系统安全的标准实践（Standard Practice for System Safety）》，已被其他的组织和工业领域以各种不同的方式采纳。

不同的团体和国家已经提出了各种方法，将风险等级等效转换为对安全系统性能水平的要求。其中的一些方法是定性分析，另一些则侧重于定量评估。

弄清楚 SIL 到底是什么非常重要。SIL 是对安全系统安全性能水平的测量。系统由传感器、逻辑单元，以及最终元件组成。不能把 SIL 用于系统的单个设备（例如：将逻辑控制器孤立来看）。一个链路的强度取决于最薄弱的环节。逻辑控制器可能具备用于 SIL3 的能力，但是如果与测试频率非常低的非冗余现场仪表连接，整个系统也许仅能达到 SIL1。为了区分单个仪表设备与系统安全性能之间的不同，业界已经敦促供货商采用诸如"SIL 标称限度（SIL claim limit）"和"SIL 能力（SIL capability）"一类的术语。对单个仪表设备来说，采用要求时失效的概率（PFD-Probability of Failure on Demand）来表示，可能更贴切。但因为 PFD 数值通常很小并且用科学记数法表示，因此会难以理解。另外，SIL 也不是对过程风险的测量。"我们的工艺过程已经达到了 SIL3"，这样的说法不正确。

62

6.2   责任主体

在各种安全系统标准中都涉及到 SIL 的定级，许多人因此会认为这是仪表或控制系统工程师的责任。事实*并非如此*。评估过程风险并确定适当的安全完整性等级，是由多个专业组成的*团队*而非个人完成的。控制系统工程师应当包括在内，但是审查过程也需要其他专家参与，诸如那些参与危险和可操作性研究（HAZOP）的人员。有些组织喜欢在做 HAZOP 的同时，一并进行 SIL 定级。有些人则认为将全部 HAZOP 团队包括其中是不必要的（或者甚至是不可取的），SIL 定级应该在 HAZOP 之后作为单独的一项工作进行。作为最低要求，下面这些部门的代表应该参与到 SIL 定级中：工艺、机械设计、安全、操作，以及控制系统。

6.3   技术方法

当我们论及危险和风险分析以及确定安全完整性等级时，有些问题不能明确地定义为对或者错。有许多方式评估过程风险，不能说这个比那个更准确。业界有许多技术文献介绍了各种评估风险和确定 SIS 安全性能的定性和定量方法。这些方法由不同的国家在不同时期开发出来，所有的方法都是有效的。不幸地是，采用不同的方法也可能得出不同的答案。

定性技术能够更容易、更快捷地应用，但经验表明此类方法经常会得出保守的答案（即：偏高的 SIL 要求）。这会导致安全功能的过度设计，同时可能增加不必要的投资。

采用定量分析技术大多需要付出更大的努力，不过经验表明采用此类方法常会给出较低的 SIL 要求。采用 SIL2 配置与 SIL1 相比，成本可能增加好几万美元。SIL3 和 SIL2 之间的成本差异甚至更大。因此，通过更加详细的定量分析，恰如其分地给出 SIL 要求，经济效益明显。

一般来说，如果采用定性分析技术，确定安全功能的性能要求不超过 SIL1，可以继续进行。如果采用定性分析技术发现需要 SIL2 或 SIL3 的安全功能占很大的比重，就要考虑改用侧重定量分析的技术，如保护层分析（LOPA）。经过多个工程项目的体验，能够总结出所用分析技术的优劣。

6.4　共性问题

不论采用哪种风险分析方法，有一些因素是共性的。例如：所有的方法都涉及到风险评估的两个要素：概率和严重性。进一步地，这两个要素还要分别划分为不同的等级。

每个工艺单元会发生各自不同的危险事件，每个事件对应相关联的风险。我们以一个容器为例，需要测量压力、温度、液位，以及流量。压力测量意味着检测或预防过压状态和爆炸的发生，该事件有对应的风险(即：概率和严重性)水平。低流量仅可能导致泵的损毁，该事件有着完全不同的概率和严重性等级，因此 SIL 要求也会有所不同。高温可能导致产品不符合技术指标要求，这种情况也会有完全不同的概率和严重性等级，以及不同的 SIL 要求。不能试图对整个过程单元或一台设备确定 SIL 等级，而应该是对*每个安全仪表功能确定 SIL 等级*要求。

6.5　评估风险

风险无处不在。在化工厂工作会处于风险之中，即使洗个澡也同样面临着风险，只不过前者面对的风险更高。不过，可以对我们所做的一切进行风险测量。

虽然零伤害可能是许多组织追求的目标，但是任何事情都不可能是零风险。即使仅仅坐在家里看电视，也处在风险之中(例如：心脏病发作、洪水、飓风，以及地震等等)。那么生产企业应该达到怎样的安全水平？在化工厂工作面对的风险是否等于呆在家里，或者等于驾车，搭乘飞机，跳伞运动等等面临的风险？所有事情有一点是相同的，即：越安全花费就越多。我们必须基于经济考虑，在某一点上达到平衡。如果安全目标使得工艺过程无法正常开车，显然，某些方面需要调整。

6.5.1　危险

美国化学工程师学会(AIChE)将危险(Hazard)定义为："固有的物理或化学特性，具有对人员、财产，或者环境造成损害的潜在可能。危险物料、操作环境，以及某些未预料的事件凑巧组合在一起，可能诱发意外事故"。

危险总是存在的。例如：汽油是一种易燃液体。不过，如果没有点火源，汽油可认为是相对无害的。我们的目标是消除或减少意外事故的发生。很显然，不能将汽油储存在靠近点火源的地方。

6.5.2   风险

风险（Risk）是危险事件发生的概率与其严重性的组合（乘积）。换句话说，它发生的有多频繁？一旦发生会有多糟糕。风险可以定性或定量评估。

虽然许多安全系统标准关注于人员风险，但是在生产企业中人员并非唯一的风险受体。例如：无人值守离岸平台存在相当大的风险，即使很多时候没有人在平台上。处于风险的受体包括：

- **人员**   包括工厂人员，也包括工厂周边的居民。
- **停工损失**   因意外停工导致生产损失，这是经常要考虑的经济因素。
- **设备**   更换损坏设备有关的成本。
- **环境**   食品供应链受到污染，或者需要居民撤离。这都是需要避免的。
- **诉讼费用**   伤害、死亡，以及环境损害等有关的法律诉讼费用可能数额很大。
- **企业形象**   负面的新闻报道可造成一个企业破产。

有些项目是可以量化的（例如：生产损失、设备损坏），有些（例如：企业形象）则可能难以量化。

所需的安全系统的安全性能水平，可基于上述任何风险因素确定。例如：基于人员风险的安全完整性等级（SIL），基于经济上的商业完整性等级（CIL-Commercial Integrity Level），基于环境因素的环境完整性等级（EIL-Environmental Integrity Level）。

6.5.3   致死率

最严重的人身风险是死亡事故。在生产企业内或周边的人员，应该达到怎样的安全水平？在企业工作应该与驾驶车辆一样安全吗？在美国，每年因汽车意外事故造成大约45000人死于非命。是否允许过程工业有类似程度的风险，或者说每年因工业事故死亡45000人吗？显然不能！驾驶机动车的交通风险，与生产企业过程风险评价方式有所不同。常用的一个指标是致死率（Fatality Rate），而不是死亡人数。

表达致死率有两个常用方法：一个是死亡事故率（FAR-Fatal Accident Rate），它指的是暴露于现场的每百万人时死亡数量。另一个是单位时间的概率。有很多资料给出了不同工业领域、交通运输，以及娱乐活动等行业的致死率，包括自愿承受的风险以及非自愿承受的风险。表6-1列出了英国各种活动的致死率。请注意，两种不同类型活动的概率可能是相同的，然而 FAR 可能不同，这是因为暴露的时间不一样。有些信息源数字的背景资料可能缺失,并不是都可以将相关的概率直接转化为死亡率,因此造成表 6-1 一些方格空白。

表 6-1　事故死亡率(在英国)

活　　动	概率(每年)	FAR
出行		
飞机	$2×10^{-6}$	
火车	$2×10^{-6}$	3~5
巴士	$2×10^{-4}$	4
小汽车	$2×10^{-4}$	50~60
摩托车	$2×10^{-2}$	500~1000
职业		
化学工业	$5×10^{-5}$	4
制造业		8
航运	$9×10^{-4}$	8
煤炭开采	$2×10^{-4}$	10
农业		10
拳击		20000
自愿的		
口服避孕药丸	$2×10^{-5}$	
攀岩	$1.4×10^{-4}$	4000
吸烟	$5×10^{-3}$	
非自愿的		
陨石	$6×10^{-11}$	
飞机坠毁	$2×10^{-8}$	
轻武器	$2×10^{-6}$	
癌症	$1×10^{-6}$	
火灾	$2.5×10^{-5}$	
坠落	$2×10^{-5}$	
宅在家里	$1×10^{-4}$	1~4

6.5.4　现代社会的内在风险

有多安全才是"安全"?在工厂做工应与跳伞运动(在美国每年这项运动有大

约40人丧生)有相同程度的风险吗？在工厂里应与驾车一样安全吗？或者像乘飞机一样安全？其实乘飞机比驾车的安全性要高两个数量级。

虽然FAR这一术语很简单，但是许多公司，特别是美国的公司，并不乐意将这样的目标落在纸面上。当我们走进某公司奢华的总部大楼，可曾见过前台鉴刻着这样的口号："我们公司可容忍的目标是百万人时的死亡率为4人"？若如此，律师们可找到了找茬机会！不过，确实也有一些组织建立了风险的此类量化目标。

人们对风险的感觉是不一样的，这取决于他们对风险的理解或认知程度。例如：许多人对驾车很熟悉，尽管美国每年因交通意外事故就造成大约45000人丧生，但对大多数人来说，仍然认为驾车的风险相对较低。如果在靠近居民区的地方筹建一个新的化工设施，居民们对该化工工艺过程也许了解较少，他们会认为风险很大，感觉不舒服，即使该生产工艺在历史上一直有良好的安全纪录。

对风险的感知，会与特定意外事件一次性伤亡人数成正比。例如：每年因交通事故死亡45000人，但是即使严重的交通事故，通常每次死亡一个或几个人。面对这样令人难以置信的数以万计的人员伤亡，几乎无人(即便有也会很少)会公开强烈抗议，要求采取某种措施降低这一数字。然而如果一辆校车发生了意外并有很多孩子受到伤害时，一定会招致强烈不满，群情激奋。那些相对高风险的体育运动，诸如跳伞、悬挂式滑翔，以及超轻型飞机等也是如此。尽管这些体育活动的风险相对较高，由于极少听到因意外事故造成多人伤亡，人们仍然对此类运动乐此不疲。乐在其中的人们自愿选择了这些活动，甘心承担这些风险。身在其外的人，因通常不会处于这样的风险中，所以也不敏感。化学工业的意外事故造成多人伤亡却是司空见惯的。印度博帕尔(Bhopal)事故是迄今最为严重的化工灾难，它造成超过3000人死亡和200000人受伤。在化工厂工作的总体风险要低于驾车的风险(至少在美国是这样)，但是人们对这两类活动的风险感觉却相反。

6.5.5　自愿风险与非自愿风险

自愿的风险与非自愿的风险是不同的。自愿风险的例子，诸如驾车，吸烟等等。非自愿风险的例子，诸如在居家附近建化工厂，或者被迫吸二手烟。

有时人们对于类似的风险却有不同的感受。例如琼斯在乡村有一处住宅。某天，某公司在附近建了一座存在有毒化学物质的工厂。在工厂建成后，史密斯买了一所房屋与琼斯作邻居。这两位业主面对着同样的风险，但是他们对该风险也许有着各自的感觉。琼斯夫妇在工厂建造之前就住在那里，对他们来说，该风险是非自愿的(尽管他们也可搬家)。而史密斯夫妇则不同，他们买房子时工厂已经在那里，对他们来说，该风险是自愿的。

相对于非自愿风险，人们通常更乐于面对自愿风险，即使风险程度高。例如：本书作者之一年轻的时候，就喜欢骑摩托车，也酷爱跳伞运动，自愿地接受这两项运动的高风险，另外他也认为那时只是自己处于该风险之中(可能对某些细节会有争论)。当结婚成家并为人父之后，他就不再愿意接受那样的风险(实际上他也承受不起了)。

与风险感受有关的另一个因素是控制。例如：本书作者之一的妻子不喜欢乘飞机(飞行是美国人位居第二最胆怯的事情。公开演讲位居第一位!)。她所谓的理由是，飞机在空中飞行时她感觉身不由己，完全不在她的"控制中"，因此非常不舒服。当你开车坐在方向盘后正在路口等红灯时，一个酒驾者开车撞了你的车，这种情况也是没有在你控制中的例子。毕竟没有人外出时会预测到意外事故。

6.5.6　可容忍风险

可接受的或可容忍的风险概念，涉及到哲学的、道德的，以及法律的诸多方面，并非仅仅是技术问题。确定多安全才安全，并不能经过代数公式计算或概率评估给出答案。阿尔文温伯格(Alvin Weinberg)用术语"超科学问题"表征这种超越自然科学的概念。

难题之一，是如何用统计的方法估计非常不可能的事件。估计非常罕见的事件，诸如严重的化工意外事故，因为没有足够多的统计信息，因此很难保证其正确性。由于预计的概率如此之小(例如每年每厂 10^{-6})，以至于没有可行的方法直接确定发生率。人们不可能建造一万个工厂并对其操作一百年，来统计它们的安全运行状况。用更简单的方式测量某些非常罕见的事情非常困难，不容易做到。

6.5.7　过程工业可容忍风险

人们经常以主观、直觉的方式看待人身风险。有的人如若从内心拒绝骑摩托车，不管骑摩托车的朋友说得多么美妙、天花乱坠，他们也不会为之所动。本书作者之一的妻子不喜欢乘飞机，她可能认为全家搭乘同一个航班很危险，但她认为全家人坐在同一辆车里去机场却没有问题(即使她也明白乘飞机比开车有高两个数量级的安全性)。因此，在评估相对风险时，逻辑思维并不完全适用。

我们不应当采用主观态度评估过程工业中的风险。通常做出风险决策的人们(例如工程师)并不是面对该风险的人(例如：工人或者工厂周边的居民)。尽管过程工业中没有一起大事故被认为是"可接受的"，但是也没有看到多少涉事企业第二天就破产歇业。因此，其损失肯定被认为是"可容忍的"。业界有多少起事故愿意认定为可容忍？在公众和政治人物们大声呼吁之前，有多少意外事故一定会发生？

　　仅在美国，就有大约 2300 个石化厂。假设平均每年有一个工厂出现灾难性事故并导致超过 20 人伤亡（即一个工厂的风险为 1/2300 每年），社会接受吗？多长时间发生一次此类事故才不会招致公众的抗议和政府干预？如果此类事故每十年仅仅发生一次（即 1/23000 每年）会怎样呢？没有什么是零风险，问题是很难确定怎样的风险水平认为是"可容忍的"。

　　相关的统计可能进一步造成混淆。单个工厂每年 1/2300 的爆炸风险，意味着 2300 个工厂平均每年有一个会听到爆炸声。但是很重要的一点，我们不可能预见到哪个工厂会出事，也不可能预计在哪个时间点会出事。由于并不是一次性建造 2300 个工厂，或者靠近这全部 2300 个工厂居住，人们只想知道与之有关联的那个工厂的风险。对单个工厂来说，风险是相同的，即 1/2300 每年。不过，有些人对这样的数字会感到别扭，认为这样会曲解一些东西，应该将意外事故的风险说成是"每 2300 年一次"。其实这会引起更多的混乱，一些人会由此认定 2300 年后才会发生一次意外事故，现在就没有什么可担心的了。真理往前一步可能就是谬误。例如：美国每年大约每 4000 个人中会有 1 人死于汽车相撞事故。如果你参加一个有 4000 人在场的体育活动，可能会做出这样的假设：即在未来的 365 天内其中某人会死于车祸。只不过不可能预测出是哪个人，也不可能预知是哪一天。如果将这个数字转换一下，说成死于车祸之前一个人可生存 4000 年，很显然这同样也是荒谬的。

　　确定怎样的风险是可容忍的，可与俄罗斯轮盘赌中选择武器对比：你的枪需要有多少个弹槽？你会选择一把弹槽里总是压着一发子弹的自动手枪吗？（我不希望这样，即使已经有这样的达尔文（Darwin）奖获胜者！）或者，选择一把装有六个弹槽的左轮手枪？如果你选择一把有五十个弹槽或者有五千个弹槽的枪又会怎样？很明显，弹槽越多，你扣动扳机时打出子弹的风险越低。必须选择一种方式去玩这种游戏。至少要面对如何选择武器。没有什么事情是零风险的。

　　每年 1/2300，或并不恰当地将其转换为每 2300 年才发生一次意外事故，对大多数人来说，似乎觉得过于遥远。为了得到人们最直观的判断，以 50 年为例（因为很多人的工作年限也就五十年，也不希望在他们的人生岁月发生任何意外）。工厂的运行年限是多长？可以假定 25 年。这相当于举起有 50 个弹槽的枪并且每年扣动一次扳机，打出子弹的可能性是多少？50%（25/50 = 50%，基于另外的一套假设和简化分析，答案是 40%）。

　　有 50% 的可能性会遭遇灾难性的意外事故，你还想在该厂上班吗？也许不会。

　　如果选择 500 年而不是 50 年会怎样？风险将是 25/500，或者说 5% 的可能性，这样可以吗？如果是 5000 年呢？它就变成了 0.5%。没有任何事情是零风险，问题是，风险低到什么程度是可容忍的？这就是众所周知的 64000 美元问题（起源于 20 世纪 40 年代 CBS 电台的"留下还是离开"节目，20 世纪 50 年代 CBS 电视延续为"64000 美元问题"问答节目——译注），对此没有科学的答案。

美国的过程工业不可能承受每年摧毁一个工厂（1/2300），并造成多人死亡的代价。若如此，负面新闻和公众的愤怒也将无法面对。在大约十余年里，墨西哥湾（Gulf Coast）发生了多起较大的意外事故，迫使 OSHA 介入并颁布了 29 CFR 1910.119 法规。一起严重的事故每十年发生一次或许被视作可容忍（1/23000）。1/10000 范围的风险目标得到书面认可。事实上，荷兰政府公开发布可容忍的致死率为 1/1000000 每年。瑞士和新加坡也作了类似的规定。

6.6　安全完整性等级

过程风险越高，就越需要安全系统更好地控制它。安全完整性等级是对安全系统安全性能水平的量度。它不是对过程风险的直接测量。

标准和指南将安全完整性划分为 4 个等级。而早先的美国过程工业标准仅规定到 SIL3。列于表 6-2 和表 6-3 中的性能化目标，一直是争论的话题。这些表是怎样"定标"的？或许这些数字应该上移一行，或者下移一行。为什么从 90% 开始而不是 80%？无须赘言，这些表已经被不同的工业团体所接受，并且出现在了所有的相关标准中，这就够了。

表 6-2　安全完整性等级和低要求模式系统所需的安全性能化水平

安全完整性等级 （SIL）	要求时失效的概率 （PFD）	安全有效性 （1-PFD）	风险降低因数 （1/PFD）
4	0.0001~0.00001	99.99%~99.999%	10000~100000
3	0.001~0.0001	99.9%~99.99%	1000~10000
2	0.01~0.001	99%~99.9%	100~1000
1	0.1~0.01	90%~99%	10~100

表 6-3　安全完整性等级和连续模式系统所需的安全性能化水平

安全完整性等级（SIL）	危险失效的平均频率/ （失效数/小时）	安全完整性等级（SIL）	危险失效的平均频率/ （失效数/小时）
4	$\geqslant 10^{-9} < 10^{-8}$	2	$\geqslant 10^{-7} < 10^{-6}$
3	$\geqslant 10^{-8} < 10^{-7}$	1	$\geqslant 10^{-6} < 10^{-5}$

注：1. 现场仪表包括在上面的性能化要求中。

　　2. 参考 3.3.2 节中关于低要求与连续模式系统的相关讨论。

不同的人可能采用不同的术语描述系统的安全性能，很常见的"有效性/可用性（Availability）"这一术语，在控制系统供货商中特别流行。鉴于安全标准采用了一套完全不同的性能化指标，ISA SP84 标委会有意采用了安全可用性（Safety Availability）这样的表述，在第八章将进行更详细的讨论。安全可用性可能仍然使人容易迷惑，因为在大多数情况下，其数字都非常接近 100%。例如在 99% 和 99.99% 之间，你考虑过有显著的不同吗？其差异尽管仅仅低于 1%。

　　安全可用性这一术语值得称道之处，是它与要求时失效的概率（PFD）的对应关系。PFD 本身的数值如此之小，只能用科学记数法表达。当控制系统工程师告诉工厂负责人安全仪表功能的 PFD 值为 $4.6×10^{-3}$ 时，有多少人会懂呢？

　　PFD 的倒数被定义为风险降低因数（RRF–Risk Reduction Factor）。采用这一术语的好处，是数字之间的差异容易看清楚。例如：风险降低因数 100 和 10000 之间，很明显地有两个数量级的差别。实际上，安全可用性 99% 和 99.99% 之间，也存在两个数量级的差别，尽管很多人开始并没有认识到这一点。

　　后续章节描述了基于过程风险确定必需的安全完整性等级的各种方法。在 IEC61508 和 IEC61511 标准以及其他相关标准中，都介绍了这些方法。从根本上说，很难说哪一种 SIL 定级方法更好或更准确。它们是在不同的时期由世界上不同的团体开发的，没有统一的尺度进行对比。类似地，标致（Peugeot）车也许并不比福特（Ford）车好，因为它们是在不同的国家研发制造的。毫无疑问，对它们进行鉴定时，国家的荣誉感影响着人们的心理，但从其用途上来说，其实是伯仲之间。

6.7　SIL 定级方法 1——合理尽可能低的原则（ALARP）

　　英国开发了 ALARP（As Low As Reasonably Practical）理论，它被认为是一种*法律上*的概念。虽然它不是直接确定安全完整性等级的方法，但仍然可在这方面应用。其基本思路是将风险划分为三个等级，并将降低风险与经济利益相关联。三个风险等级分别被定义为"不可接受的"、"可容忍的"，以及"广泛地可接受的"，如图 6-1 所示。

　　"不可接受的"风险被认为太高无法容忍。例如，如果风险分析表明，因意外事故损毁一座大型人工值守深水离岸平台的概率是每年一次，无疑这样的设计根本就不可能继续进行下去。必须不计成本，采取必要的措施将风险降低到可容忍的水平。

　　"广泛可接受的"风险已经很低，无须特别关注。例如：一座炼油厂存在被

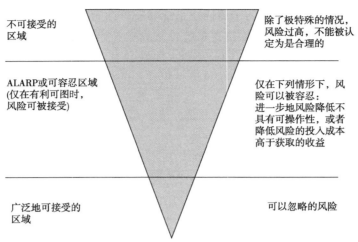

图 6-1　合理尽可能低的原则（ALARP）

陨石击中或被恐怖分子飞机攻击的可能性，不过其概率非常低。因此石化厂建立导弹防御系统根本就不具有合理性，在经济上也不可行。

处于两个极端之间的风险，如果正面的收益超过了潜在的负面影响，就可认为是"可容忍的"。驾车是很好的例子，尽管每年因车祸约有 45000 人丧生，但没有影响到美国人仍然选择开车出行。

如此决策的准则主要是从经济的角度出发，其他因素也会影响企业对决策合理性的判断。例如，在美国已经超过二十年没有建造新的核电站了。同样地，在美国也很少再建设新的化工厂，这无关它们有多安全，也不关心由此会给社会带来多少经济利益。这是"邻避主义（NIMBY）"（NIMBY-Not In My Back Yard，不要在我家后院）思潮的综合影响，使得很多企业决定将他们的生产设施建在海外，那里的公众、政治、法律，以及经济状况，欢迎这些投资。

6.8　SIL 定级方法 2——风险矩阵

风险矩阵（Risk Matrix）在许多标准、推荐的工程惯例，以及企业内部规范中都会见到，与美国军方标准（MIL STD 882）中的方法有很多相似之处。它将危险事件的频率和严重性程度定性地分为多个类别。不过，过程工业通常会在风险矩阵上增加第三个坐标轴，考虑其他附加安全保护层的影响。

6.8.1 评估频率

一个事件的频率或概率可以按照从低到高，从不太可能到频繁，或者其他适当的名目进行分级。可用于分析单一事件或者一组事件，单一工艺单元或者整个装置。可以定量地分级，也可以定性地分级，如表6-4所示。如果选用定量数值分级，建议每个级别至少有一个数量级的差别，这是因为每个安全完整性等级对应一个数量级的范围。

表 6-4 风险频率(仅作示例)

等 级	描 述	定 性 频 率	定 量 频 率
5	频繁的 （Frequent）	在预期的生产装置寿命期内，可能会发生一次以上的失效	频率>1/10 每年
4	可能的 （Probable）	在预期的生产装置寿命期内，有可能会发生一次失效	1/100 每年<频率<1/10 每年
3	偶然的 （Occasional）	在预期的生产装置寿命期内，发生一次失效的概率低	1/1000 每年<频率<1/100 每年
2	罕见的 （Remote）	在预期的生产装置寿命期内，发生一连串失效的概率低	1/10000 每年<频率<1/1000 每年
1	不太可能的 （Improbable）	在预期的生产装置寿命期内，发生一连串失效的概率很低	频率<1/10000 每年

6.8.2 评估严重性

可以按照处于风险的不同要素对严重性进行分类，例如人员、设备，以及生产量等等。表6-4 和表6-5 给出的数值都仅仅作为例子，并不是推荐做法。表6-5 出现的金额也仅作为示例使用，对每个组织来说，还需要"调整"。例如：对一个组织是灾难性的财务损失，对另一个组织也许是微不足道的。

表 6-5 风险严重性(仅作示例)

等级	描 述	潜在的严重性或后果		
		人员	环境	生产量或设备
V	灾难性的 （Catastrophic）	多人死亡	扩散至装置区之外的有害释放	损失大于 150 万美元
IV	重大的 （Severe）	单人死亡	扩散至装置区之外的无害释放	损失在 150 万到 50 万美元之间
III	严重的 （Serious）	需休班治疗的意外事故	装置区内的释放-不能马上封堵住	损失在 50 万到 10 万美元之间

等级	描　　述	潜在的严重性或后果		
		人员	环境	生产量或设备
II	轻微的 (Minor)	医疗处理	装置区内的释放–能够马上封堵住	损失在 10 万到 2500 美元之间
I	可忽略的 (Negligible)	急救箱处理	无释放	损失小于 2500 美元

6.8.3　评估整体风险

接下来可以将这两套数字整合到一个 X-Y 图表里，如表 6-6 所示。左下角代表低风险(即低严重性和低频率)，右上角代表高风险(高严重性和高频率)。请注意，定义风险分区的边界有些主观。也可以采用三个以上的风险分区。

表 6-6　整体风险(仅作示例)

项　　目	频　　率				
严重性	1	2	3	4	5　高风险
V	1- V	2- V	3- V	4- V	5- V
IV	1- IV	2- IV	3- IV	4- IV	5- IV
III	1- III	2- III	3- III	4- III	5- III
II	1- II	2- II	3- II	4- II	5- II
I	1- I	2- I	3- I	4- I	5- I

低风险　　　　　　　　　　　　中等风险

这些风险等级类似于 ALARP 概念。如果辨识出高风险，不管工艺装置是新建还是在役的，都要对工艺过程做出变更或修改。如果辨识出低风险，就没有必要进行变更或修改。如果辨识出的是中等风险，可能需要其他的附加安全保护层或者管理规程。请注意，这里探讨的仅仅是例子。

上面的二维矩阵可用于评估整体风险。不过，如果还需要一并考虑其他的安全保护层，该矩阵就不宜用于确定安全完整性等级。这些问题在下面的章节讨论。

6.8.4　附加保护层的有效性

除了军方标准中没有采用外，在各种标准和指南中都推荐了具有三个坐标轴的矩阵图(如图 6-2 所示)。第三个坐标轴用于表征过程工业常见的其他附加保护层。Z 轴被标示为"附加保护层的数量和/或有效性"。它们对应于"洋葱图"(参见图 4-2)安全仪表系统外侧的那些安全保护层。换句话说，如果我们现在正在讨论的安全仪表系统一旦失效，任何其他的附加保护层是否有能力预防或减轻该危险事件？请注意，安全仪表系统内侧的那些保护层，如基本过程控制系统、报警，以及操作员的手动操作，它们的作用在预估危险事件发生频率时已经考虑过了，所以它们不宜再计算在 Z 轴的保护层数量里。例如：如果有冗余的过程控制系统(假定为保护层)存在，它客观上降低了 X 轴上危险事件发生的频率或概率，总体上已经降低了对安全仪表系统的安全性能要求。因此，为了正确地辨识安全系统必需的安全完整性等级，要确保 X 轴上的频率是安全仪表功能直接面对的防护需求(即要求率)，并且 Z 轴上的安全层是安全仪表系统外面的那些保护层。

图 6-2 方格中的数字，表示需要的安全完整性等级，本书也仅仅作例子使用。对每个格子中设定的数字，在业界并没有统一的共识和规定，每个组织内有自己的准则。例如：早先的美国标准不认可 SIL4。最近的一些标准里定义了 SIL4，并不一定意味着各组织必须修改他们此前的这些图表，特别是在一些场合 SIL3 的要求都不多见。

采用图 6-2(以及表 6-4)方法遇到的一个困难，是危险事件发生频率的认定，它是假定没有考虑安全层存在的前提下的频率。假定我们正在分析的危险事件是压力容器的过压爆炸，问题是我们能检索到的关于压力容器爆炸的历史纪录，都是在诸如安全系统、安全阀，以及爆破片等安全层统统存在的前提下获取的。估算没有安全层存在时危险事件的发生频率，是很难的一项工作。

举个例子，假设现在分析的危险事件是容器过压爆炸。如果该区域通常有人存在，可能造成多人死亡，可以归类为最高的严重性等级。查阅容器爆炸的历史纪录，表明此类事件的发生频率很低，不过这是因为有多个安全层实际存在的情况下发生的缘故。请注意这里讨论的仅仅是假设的例子。如果安全仪表系统外侧没有其他附加安全层存在，Z 轴则不需考虑。依据图 6-2，可推导出需要 SIL3。不过，如果有其他附加的保护层存在，诸如安全阀，则结合 Z 轴得出安全仪表功能的设计要求从 SIL3 降到 SIL2，这时将安全阀作为一个保护层考虑在内。不过也请注意，Z 轴也可用于评价其他附加保护层的有效性(Effectiveness)。对安全阀作的定量分析表明，它的有效性等效于两个保护层(在保护层分析(LOPA)一节对其作详细讨论)。这就意味着必需的安全完整性等级可以从 SIL3 要求降低到 SIL1。

在采用这种安全矩阵方法时，有必要谨慎地定性分析一下其尺度的合理性，因为每个企业对等级和分类的定义会稍有不同。不可否认，职业安全和健康署(OSHA)的代表不是工艺专家，他们不会告诉用户应该用 SIL2 还是 SIL3。他们只想看到书面记录所做的一切，并了解如何进行决策。事实上，在同一个企业的不同地点建设工艺装置，定义出的 SIL 等级也许会不同，其实这都不是问题的关键(至少对标准委员会如此)，当然这会引起关注也在情理之中，是很自然的事情。

在所有涉及到主观决策和分类活动时，对方法、分析过程，以及结论，业界还没有达成、也许不可能达成一致意见。

在整个分析过程中，潜意识里可以保持一个简单或许粗鲁的底线："如果诉诸法律，怎样为我们的决策做出辩护"？这样的想法让人心情无法平静，但确实是很好的经验准则，不妨考虑一下。如果发生了事故并造成了人员伤亡，很可能会走向法庭。不论何人何地，都需要为自己做出的设计决定进行辩护。被问到某项决定为什么这样做时，如果回答是："嗯，我也不确定应该这样，这是我们供货商推荐的"。就不要期望法庭宽大仁慈了。

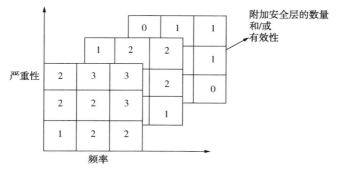

图 6-2　选择 SIL 的三维风险矩阵

6.9　SIL 定级方法 3——风险图

德国和挪威开发了风险图(Risk Graph)技术用于确定安全完整性等级(见图 6-3)。图中的措词故意含糊一些，便于能够灵活解释。每个组织有必要更加准确地定义边界和分类。标准试图简单地阐述方法论，并没有给出实用的例子，避免被误用。

图 6-3 是针对人身风险的。也可以开发类似的图表用于设备损害、生产损失，以及环境影响等有关的风险。

图表的最左侧是各路径的起点，分析从这里开始。首先被考虑的是危险事件对人员造成的后果影响。会造成四个人员死亡吗？如果有可能是这样，应该归类为"多人死亡"还是"许多人死亡"？再次强调，每个组织应该更明确地定义出边界。

接下来，对于特定危险事件，什么是人员暴露的时间和频率？我们要意识到，即使是连续生产的工艺过程，人员每天出现在某个区域的时间也许就 10 分钟，因此他们不是一直处于这个地方。另外，在危险事件出现征兆时，检修人员到场处理，与平时日常巡检相比人手也可能会增加。频繁甚至持续地处于危险区域是不多见的，如果你生活和工作在有一座核电站的城市，也许是这种情形。

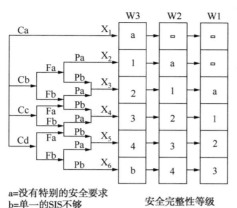

图 6-3　风险图

　　下一步，考虑避免危险事件的可能性。有多个影响因素需要顾及。例如"过程安全时间"是多少？过程安全时间定义为：如果所有的控制都失效，从危险状态产生到危险事件发生需要的时间；工艺状态变化是否很慢，有足够的时间采取适宜的行动应对？或者工艺过程动力学特性非常快，以致操作员干预根本不可能？是否有工艺参数就地指示，操作员可以据此掌控工艺操作状态的变化，并及时采取校正行动？操作员是否经过充分地培训，当异常状态持续发展时，他们能否去阻止？疏散路线是否畅通，以便在危险事件即将发生时能够逃离？应该清晰明确地界定出"有可能"与"几乎不可能"之间的不同。

　　最后，需要考虑危险事件实际发生的概率。在此是假定在安全仪表系统还没有设置的前提下危险事件发生的概率。首先要了解存在哪些附加保护层，并收集类似事故的历史记录。换句话说，在考虑了所有其他独立保护层的前提下，这一特定事件实际发生的可能性是多少？每个组织应该更加明确地界定出"很小"、"小"，以及"相对高"之间的不同。

　　我们看到，上述的分析方法是有些主观性的。存在的问题是如何将图 6-3 标定的更准确。当你确定某一路径时，能否上移一行或下移一行？毫无疑问，欧洲人在开发这种方法时，相应地制定了某些使用规则。

6.10　SIL 定级方法 4：保护层分析（LOPA）

　　一些工程师并不喜欢使用上述纯定性的方法确定 SIL 等级。这些方法在某些判断上具有随意性。如果将同一个问题交给五个不同的小组确定 SIL 等级，其中两个小组给出 SIL1，两个小组给出 SIL2，另一个小组给出 SIL3，面对这样的情形怎样做出最终抉择呢？很显然这些差异会导致 SIS 设计的巨大不同。问题是凭什么说一些小组是"对的"而其他的是"错的"？实践表明，必须明确清晰地确定每条路径的边界，并且对参与 SIL 定级的团队成员进行适当的培训，才能确保整个 SIL 定级过程更一致，经得起复验。

一些人更喜欢定量的方法。例如：如果不想让危险事件的发生频率超过一千年一次，并且经验表明工艺过程触发事件平均每年一次，据此确定保护层必需的安全性能水平，相对来说就更加直截了当。

AIChE CCPS 编著的两本文献介绍了 LOPA(Layer of Protection Analysis)。图 4-2所示的"洋葱图"揭示了过程工业工艺装置存在的多个保护层。每个保护层有它相应的安全性能水平或称风险降低能力(如何确定每个保护层的实际安全性能水平将在第八章讨论)如果我们已知：a)整体安全目标(即可容忍的风险水平)，b)初始风险水平(即触发事件频率)，c)有多少保护层用于防止或减轻该危险事件，以及 d)每个保护层的安全性能水平，那么就可以计算和确定是否达到了风险降低的整体目标要求。这些概念相对容易理解，并展示在了图 4-3 中。不过，如何对上述这几点进行量化赋值，是富有挑战性的工作。

6.10.1　可容忍的风险

首先确定可容忍风险水平，这在前面的第 6.5 节讨论过。按照美国的法律体系确定和描述可容忍目标值存在一些问题，不过也就这样了。世界上也有一些国家或地区的政府规定了此类目标值供业界使用。表 6-7(资料来源于参考文献 5)列出了可容忍致死概率示例，图表隐去了企业的名字。同样也可以采用类似的思路，针对环境损害、停工生产损失、设备损坏，以及其他事件的影响规模，制定相应的可容忍概率图表。

表 6-7　可容忍风险概率示例

项　目	对雇员的最大可容忍风险（所有场景）	对雇员的可忽略风险（所有场景）	对公众的最大可容忍风险（所有场景）	对公众的可忽略风险（所有场景）
A 公司	10^{-3}	10^{-6}	—	—
B 公司	10^{-3}	10^{-6}	—	—
C 公司	3.3×10^{-5}	—	10^{-4}	—
D 公司	2.5×10^{-5}（对单个雇员）	—	10^{-5}	10^{-7}
一般常用值（一个场景）	10^{-4}	10^{-6}	10^{-4}	10^{-6}

6.10.2 触发事件频率

接下来确定触发事件(Initiating Event)频率或概率。这些事件或者是外部事件(例如雷击),或者是任一保护层的失效(例如控制阀不能打开,导致危险事件的形成)。需要确定每个触发事件的频率值。表6-8(资料来源于参考文献5)是一个示例。这些频率值基于历史记录或者失效率数据(它也是历史记录的一种形式)确定。

表6-8 触发事件频率示例

触 发 事 件	频率(每年)	触 发 事 件	频率(每年)
垫片或密封填料破裂	1×10^{-2}	单回路调节器失效	1×10^{-1}
雷击	1×10^{-3}	工作步骤或规程失效(每个操作机会)	1×10^{-3}
BPCS回路失效	1×10^{-1}	操作员操作失效(每个操作机会)	1×10^{-2}
安全阀误打开	1×10^{-2}		

操作和维护规程有时会被看作是保护层,也普遍认可人员会发生操作错误,并且会违反工作步骤或规程。因此诸如此类的人力问题在某些场合可能被考虑为触发事件,而在另外的场合可能被看作保护层。

6.10.3 安全保护层的安全性能水平

下一步确定每个安全保护层的安全性能水平。哪些安全监控措施可以认定为独立的保护层(IPL-Independent Protection Layer),也有相应的判定规则。例如:

(1)专一性(Specificity) IPL专门设计用于防止或减轻某一潜在危险事件。多个原因可能导致同一危险事件。因此,多个事件场景可能会触发同一IPL的动作。

(2)独立性(Independence) 为应对辨识出的危险事件,IPL应该独立于其他的保护层。

一个保护层的失效不能影响其他保护层执行其功能。

(3)可靠性(Dependability) 它能够按照设计意图可靠地完成相关保护功能。不管是保护层的随机失效还是系统失效,设计中都要有足够的避免措施。

(4)可审核性(Auditability) 便于对保护功能进行定期地确认。能够对其进行必要的检验测试和/或日常维护。

表6-9(资料来源于参考文献5)的示例,给出了不同的独立保护层的安全性能水平。从根本上说,其概率取决于失效率和测试时间间隔(第8章给出了如何计算此类概率的一些例子)。

表6-9　不同独立保护层的 PFD 值示例

被动的独立保护层	要求时失效的概率(PFD)
围堰、堤防	1×10^{-2}
防火墙	1×10^{-2}
防爆墙、掩体	1×10^{-3}
阻火器、止爆器	1×10^{-2}
主动的独立保护层	
安全阀	1×10^{-2}
爆破片	1×10^{-2}
基本过程控制系统	1×10^{-1}

人为错误是容易发生的，将人工动作看作是安全层比较困难也会有争议。如果将人员的手动行为认定为保护层，下列所有条件必须满足：

- 拟执行的工作步骤和规程必须是书面文件
- 针对拟执行的特定步骤或规程必须对相关人员进行培训
- 必须有足够的反应时间对需要执行的动作作出响应(例如：允许 15 分钟内完成)
- 工作步骤或规程必须定期审核

即使上述条件满足，将人为错误的概率设定为 1×10^{-1} 仍是合理的。人员在高度精神紧张的紧急情况时，保证作出正确操作响应的可能性大于 90%是不切实际的(即使满足了上面的四个条件)，如果认为确实能做到，那就有必要采用专门的技术对人力的可靠性进行评估。不过，这些专门的评估技术在过程工业用得很少。

很明显，表6-9 列出的仅仅是一部分被动的或主动的安全保护层。火气系统也是一种保护层，也有可量化的安全性能水平(这是第八章讨论的话题)。在很多场合，F&G 系统的安全性能水平限定为 PFD 值大约为 1×10^{-1}。如果 F&G 系统被用作安全系统并且指定了安全完整性等级(按照本章讨论的定级方法和步骤)，对它的安全性能(PFD)要求，必须在更大程度上得到满足。

6.10.4　LOPA 举例

下面的例子来自参考文献 5，并稍微做了修改。图 6-4 展示了在此讨论的工艺流程。一个储罐用于存储易燃性物料己烷。液位控制由液位控制器操作阀门开度实现。如果储罐过量充装导致溢出，己烷将通过液相排放管释放到储罐周边，并拦截在围堰内。危险分析表明，液位控制器可能失效、己烷也可能释放到围堰之外、可能存在的点火源也会将己烷点燃，并可能导致人员伤亡。用户想确定现有的安全措施是否满足企业的风险标准要求，是否需要做出某种修改(例如增加

独立的安全系统），修改的影响范围有
多大。

　　企业建立了以年计的可容忍风险
限度，其中火灾为 1×10^{-4}，单人死亡
为 1×10^{-5}。本场景的触发事件为控制
系统失效，估计发生频率为 1×10^{-1}。
仅有的安全保护层是围堰，估计其
PFD 值为 1×10^{-2}。

　　报警和操作员的手动操作*没有被*
认作保护层，这是因为触发事件是控
制系统本身失效，此时也无法输出报
警信号。分析者采取了保守的观点，

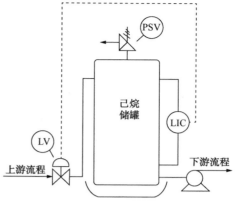

图 6-4　本例 LOPA 采用的工艺流程

认为一旦物料溢出到围堰之外，100% 会遇到点火源。不过，这一区域并不是总
有人值守。在危险事件发生时，有人出现在该区域的概率估计为 50%。火灾发生
时，在场人员并非仅仅受到伤害，丧生的概率估计为 50%。

　　图 6-5 展示了这一一场的事件树（Event Tree）。发生火灾的概率是底部三行的
概率组合，计算的结果为：$1\times10^{-3}(0.1\times0.01\times1.0)$。最底部的一条路径代表了造成
一个人员死亡的概率，计算出的数量为：$2.5\times10^{-4}(0.1\times0.01\times1.0\times0.5\times0.5)$。

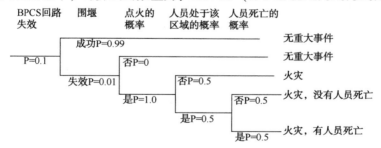

图 6-5　LOPA 示例的事件树

　　我们知道，该企业火灾的风险目标值为 1×10^{-4}，从上面的事件树分析可以看
出风险目标不能满足，有 10 倍的差距（$1\times10^{-3}/1\times10^{-4}$）。我们也知道，该企业单
人死亡的风险目标值为 1×10^{-5}，实际状态与目标值相比，有 25 倍的差距（$2.5\times
10^{-4}/1\times10^{-5}$）。因此，现有的设计不能满足任何方面的风险目标要求，修改设计
是必需的。一个可能的解决方案，是安装一套单独的高液位停车功能。这样的功
能需要减少风险至少 25 倍，以便满足整体的企业规范。依据表 6-2，风险降低
因数（RRF-Risk Reduction Factor）为 25 落在 SIL1 范围（10~100）内。不过，很明
显，也并不是*任何* SIL1 的系统都可以达到要求，新系统必须满足风险降低因数

至少25。图6-6给出了用工作表将这一场景形成技术文件的示例。

LOPA 工作表			
场景编号：	设备编号：	场景名称：己烷缓冲罐溢流。喷溅出的己烷不能拦截在围堰内。	
日期：	描述	概率	频率(每年)
后果描述、分类	由于储罐溢流和围堰失效，导致己烷释放到围堰外面，潜在地点火并造成人员死亡		
风险容忍标准(分类或频率)	严重火灾事故的最大可容忍风险 人员致死最大可容忍风险		$<1\times10^{-4}$ $<1\times10^{-5}$
触发事件(频率)	BPCS 回路失效		1×10^{-1}
使能事件或状态		N/A	
状态修改因素(如果适用)			
	点火的概率	1	
	人员在场的概率	0.5	
	致死概率	0.5	
	其他	N/A	
未减轻的后果频率			2.5×10^{-2}
独立保护层			
	围堰(已存在)	1×10^{-2}	
安全监控措施(非 IPL)			
	手动操作不被认定为 IPL，因为它依赖 BPCS 生成的报警信号(BPCS 失效被认为是触发事件)		
所有 IPL 的总 PFD		1×10^{-2}	
减轻后的后果频率			2.5×10^{-4}
满足风险容忍标准要求吗？(是/否)：否。需要增设 SIF			
需要的措施：	需要增设 PFD 值至少要在 4×10^{-2} 以下(风险降低因数>25)的 SIF。 责任单位/人员：工程部/J. Q. Public，于 2005 年 7 月完成。 确保围堰作为 IPL(检验、维护，等等)		
备注：	将各项措施要求填加到跟踪数据库		

图 6-6 LOPA 示例

小　结

　　许多工业领域都需要对风险进行评估和分级，并与安全系统所需的安全性能水平相匹配。从定性到定量，有各种各样的技术可用对风险分类分析。所有的方法都涉及到评估风险的两个要素：概率和严重性。这些分析方法之间并不具备可比性，即没有任何方法相对其他方法更精确或更好。它们是不同的国家在不同的时期开发的，都是行之有效的技术。

　　完成危险和风险分析，并确保风险降低要求与安全系统安全性能水平相匹配，并不仅仅是仪表或控制系统工程师的责任，必须组成一个多专业的团队集体完成。另外，确定 SIL(安全完整性等级)针对的是每个安全仪表功能(SIF)。笼统地对整个工艺单元或者一台设备确定 SIL，是不正确的。

参 考 文 献

1. US MIL-STD-882D—2000. *Standard Practice for System Safety.*

2. ANSI/ISA-84.00.01—2004，Parts 1-3(IEC 61511-1 to 3 Mod). Application of Safety Instrumented Systems for the Process Industries.

3. *Guidelines for Safe Automation of Chemical Processes.* American Institute of Chemical Engineers-Center for Chemical Process Safety, 1993.

4. IEC 61508—1998. *Functional Safety of Electrical/Electronic/Programmable Electronic Safety-Related Systems .*

5. *Layer of Protection Analysis：Simplified Process Risk Assessment.* American Institute of Chemical Engineers-Center for Chemical Process Safety, 2001.

6. Smith, David J. *Reliability, Maintainability, and Risk：Practical Methods for Engineers.* 4th edition. Butterworth-Heinemann, 1993. (Note：5th [1997] and 6th [2001] editions of this book are also available.)

7. Leveson, Nancy G. *Safeware-System Safety and Computers.* Addison-Wesley, 1995.

8. Marszal, Edward M. and Eric W. Scharpf. *Safety Integrity Level Selection：Systematic Methods Including Layer of Protection Analysis.* ISA, 2002.

安全仪表系统工程设计与应用(第二版)

其 他 资 料

1. Withers，John. *Major Industrial Hazards：Their Appraisal and Control.* Halsted Press，1988.
2. Taylor，J. R. *Risk Analysis for Process Plant，Pipelines，and Transport.* E & FN Spon，1994.
3. Cullen，Hon. Lord W. Douglas. *The Public Inquiry into the Piper Alpha Disaster* . Her Majesty's Stationery Office，1990.

7
选择技术

"标委会认为"哪种系统"最好"？
哪种系统有最好的安全性能？
哪种系统的误关停率最低、可用性最好？

DCS是不是就足够好了？　　　　　　继电器，每月都要测试！

复杂性怎样？　　　　　　　　　　　　不！固态，只需每年测试一次！

共因怎样？　　　　　　　　　　　　　诊断怎样？

OK，但是阀门怎样？　　　　　　　　PLC，我们的供货商说，
　　　　　　　　　　　　　　　　　　无需对其进行测试。
简直疯了！TMR，还要
配置三重化传感器！

Gruhn

"如果建筑师用程序员编写软件那样的方式建造房屋，随之而来的
第一只啄木鸟就能毁掉我们拥有的文明"。

——佚名

有很多技术可用于停车系统：气动、机电继电器、固态电子，以及可编程逻辑控制器(PLC)。总体上说，不论采用哪种技术的系统，都不能称为最好的系统，这就像没有整体最好的汽车(尽管供货商声称他们的就是!)。每种技术都有优点和不足。不要纠结于哪种技术最好，而是基于预算、系统规模、风险水平、复杂性、灵活性、可维护性、接口和通信要求，以及安保等因素，综合评判哪种技术最适合特定的安全监控需要。

7.1　气动系统

气动系统当今仍然在使用，并且对某些应用来说，非常合适。在海上石油工业，气动系统应用非常普遍，在那些地方，系统必须在没有电源的条件下操作。气动系统相对简单(假设规模较小)，也容易做到故障安全。故障安全在这里的含义，是失效或气路泄漏发生时，通常会导致系统降压，随之会触发停车。清洁、干燥的气体通常是必需的。如果来自仪表空气干燥器的干燥剂尘埃，或者没有被有效干燥或过滤的湿气进入系统，喷嘴和气动管路中使用的通气口容易堵塞和粘住，致使气路出现更多的危险失效，一旦需要动作时，系统不能执行其安全功能。有必要频繁地操作和/或测试，可避免部件粘连。美国墨西哥湾海上平台，要求对气动安全系统进行月度测试，也是基于这个原因。气动系统一般应用于规模小的应用场合，那里要求简单化并且本质安全，同时可能也没有电力供应。

7.2　继电器系统

继电器系统有很多优点：
- *简单*(至少系统规模小时是这样)；
- 低成本；
- 对大多数的 EMI/RFI 干扰免疫力强；
- 不同的电压范围都可用；
- *快速的响应时间*(不像 PLC 那样逐行扫描)；
- *没有软件*(这一点仍被许多人看重)；
- 故障安全。

*故障安全*意味着失效模式是已知的并且是可预测的(通常，电路在正常时闭合并且得电，失效时开路并且失电)。不过，没有任何系统能做到100%故障安

全，有的安全继电器可达99.9%以上的故障安全操作。

继电器也有一些缺点：

- *误关停(Nuisance trips)*：继电器系统一般都是非冗余的。这就意味着单一继电器的失效可导致工艺过程的误停车，对整体操作成本有重大的影响。

- *规模较大的系统复杂性高*：继电器系统规模越大，越显粗笨。一套有10个I/O(输入和输出)点的继电器系统容易管理，而一套有着700个I/O点的系统集成和维护管理就很困难。某用户曾跟本书的作者之一谈起过他维护700个I/O点继电器系统的经历。其中一个回路的构成非常复杂：气动传感器连接到一个电气开关，再连接到PLC，再通过通信线路连接到卫星(天哪!)，再链接到DCS，再连接到继电器控制盘。输出信号再用类似的方式传输到现场(很明显，这样的继电器系统并不多见)。该工程师说，从传感器到最终元件之间，有多达57个信号交接点！本书作者问："这么复杂的回路，如果需要它动作时，你认为功能正常的可能性有多少？"该工程师回答："零！实际上我们知道它根本就不能工作。"进一步地与他探讨，他最后甚至承认："在厂里每个人都知道要躲那个控制盘远点！即使罕有地打开控制盘进行维护，也曾导致过误停车！"

- *人工更改接线和逻辑图*：对硬接线系统的时序逻辑进行修改，都必须由人工对接线进行更改，逻辑图也必须手动更新。保持图纸的最新状态，需要有严格的专业训练，强制按照工作步骤去做。如果你有十多年前的继电器控制盘，不妨作个简单的考察。你打开工程逻辑图与控制盘实际的排布和接线进行一一对比，看看两者之间是否吻合，也许会感到惊讶！控制逻辑更改问题(即：修改接线并保持文档更新)是汽车制造业面对的最头痛的难点之一。可以想象一下，装有数以千计继电器的控制盘要满足所有不同规格汽车生产的需要，不断地更改控制逻辑并且总是不断地重新接线多么繁琐！。这实际上也是导致可编程控制器(PLC)问世并得到长足发展的主要动力之一！

- *没有串行通信*：继电器系统不能与其他系统进行任何形式的通信(除了触点的反复闭合或打开)。它们是聋的、哑的，甚至盲的。

- *没有很好的方法进行测试或旁路*：对继电器系统进行测试和旁路操作很困难。如果想设置能够进行测试或旁路操作的功能单元，会导致控制盘扩大、系统复杂，以及成本增加。

- *仅有离散信号*：继电器系统基于离散(开/关)逻辑信号操作。通常采用离散输入传感器(即检测开关)。模拟信号(即4~20mA)一般是输入到跳脱放大器(Tripamplifier)，当超过模拟信号的设定点时，放大器的离散输出信号改变状态。不过，与继电器一样，关断放大器也不具有本质故障安全特性。

继电器系统通常用于小规模系统，一般低于15个I/O点。采用合适的继电器并对系统进行严格的设计，继电器系统是安全的，并能满足SIL3的安全性能要求。

7.3　固态系统

固态(Solid-state)系统以其更小的尺寸和低功耗的固态电路(例如：CMOS-Complimentary Metal Oxide Semiconductor，互补金属氧化物半导体)取代了继电器系统，类似于晶体管收音机取代更早期体积庞大的电子管收音机。至今市面上仍然有固态系统供货(至本书写作时，仅剩下两家欧洲供货商)，这些系统现在仅用于非常特殊的、有限的应用场合，相对来说也比较昂贵(与其他技术的系统相比)。总之，这种系统不再被广泛使用。

从历史上看，有两类固态系统：一类是欧洲人设计的所谓"本质故障安全固态"系统。与继电器相类似，有已知的和可预测的失效模式。另外一类"常规的"固态系统，也就是说它的失效模式可以五五开(50%安全的、误关停失效；50%危险的、安全功能丧失失效)。

固态系统有很多优点：

● *测试和旁路能力*　固态安全系统一般具有用于测试(例如：按钮和指示灯)和完成旁路操作(例如钥匙)的能力和手段。

● *串行通信能力*　一些系统提供了某种形式的串行通信接口，与基于计算机技术的外部系统进行通信，可用于显示系统状态，报警信息等等。

● *高速*　这些系统不像 PLC 那样扫描 I/O。因此，比基于软件的系统响应要快(不考虑输入滤波等造成的延时)。

固态系统也有一些缺点(许多方面与继电器系统类似)：

● *硬接线*　固态系统类似于继电器，也是硬接线的。打开控制盘可见所有的接线和连接接头交织在一起。当需要修改逻辑时，必须人工改变接线并更新图纸。

● *二进制逻辑*　固态系统如同继电器一样仅仅执行二进制(开/关)逻辑。尽管也能接收模拟输入信号，但一般不具有模拟量运算或者 PID 控制能力。因为这样的限制，它们不宜应用在需要数学运算功能的场合。

● *高成本*　这些系统可能很贵，有时甚至超过三重化 PLC。有人可能会问："那为什么还使用这样的系统？"答案其实也简单。总有人喜欢比继电器功能性更强，但不依赖软件的安全系统。

● *非冗余*　像继电器一样，固态系统通常也是非冗余配置，单一模件失效可能会导致工艺过程的误停车。

不论采用哪一类固态系统，它们的结构都是类似的(参见图 7-1)。输入、输出，以及逻辑功能都是各自不同的模件。这些系统不像 PLC 那样采用多通道的输入和输出卡。这些模件按照逻辑组态要求进行接线。在一些系统里，这些接线加起来可能有几哩长。考虑所有的详细工程和制造要求，这些系统如此昂贵也就不足为奇了。

固态系统主要应用于规模小、安全完整性(SIL)要求高的场合。前面提到的两家供货商，他们的系统都具有 SIL4 认证。在英国人出版的一部文献中，推荐将这些系统(以及非基于软件的其他系统)应用于 SIL3 或更高要求的小型海上平台项目。

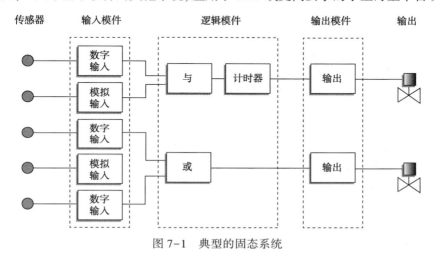

图 7-1　典型的固态系统

7.4　微处理器、PLC(基于软件的)系统

基于软件的系统得到了最广泛应用。不过，没有任何法令或规定，要求*必须*使用基于微处理器的系统。可编程逻辑控制器(PLC)最初设计用于取代继电器，因此，用于安全系统也是顺理成章的事情，不过，需要进行更详细地审查。

基于软件的系统，具有一系列优点：

- 合理的成本；
- 可以轻松、灵活地进行修改变更；
- 串行通信；
- 图形化的操作员接口；
- 自我生成文档；
- 更少地占用空间。

通用 PLC 并非设计用于关键的安全应用场合。对于超过 SIL1 要求的应用，多数产品不具有所需的诊断能力、故障安全特征，或者有效的冗余水平。

7.4.1　灵活性优缺点

灵活性(即很方便地变更或修改)提供了很多优越性的同时,也带来了潜在的一些问题。事实上,易于更改的特性毫无疑问地鼓励了更改行为。除非具有有效的变更管理(MOC-Management Of Change)步骤和规程,否则很容易进一步增加复杂性并导致新的错误发生。灵活性可能促使在后续的工程阶段,甚至安装完成后,为了消除系统某处发现的瑕疵,又重新定义任务。约翰肖尔(John Shore)对此有很好的评论:"软件的本质就是事后再想起什么都可以接纳"。灵活性也怂恿了在未规划设计好的情况下就进行建设。一些业主往往会在设计师还没有完成详细设计的情况下,就着手施工建造,这种情形对于基于软件的系统时有发生。灵活性也为并不多见的、有时是未经验证的技术应用大开方便之门。相类似地,也有少数工程师仅仅在完成了模型后,就迫不及待地开始设计复杂的系统,诸如喷气式飞机。

硬接线系统受制于系统设计的物理限制,这有助于控制复杂性。在给定的控制盘内,毕竟只能容纳有限的接线、计时器,以及继电器等等。与此相比,软件则没有这些物理限制,构建一套基于软件的复杂系统是容易做到的。

对基于软件的系统来说,内部自动诊断水平差异相当大。由于大多数通用PLC是用于主动的、动态的控制,对全面诊断没有要求。在主动的控制系统里,许多失效是自我显露的,采用诊断技术只会增加成本。在安全应用方面,诊断缺乏正成为这些系统最主要的薄弱环节。

7.4.2　软件问题

"即使觉得软件非常好了,可是还要加入一些其他的特性。"

——G. F. 麦考密克(McCormick)

许多人将软件看作是这些系统最值得称道的优点,而恰恰相反,其他一些人则将系统对软件的依赖认为是最大的问题。主要关注点是两个方面:可靠性和安保。在整个项目的执行过程中,有多少程序员敢对上司拍着胸脯说:"老板,我保证软件运行会非常好"?另外,大多数可编程系统的访问安全性也比较脆弱。

据估计,系统软件(随系统附带的软件)中的错误数量,最糟糕的情况是在三十行程序中会有一个错误,最好的情况是一千行程序中会有一个错误。

在典型的基于微处理器的控制系统中,应用软件存在重大错误的概率是多少?迈克尔龚德然(Michael Gondran)引证了下面的数字:

- 正常系统:10^{-2} 到 10^{-3}。
- 若达到 10^{-4},则需要付出相当大地努力。
- 若达到 10^{-6},需付出的努力会使整个成本翻倍。

当发现软件错误后，供货商一般是向所有在册用户发一封信，通报问题和解决方案。正如你可以想象到的，通常大多数软件问题并非供货商发现，而是最终用户在现场的系统运行中遇到的，然后他们再反馈给供货商，而此时供货商也许正将存在同样问题的系统供给其他用户。一些软件错误曾导致误停车，也有一些错误使系统操作不正常。在变更软件并下装到系统时，软件中的一些错误也会显露出来。在线修改(即工艺装置仍处于运行状态时，对控制器中的应用软件进行变更)通常是不被鼓励的。

继电器或固态系统中的单一失效，仅影响问题所在的单一通道。不过，在 PLC 处理器卡件中的单一失效，有可能影响整个系统。因此，许多基于软件的系统，通常会将主处理器配置成某种形式的冗余架构。冗余系统存在的一个问题是共因失效。所谓共因失效，就是单一的原因或故障导致冗余单元一并失效。软件就是此类问题之一。在软件中如果存在程序缺陷，整个冗余系统就会不能正常操作。

7.4.3 通用 PLC

PLC 技术诞生于 1969 年，设计用于替代继电器系统。后来不可避免地用作安全系统。通用 PLC 有很多优点，但是用于安全控制则有很大的局限性。简单地将继电器替换为 PLC，也曾引发一些事故。仅仅因为它是更新型的技术，并不一定意味着各方面都更好。

7.4.3.1 热后备 PLC

虽然许多人将非冗余 PLC 用于安全应用，也有很多 PLC 配置成某种形式的冗余架构。其中最流行的冗余配置之一是热后备系统(参见图 7-2)。这种系统采用了冗余 CPU(运行时仅有一个 CPU 处于在线控制状态)和单一的 I/O 卡件或者冗余的 I/O 卡件。对冗余 CPU 切换的机制，有多种不同的实现形式。有必要对此类系统的某些方面进行详细讨论。

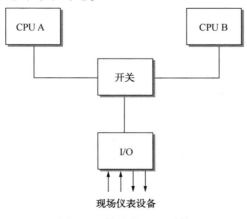

图 7-2 热后备 PLC 系统

为了使系统切换到后备 CPU，系统要能够检测到主单元或在线单元的失效。可惜 CPU 的诊断无法将所有失效全部检测出来。一般能做到 80% 的诊断覆盖率，如果采取附加措施［例如采用监视计时器（WDT-WatchDog Timer）］，能够达到 95%（诊断见本章第 7.4.4.1）。已经有一些报道，由于失效未能检测出来，系统没有切换成功。也有报道说，系统运行正常时，由于切换单元不正常，切换时出现扰动，导致了工艺单元的停车。也曾报道这样奇巧的事情发生：在系统切向后备单元时，不料后备单元恰好也出现了失效，引发整个系统的停车。

大多数 PLC 厂商认定，在他们的系统模式下，切换是百分之百有效的。从已经发现的各种切换失效来看，很明显这是过于理想化的说法。曾有用户为了测试切换机制的功能，关掉主处理器时却没有任何反应。检查后才发现，切换功能必须组态才能工作。许多 PLC 销售人员私下承认，通用冗余 PLC 与非冗余的系统相比，问题更多。

不过，大多数通用 PLC 的最大薄弱环节，在于缺乏 I/O 卡件内部诊断。一些单元根本就不具备诊断能力，用户被迫向供货商询问故障原因所在，1996 年版的 ANSI/ISA-84.01 甚至也期望厂商提供可能的故障信息。也有一些系统具有相对较好的诊断性能。当某些人被问及为什么不选用具有全面诊断能力的系统时，典型的回答是："它们太贵了"。说真的，一分钱一分货！

还听说一些有关通用 PLC 用于安全应用时发生的更加令人不安的故事，可惜由于其敏感性，并没有在更大范围内公开讨论。

例如，本书的作者之一曾听一位工程师讲述过这样的故事，在他们公司准备采用 PLC 用于安全监控时，首先在演示系统（Demo system）上进行一系列试验。其中的一个测试是在运行的系统上将全部 I/O 强制励磁，然后在系统处于运行状态下拔除 CPU 卡片，结果发现系统没有任何响应！所有的 I/O 仍然保持励磁状态，并且没有报警或任何异常显示！他调侃地将其形容为："我们给系统做了一个前脑叶白质切除术，竟然认为没有任何事情发生"！他接下来说道："毫无疑问，我们不可能使用这样的系统"。

许多人认为有必要对现场仪表设备进行测试，对逻辑系统进行测试没有必要，不过有个工厂有七套通用 PLC 用于安全相关应用，从那里也听到一些测试时遇到的麻烦。该厂在进行现场验收测试时，对每个输入施加一个信号，检查输出是否有正确的响应。对七套系统测试中发现，有四套不能正确地对输入做出响应。令人担忧的是，在进行测试以前，没有人知道系统中存在问题。看到的所有信号灯光都是绿色的，想当然地认为系统运行一切正常。

一位在公司总部工作的工程师，要求公司所属工厂，在将 PLC 用于安全应用时都要进行测试。反馈回来的报告表明，有 30% 到 60% 的系统功能不正常！就像前面提到过的，报告涉及到非常敏感的内容，不可能成为头条新闻。在 ISA 的会议上，不会有人在论文或演讲中这样说："我们的安全系统有 50% 不能正常运行。伙计，赶快拆掉它们吧!"

另一位工程师透露，他所在的 E&C 公司按照用户的技术要求，设计一套热后备 PLC 系统。用户安装并测试后，感觉一切正常。一年后再次对系统测试，还是说一切正常。后来有一天该 PLC 关停了生产装置。对系统检查后发现在线单元出现了故障，系统切换到了备用单元。匪夷所思的是，后备 CPU 的电缆根本就没有安装! 系统运行了一年半，甚至连后备单元电缆没有连接这样的问题，系统都未能检测到或者给出任何有关报警信息。很显然，在系统集成商的车间、在工厂开车时，或者在维护期间各个阶段或环节上，也都没有对系统进行很好地检查和测试。英国健康和安全执行局调研发现"设计和工程错误"一项有 15% 的占比，本例就是这类错误的体现。

7.4.3.2　双重化冗余通用 PLC

有些人将市面上的 PLC 硬件进行定制改装，以便达到更高水平的诊断覆盖率。其中有的是增加了额外的 I/O 卡件、回路回读测试功能，以及增加其他的应用软件编程措施(参见图 7-3)。

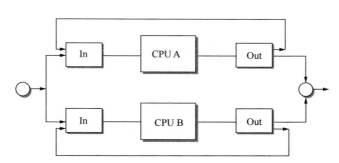

图 7-3　并行冗余系统

此类系统大多是大型的定制系统，并采用了特别的编程方法，而这样的编程方式会让一些人难以理解也不便于维护。定制过程中额外的硬件、编程，以及工程执行成本增加，使其变得更加昂贵。有些人描述此类系统是"杂牌组装"(有的人可能对此会感到恼火)。本书作者之一认识一些人做过这样的尝试，后来都说："再不干了!"这种特殊的双重化方法，在 20 世纪 80 年代还是有存在价值的，但是与现在的标准化系统对比，起码非常不经济。

此类双重化系统存在一个共性的本质问题，当两个通道状态不一致时，如何判断哪一个是正确的? 是否能判断出其中的一个通道发生的是安全失效? 如果是这种情况,你可能并不希望造成工艺过程的关停,因此你或许会选择 2oo2(二选二)表决。或者一个通道会发生危险失效并导致无响应吗?若如此,应该优先考虑将工艺单元停下来,则会选择 1oo2(二选一)表决。最终选择哪种结构是对的?面对着市面上大多数此类系统,很难做出决定。

7.4.4 安全 PLC

某些用户和厂商认识到通用 PLC 在关键应用中的问题,并致力于开发更加适用于安全用途的系统。20 世纪 70 年代,美国国家宇航局(NASA-National Aeronautics and Space Administration)主导了很多故障容错计算机系统的研究。安全 PLC 主要的特点,是它们的诊断能力、冗余架构,以及独立的第三方认证。

7.4.4.1 诊断

诊断是安全系统的重要属性。诊断是为了检测出危险失效,避免系统对要求(Demand)不能作出响应。许多通用 PLC 不具有全面的诊断特性。事实上,对于普通的"主动"控制系统,一般并不需要诊断,大多数失效是可以自我显露出来的。

诊断覆盖率(即系统自动检测出的失效所占百分比)对安全性能有巨大的影响。在第八章会深入讨论系统的安全性能问题。1996 年版的 ANSI/ISA-84.01 标准要求逻辑控制器的厂商提供失效率、失效模式,以及诊断覆盖率等信息。如何做呢?

美国军方也面临着同样的问题,开发了一些技术用于估计电子设备的失效率和失效模式。像失效模式与影响分析(FMEA-Failure Modes and Effects Analysis)这样的技术,稍微做了改进,被控制系统供货商采用。改进后的技术被称作失效模式、影响,与诊断分析(FMEDA-Failure Modes, Effects, and Diagnostic Analysis)。它采用系统性的方法,用表格一一列出系统中的所有部件、它们会以怎样的方式失效、失效率是多少,以及失效是否能被系统自动地检测出来等等。梳理出它们之间的关键问题所在。

图 7-4 是 PLC 输入电路示意图,图 7-5 给出的是对该电路做的 FMEDA。用电子表格辨识出电路中的每个部件、每个部件已知的失效模式、每种失效对系统操作的影响(例如:导致误关停,或者导致安全功能丧失)、在每种失效模式下的失效率,以及每个部件的每种失效模式能否被系统自动地检测出来。分析完成后,供货商就可据此告诉用户系统的安全失效率、危险失效率,以及诊断能力。通用 PLC 通常会有很低的诊断水平,而安全 PLC 则具有很高的自诊断能力。

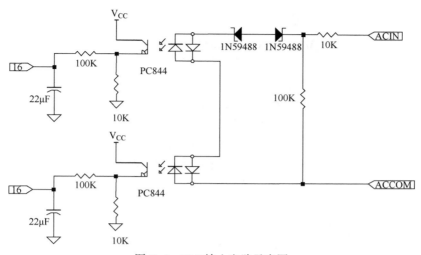

图 7-4　PLC 输入电路示意图

Failure Modes and Effects Anahys is				Failur es/billon hours					Safe	D anger ous
Component	Mode	Effect	C ribc ality	FIT	Safe	D ang	D et.	Diagriostic	Covet ec	C overed
R1·10K	short	Thr eshold shift	1	Safe	0.13	0.125	0	0		0	0
	open	open circuit	1	Safe	0.5	0.5	0	1	loos e input pulse	0.5	0
R2·100K	short	short input	1	Safe	0.13	0.125	0	1	loos e input pulse	0.125	0
	open	Thr eshold shift	1	Safe	0.5	0.5	0	0		0	0
D1	short	overvoltage	1	Safe	2	2	0	1	loos e input pulse	2	0
	open	open circuit	1	Safe	5	5	0	1	loos e input pulse	5	0
D2	short	overvoltage	1	Safe	2	2	0	1	loos e input pulse	2	0
	open	open circuit	1	Safe	5	5	0	1	loos e input pulse	5	0
OC1	led dim	no light	1	Safe	28	28	0	1	Comp. mis match	28	0
	tran. short	read lo gic 1	0	D ang.	10	0	10	1	Comp. mis match	0	10
	tran. open	read lo gic 0	0	Safe	6	6	0	1	Comp. mis match	6	0
OC2	led dim	no light	1	Safe	28	28	0	1	Comp. mis match	28	0
	tran. short	read lo gic 1	0	D ang.	10	0	10	1	Comp. mis match	0	10
	tran. open	read lo gic 0	1	Safe	6	6	0	1	Comp. mis match	6	0
R3·100K	short	loos e filter	1	Safe	0.13	0.125	0	0		0	0
	open	input float high	0	D ang.	0.5	0	0.5	1	Comp. mis match	0	0.5
R4·10K	short	read lo gic 0	1	Safe	0.13	0.125	0	1	Comp. mis match	0.125	0
	open	read lo gic 0	0	D ang.	0.5	0	0.5	1	Comp. mis match	0	0.5
R5·100K	short	loos e filter	1	Safe	0.13	0.125	0	0		0	0
	open	input float high	0	D ang.	0.5	0	0.5	1	Comp. mis match	0	0.5
R6·10K	short	read lo gic 0	1	Safe	0.13	0.125	0	1	Comp. mis match	0.125	0
	open	read lo gic 1	0	D ang.	0.5	0	0.5	1	Comp. mis match	0	0.5
C1	short	read lo gic 0	1	Safe	2	2	0	1	Comp. mis match	2	0
	open	loos e filter	1	Safe	0.5	0.5	0	0		0	0
C2	short	read lo gic 0	1	Safe	2	2	0	1	Comp. mis match	2	0
	open	loos e filter	1	Safe	0.5	0.5	0	0		0	0
				111	88.75	22			88.875	22
				Total	Safe	D ang.		Safe Cover age	0.9789	
				Taifur Rates						
								D anger ous C over age	1	

图 7-5　电路 FMEDA 示例

95

7.4.4.2　TMR 系统

模块级三重冗余(TMR-Triple Modular Redundant)系统，是专门设计的三通道并联 PLC(参见图 7-6)。此类系统最初起源于 20 世纪 70 年代 NASA 的资助。系统的商业开发，与上述其他 PLC 一样，带来了巨大的经济利益。它采用大范围的冗余和诊断，专门设计用于安全应用。依赖于三重化的电路，在出现单个(有时多个)安全或危险的部件失效时，系统仍然保证安全功能存在[术语称为"故障容错(fault-tolerant)"]。适用于高达 SIL3 的应用场合。不过，这并不意味着采用这样的逻辑单元就能保证整个系统是 SIL3 的，整个系统的安全性能还包括现场仪表设备，后面的章节将涉及这个问题。

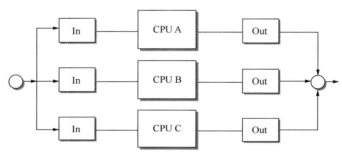

图 7-6　TMR 系统

图 7-6 是一种通用结构。实际的系统，有的采用四重化输出，有的将冗余电路集成在一个电路板(卡件)上，也有的就像图中所示的，卡件三重化。

一般来说，这种系统并不用额外的编程措施实现诊断(虽然也有例外)。用户只需组态并下装一套应用程序，并不需要分别编写三套(当然也有例外)。三重化设计对用户来说简单明了、易于理解。

7.4.4.3　1oo2D 系统

从 20 世纪 80 年代后期，特别是在过程工业领域，出现了很多双重化系统。1oo2D(带诊断的二选一)这一术语，由威廉戈布尔(William Goble)于 1992 年 ISA 出版的控制系统可靠性评估专著中提出，很快被一些双重化系统厂商采纳。这些系统具有与三重化系统同等程度的故障容错水平，系统同时出现两个安全失效将引发误停车，而同时出现两个危险失效将导致安全功能丧失(有关失效模式的详细讨论，参见第八章)。此类系统的研发是基于更现代的概念和技术，并获得诸如 TÜV 以及 FM 这样的第三方独立机构认证，其安全水平与三重化系统等同。除了双重化的全配置以外，供货商还可以提供简单的(非冗余)系统，后者也获得 SIL2 认证，有些甚至达到 SIL3。此类系统的例子，参见图 7-7。

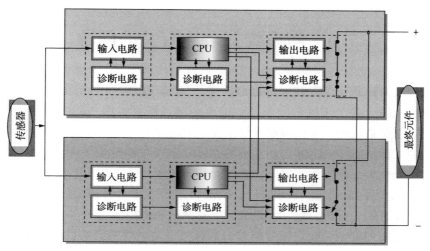

图 7-7　1oo2D 系统

7.5　与系统规模有关的问题

大多数继电器系统是小型的，并分散安装在整个工厂的各个地方，每一个工艺单元或者单台设备，通常都有各自单独的停车系统。正如计算机控制系统在绝大部分工厂中都是集中控制一样，停车系统也变得越来越多地如此设置。许多用户逐渐放弃了多地安装、小型化的，以及硬接线的系统，更多地采用单一的、中央控制的大规模系统，这是应对新技术发展的唯一选择。不过，系统越庞大，复杂性就越高。一套小型的继电器控制盘，很容易管理和维护，而一套有 500 个I/O点的继电器系统，相对来说就困难地多。硬接线系统正快速地被尺寸更小、易于管理、基于软件的系统替代。不过，集中控制也带来了新的问题，比如说，单一的失效会有更大范围的影响。

在小型的单个系统中，单一失效影响范围有限。不过，在大规模的集中控制系统中，情况可能截然不同了。假设一套非冗余的 PLC 控制 300 个 I/O 点，如果它的 CPU 出现故障，就意味着这 300 个 I/O 点统统不能操作。正是基于这个原因，许多基于软件的系统被设计成某种形式的冗余架构。但冗余配置往往也会导致系统更复杂。某些形式的冗余(例如热后备)也经常会产生失效的"单点"以及共因失效问题。

在系统安全性能建模分析中，系统的规模也有一定的影响。这将在第 8 章讨论。

7.6　与系统复杂性有关的问题

处理复杂性的一个方式，是将整体设计(例如软件)拆分成更小的单元或模块。这样能减少各个组件的复杂性，但也会增加所有组件之间的接口。处理不当，实际上会造成进一步增加整体复杂性等负面影响。安全性能分析也会变得很困难，或者因所有组件之间的相互影响，可能出现许多难以理解的情况。

在安全仪表系统方面，越简单越好。与其在额外的复杂性上花费金钱，还不如在简单化上多投入，这样可以从长期运行维护管理上获得回报。越简单的系统，越易于理解、分析、设计、集成，以及测试和维护。

在对系统的安全性能建模分析时，应该考虑复杂性的影响。在分析计算中，应该考虑功能失效(Functional Failure)或称系统性失效(Systematic Failure)。此类失效指的是在设计、组态、集成、安装，或者维护等环节与人为因素有关的错误。虽然失效率的准确数值更多地是主观判断并且难以证实，将其包括在模型中予以考虑还是相对容易一些。在实践中这样处理是有益的，因为可以更清晰地看到有哪些因素在影响整个系统的安全性能。请参阅第8章中的例子。

7.7　与其他系统之间的通信

现在的大多数工厂都有某种形式的中央控制系统，并具有图形化的操作员显示界面。与其为安全仪表系统设置单独的一套显示界面，不如将SIS的相关信息传送到主控制系统操作员画面上更为有利(更低的成本，更小的空间占用，只需对一套系统进行培训，等等)。这需要在系统之间进行某种形式的串行通信。

绝大多数计算机化的系统都提供某种形式的串行通信能力。过程控制系统从SIS读取信息并显示出来相对比较容易，这些信息包括SIS所有I/O、旁路、报警等的操作状态。将过程控制系统的信息写到SIS则要谨慎处理，可能存在潜在的危险。

许多控制系统和安全系统是由不同的厂商生产制造的。为了使它们之间能够进行通信，必须采用通用的通信协议。最常见的一种协议是Modbus。Modbus也有局限性，它不能识别文字与数字组合格式的仪表位号。所有的变量都必须由与存储器地址位置相关联的数字代替。对于控制系统与安全系统之间通过Modbus通信，更改安全系统的数据库会发生什么呢？如果变量不是加在列表的末尾，而是插入到列表的中间，所有后面的地址都会随之修改。控制系统不能识别这种变化，将以错误的变量进行通信。很显然，这会导致严重的问题。更新型的高级通信方法，例如用于过程控制的目标链接和嵌入（OPC），应会减少此类问题。

有的公司允许对安全系统进行写入操作，有的公司则不许可。毫无疑问，在某些情形下过程控制系统需要向 SIS 写入信息，相关标准也并未禁止这样的功能性要求。过程控制系统不应破坏 SIS 的内部存储操作是主要考量，这需要采取某种控制措施。可行方式之一是通过回读测试功能，确保仅对需要的变量进行更改。对安全系统的所有写操作都应该慎重考虑和控制。

用于安全系统之间或其内部进行通信的安全现场总线，将在 9.8 一节进行讨论。

7.8　认证与早先使用

每个市场上都有许多厂商进行竞争，安全领域也不例外。不同的产品或系统在设计上通常会有很大的差异。鉴于基于软件的逻辑系统大都相当复杂，厂商的宣传也存在很多的矛盾，使得用户在选型上处于两难境地。对于如此众多的产品，如何做出有效的评估呢？特别是专注于石油、天然气，以及各种化工等行业的最终用户，在安全系统的评估上很难成为专家。面对一些不同的系统，为了确定采购哪种最合适，可能需要花上几个月的时间进行评判，最后也仅仅是从候选清单中挑出某种直觉上最喜欢的系统，对用户来说，这项工作确实难度很大。对于那些新研发上市的系统，因为没有以往的经验可以参考，情况更是如此。由独立第三方进行评估，成为必然选择。

在业界，厂商之间的竞争都是很残酷的，特别是在安全领域。双重冗余系统的厂商声称他们的系统也像三重化系统那样好。现在一些厂商推出四重化冗余，很自然地声称他们的系统要比三重化系统好。一些厂商提供的非冗余系统，号称也适用于 SIL3 应用（起码表面上如此）。我们该相信谁呢？更为重要的是为什么？同样需要独立第三方进行评估。

用户评估系统，或者制造厂商保持他们的系统在安全市场上与众不同，一种可行的方式是借助第三方认证。诸如德国的 TÜV，或者美国的 FM，这样的机构都能够依据各种相关标准，提供独立的认证评估。20 世纪 90 年代后期 IEC61508 标准颁布前，TÜV 认证采用的是相应的德国国家标准。

认证过程无疑会花费很多时间和金钱，供货商也一定会将该成本转嫁到他们的用户头上。对复杂的并且价格不菲的逻辑系统进行认证，是合情合理的（至少一些人这样认为)。不过,对于结构简单并且低价格的现场仪表设备是否应该认证,值得商榷。

不应该*强制*要求用户采用认证的设备,相关的标准也*没有*对采用认证设备的强制规定。不过从另一方面来说,用户也需要以某种方式自行评估仪表设备,确信它们适用于相关应用。1996 年版的 ANSI/ISA-84.01 将这一概念称之为"用户认可(user approved)"。在近来的 IEC 标准中,采用的术语是:"经验使用(proven in use)"或者"早先使用(prior use)"。从根本上说,用户必须评估供货厂商的质量体系,要有在类似环境使用该仪表设备足够的分析样本,以及有可信的失效率数据。对于评估相对简单的现场仪表设备,依据现场使用经验进行评估,一般认为是可接受的合理方法。不过,对于复杂的逻辑控制器,受到方方面面的条件限制,尝试用这种方式进行评估恐怕十分困难。

小 结

有很多技术可用于安全仪表系统:气动技术、机电继电器、固态技术,以及 PLC(可编程控制器)。整体来看,没有哪种系统是最好的,各有优缺点。考虑哪种系统最适合某种应用,取决于很多因素,诸如预算、系统规模、风险水平、灵活性、复杂性、维护、接口、通信要求以及安保等等。

气动系统最适用于要求简单、本质安全,以及缺乏电源的小规模应用场合。

继电器系统十分简单,价格相对便宜,对多种形式的 EML/RFI 有很强的抗干扰能力,也适用于多种不同的电压等级。没有任何接口或者通信连接。逻辑变更需要人工修改接线并更新文档。总体上,继电器系统适用于相对小规模的简单应用。

固态系统(即没有软件的硬接线电子系统)至今依然有厂商供货。有些固态系统是专门为安全应用研发的,也具有测试、旁路,以及通信等特性。逻辑更改后也需要人工更新文档。这些系统由于灵活性受限以及高成本,被许多用户抛弃,他们更乐于接受基于软件的系统。这些系统仍然存在于小规模的、简单的,以及高安全完整性等级要求的应用场合。

基于软件的系统,从通用 PLC 到专门设计的安全 PLC,具有软件的灵活性、自我形成文档、通信以及接口。不过,许多通用 PLC 不是专门为安全应用设计的,不具有特别需要的安全性能(例如:安保要求、高度诊断以及有效的冗余)。不过,近年来设计出的安全 PLC,是为关键安全应用特别研发的,在过程工业领域获得了普遍认可,确立了稳固的地位。

参 考 文 献

1. *Guidelines for Instrument-Based Protective Systems*. U. K. Offshore Operators Association, 1999.
2. Taylor, J. R. "Safety assessment of control systems-the impact of computer control." Israel Institute for Petroleum and Energy Conference on Process Safety Management held in Tel Aviv, Israel, October 1994.
3. Gondran, M. Launch meeting of the European Safety and Reliability Association held in Brussels, Belgium, October 1986.
4. Goble, W. M. *Evaluating Control Systems Reliability*. ISA, 1992.

8
系统评估

每百万年发生一次失效？从常识判断，
你一定忽略了某些因素。

Gruhn

"总会有解决问题的简单方法，只不过是巧妙的，还是似是而非的，…，或者是错误的"。

——H. L. 门肯(Menken)

8.1 透过现象看本质

对特定应用来说，如果从直觉上就能很明显地判断出哪种系统是最适宜的，那么这本书或者相关的设计标准也许就没有用了。很多事情其实并不像我们看到的那样直观。双重化并不一定总是比单一的好，三重化也并非总是好于双重化。哪种系统安全性能最好？哪种误停车率最低？下面让我们讨论一下表8-1中的九种配置。

表 8-1 九种配置比较

传感器	PES 逻辑控制器	诊断覆盖率	公共原因	输出	测试间隔
单一	单一	99.9%	N/A	单一	每月
双重	单一	99%	N/A	双重	每季度
三重	单一	90%	N/A	双重	每年
单一	双重	99%	0.1%	单一	每月
双重	双重	90%	1%	双重	每季度
三重	双重	80%	10%	双重	每年
单一	三重	99%	0.1%	单一	每月
双重	三重	90%	1%	单一	每季度
三重	三重	80%	10%	单一	每年

假设表中九种不同配置都采用基于软件的逻辑系统（可编程电子系统，PES）。在此不关注继电器和固态系统。

首先，我们要知道安全仪表系统有两种失效方式：因失效导致误停车，工艺过程正常操作被迫停止；因失效导致安全功能丧失，工艺过程实际需要停止时却不能动作。系统在应对这两种失效模式时都能做到很好吗？如果能很好地避免一种失效模式，应对另外一种失效模式就一定差？

我们知道，一个链路的好坏取决于薄弱环节，传感器是否也应该冗余？双重冗余至少有两种配置形式：一种是二选一（1oo2）表决，任意一台传感器达到设定值都会引发关停。另一种是二选二（2oo2）表决，只有当两台传感器都达到设定值时才会引发关停。

逻辑控制器是否也应当配置成冗余呢？双重逻辑控制器架构，至少有四种不同的配置方式（1oo2，2oo2，1oo2D，或者热后备）。三重化又会怎样？

诊断覆盖率是指系统自动检测出来的失效占总失效的百分比。没有任何仪表

103

设备能达到100%的诊断覆盖率。诊断覆盖率为99.9%的非冗余系统，是否好于80%诊断覆盖率的三重化系统？

共因失效意味着单一的触发源或故障将影响整个冗余系统。诸如热、振动、电压过高等外部环境因素对系统的影响。常用的共因量化方法之一是贝它因数。系统的一个"分支"或者某一"部分"的某些失效一旦发生，将同时影响多个通道，贝它因数代表此类失效所占的百分比。如果在冗余系统中有1%的贝它因数，这就意味着在辨识出的全部失效中，其中有1%的失效会同时使多个通道故障并使整个系统功能失常。那么，1%足以让人担心吗？如果是10%又会怎样？

最终元件最典型的是阀门，应该是冗余的吗？如果需要冗余，是并联还是串联？特别是大口径的阀门，通常价格都很贵，冗余是否一定有必要？在表8-1中没有给出三重化的输出。三重化通常都是指三选二表决(当然也不绝对)。三个阀构成三选二是不可能的，不过，可以把三个阀串联在一起使用。

应该采用怎样的频度对整个系统进行人工测试？很显然，通过人工对系统测试是不可或缺的，因为任何系统都不可能具有100%诊断覆盖率，不可能自身检测出所有的故障。是否整个系统都按照某一时间间隔进行测试，亦或不同的子系统采用不同的测试频度？冗余系统与非冗余系统相比，需要进行更频繁或者更少的测试吗？

回到表8-1，左侧加一列"误停车"，右侧加一列"安全"。将误停车和安全这两个性能指标，按照从最高到最低划分等级，用数字1代表最高而数字9代表最低，然后将这些数字分配到每一行。尝试做做看。

你对答案有多少自信心呢？凭借内心感受，或者直觉，或者经验，确信其他的人跟你有相同的答案吗？

多年来，各个标准化组织或团体始终都被这样的问题所困扰并试图解决。如果这些问题并不棘手，很早以前就应该被处理好了。以ISA SP84标委会为例，有超过300名的通讯会员，代表着各个利益集团(例如：固态、PLC、安全PLC以及DCS厂商；最终用户、承包商、集成商、咨询机构、认证机构等等)。怎样使这些团体在如此复杂和有争议的主题上达成一致？如何一眼就能看透所有的炒作？

对某些事情，凭直觉就能做出正确地判断，但并不总是这样。凭内心的感觉不可能造出大型喷气客机。不能凭借反复试错建造桥梁，至少现在不再是这样。核电厂也不是凭直觉就能建造出来的。你问波音777的总工程师，为什么采用这种型号的引擎，如果回答"噢，我们也不知道，是供货商推荐的"，你的感受如何？

8.2　前期分析的重要性

对工艺装置进行危险和可操作性分析（HAZOP），你愿意在建造*之前*还是在投产*以后*进行？很明显，应该在建造前。但并不是所有的人都理解这样做的真正原因。在图纸上重新设计工厂，总比在工厂建成后因重大问题推倒重来代价低得多。同样的道理也适用于安全系统。

正如上面在 8.1 所述的，很多事情并不像人们希望的那样直观明显。对于特定的应用，选用哪种系统最适宜，并不是一件轻而易举的工作。因此，以*定量*的方式对系统进行分析是十分重要的。尽管定量分析不一定准确（如同后面将重点讨论到的那样），无疑这是非常有益的工程实践活动。主要原因包括下面几条：

- 为系统满足设计要求提供早期指标。
- 生命周期各阶段的成本能够准确估计和有效控制。
- 充分认识系统的薄弱环节并予以重点关注。
- 为不同仪表设备的选型和供货提供统一标准。

8.2.1　事先警告

"有谎言，有可恶的谎言，于是就有了统计学"。

——*M. 吐温（Twain）*

对于简单的模型，可以手工计算并求解。不过，当需要考虑很多参数时，采用人工方法求解复杂问题变得十分困难。这时可以开发一些电子表格或者计算机程序，自动地处理模型的计算求解。一些模型的缺陷，通常不在于它包括了什么，而在于有哪些因素*没有*被考虑到。例如：先是按照供货商理想化的假设对三重化系统建立模型，接下来加入一系列更现实的因素，导致最终答案有四个数量级的差异！不是因为模型本身的*精确度*存在问题，更多时候是由于不恰当的*假设条件*导致的。计算机的优越之处是它的计算速度，而非它的智能。

"计算机模型能够以惊人的速度和精确度预测出性能化水平，不过也可能是完全错误的"！

——佚名

在波音 777 的研发设计期间，关于引擎的建模和测试有两个不同的流派。一个小组认为，他们的模型无可挑剔，对引擎进行实际测试没有必要。另一小组则认为进行实际测试是最重要的。最终后者占了上风。与波音747每侧有两个发动机不同，波音777每侧只装配一台动力超过原来两倍的大功率发动机。在第一次试飞时，这种新型发动机突然冒出了火焰。事后发现，一个特殊的瑕疵在计算机模型仿真中没有显露出来。我们要有清醒的认识：模型终归是模型，它们不等同于客观存在。

"如果输入的是主观的数据，对于中性的计算机而言，无论如何也不可能得出客观的答案"。

——伊姆珀瑞托 & 米切尔(Imperato & Mitchell)

有必要依据常识对所有建模进行判断。例如：假设有两个事件，发生的概率都是10^{-6}，那么按照单纯的计算，这两个事件*同时*发生的可能性将是10^{-12}。这么小的数字，意味着几乎不可能发生，甚至系统研发者们都无法想象。基于失效率数据估算出很荒谬的风险水平，并非绝无仅有。对核武器系统某个事件发生概率的估计，目前记录是2.8×10^{-397}。考虑到被坠落飞机击中的概率粗略来说也不过10^{-8}，依据某些计算机模型推导出的结论，其荒诞不经是显而易见的。克利兹(Kletz)更坦率地对此评论道："让人好奇的是，受过科学训练的人们怎么能够接受如此无用且无意义的信息"。

"可靠性模型就像捕获的外国间谍，如果对他们进行足够长时间的折磨，他们会告诉你一切"。

——P. 格鲁恩(Gruhn)

克利兹(Kletz)也指出："与其花很多力气对已知危险进行更精确地量化，不如用更多的时间和精力寻找所有可能的危险源"。例如：在空间技术领域，定量的故障树分析以及失效模式与影响分析得到了非常广泛地应用，尽管如此，几乎有35%的实际飞行故障没有事先辨识出来。

8.3　怎样获取失效率信息？

为了分析和预测系统的安全性能水平，需要了解所有部件的性能数据(即失效率)。从哪里获取此类信息？

8.3.1 维护记录

我们希望每个工艺装置或设施都具有完整的维护记录,保存安全相关仪表设备的失效率信息。过程安全管理法规(29 CFR 1910.119,附录 C,第 9 部分)要求用户保存此类数据。许多工厂事实上拥有这些信息,可能没有按照有用的形式进行收集。例如:对于不同类型的仪表设备,需要何时进行维修或更换,经验丰富的技师通常有非常好的想法,这都是从长期维护管理实践中积累的技能。

工厂的维护记录是*最好的*数据源。它们最能代表应用环境、维护规程,以及供货商的关注点等一手信息。当然我们也要注意到,必须有足够的样本在统计学上才有意义。

但是,如果没有此类记录,我们该如何应对呢?

8.3.2 供货商记录

人们可以向供货商询问此类信息,但亲历者反馈出的感受并不是多么令人鼓舞。我们注意到,1996 年版的 ANSI/ISA-84.01 要求逻辑控制器厂商提供此类数据。如果供货商能够提供,弄清楚这些数据的来源也非常重要。是从现场收集到的还是在实验室得出的?对于现场服役十年的仪表设备(例如变送器或者电磁阀),在实际维护中获取的失效率信息,用户会完全反馈给制造厂吗?

某个 PLC 供货商曾透露,其失效率数据是基于这样的假设:有大约 25% 交付后被存放在仓库里(即没有投用),其余在线使用的工作状态是每天两个班次,每周操作五天。在过程工业使用的很多安全系统,可不是这样的使用状态或条件。

现场反馈给供货商的数据与用户自己留存的维护记录会有所不同,可能是*最糟糕的*数据源。很少有用户在仪表设备超过质保期后仍将故障信息提供给制造厂。因此,供货商在这种情况下搜集到的数据通常不具有统计学上的意义。

供货商的失效率数据,特别是那些现场仪表设备,一般没有考虑工艺条件或环境因素。仪表设备在恶劣的、强腐蚀的环境使用,远比在洁净的工艺条件和工作环境中更容易出现故障或损坏。诸如堵塞传感器引压管路这样的失效,也通常没有统计在供货商的数据中(由于他们会认为这不在供货的仪表设备范围之内)。

8.3.3 第三方数据库

也有一些可用的商业数据库,它们来自海上石油、化工,以及核能工业,也有的是通用数据。这些数据搜集整理后,以书籍和电子数据库的形式供大家使用。这些数据库虽然并不便宜,但是很容易从市面上购买。这种数据源质量位居第二。该数据基于不同用户的实际现场经验,按照仪表设备的类别整理,没有区分不同供货商及其产品型号，也没有考虑不同的应用环境。一些专门的安全系统可靠性建模和计算程序也嵌入了失效率数据库。

但是，对于那些新发布投放到市场的仪表设备，或者还没有收集历史操作信息的仪表设备，又要如何处理呢？这些都是我们面对的现实挑战。

8.3.4　军用形式的计算

军事领域在几十年前就面对这个问题。当核潜艇接收发射指令代码时，人们可能想知道通信系统正常工作的可能性，并且不能用诸如"高"这样过于笼统的字眼来表征。军方开发了用于预测电子部件失效率的方法(MIL-HDBK 217)。该手册历经多次修改并在很长时间都是争议不断的话题。所有使用过该数据库的人都有感受，它给出的数据比较保守，有时是多个数量级的差异。不过，这并不意味着不能用，而是在使用时要谨慎小心。虽然对于它给出的绝对数值存在质疑，如果为了横向比较系统之间的不同，它仍然是很好的测量尺度。该数据库的出版者也意识到了这一点，给出了下面的忠告：

"……可靠性预测不能被认定为等同于用户实地测量的可靠性期望值……"(MIL HDBK 217F，段落 3.3)

现在许多供货商采用军用形式的计算，为用户提供失效率数据。完成这样的计算，甚至是某些安全认证的要求。不过，可能并没有将所有的因素，或者用户在实际工作中经历过的失效，都考虑到计算中。例如：一个传感器供货商提供的平均失效间隔时间(MTBF-Mean Time Between Failure)为 450 年。而由用户搜集到的数据通常要低一个数量级(例如，45 年)。简单来说，两者之间的差异是由于供货商在他们的分析中没有考虑所有可能的应用环境和使用条件，以及全部失效模式(例如：传感器引压管路堵塞，安装问题等等)，然而在用户的数据库中则可能包括了这些影响因素。要谨慎甄别并按照常理做出判断。供货商提供的数据并不一定准确或者符合实际情况。

8.4　失效模式

许多工厂已经将继电器系统更换为可编程逻辑控制器(PLC)。他们通常给出这样做的理由是："PLC 本来就是设计用于替代继电器的"。的确，系统的*操作性能*无疑是重要的考量。很显然 PLC 不仅可以胜任继电器的全部用途，另外还有更多的功能(计时器、数学函数等)。不过对安全系统主要的关注点还不是系统如何*操作*，而是系统会怎样*失效*。这一概念很简单，却往往被忽视。为什么休眠的安全系统不同于动态的控制系统？为什么安全仪表系统有独到的设计考虑？这才是最根本的原因。

8.4.1　安全失效、危险失效

也许有点过于简单化，安全系统被认为有*两种失效方式*。首先，系统可能触发误停车。在工艺过程本身没有任何异常征兆的情况下，关停工艺装置。举例来说，带电的继电器触点意外断开。人们给这种类型的失效起了许多不同的名字：明显的、显露的、能动的、故障安全的等等。在相关标准中用于描述此类失效的术语是"安全失效（Safe Failure）"。误停车其实没有什么"安全"内涵，因此许多人并不喜欢这一术语。安全失效导致工艺装置的停车，只是因停工损失生产。期望避免安全失效主要是因为经济原因。当系统安全失效太多时，就会动摇对系统的信心，往往是将系统旁路掉。不要忘了，在旁路时系统的安全有效性为零。在被监控工艺流程处于生产状态下，由于将传感器或系统置于旁路，曾经引发意外事故。曾有一个宾馆的操作员以一般杀人罪被投入监狱，就是因为他停用了火灾检测系统，导致十多位客人丧生。1992 年 OSHA 过程安全管理法规包含着这样的暗示，即对于此类的行为，当事者可能要负刑事责任。

安全系统也可能出现另一种失效，即它妨碍或阻止系统对真实要求做出响应。可以这样去想像这类失效："我被缠住了，当你需要我工作的时候，我动弹不得"。一些人也将它们称为隐蔽的、隐藏的、被束缚的，或者故障危险的失效。现在的相关标准将此类失效定义为"危险失效（Dangerous Failure）"。如果系统以这种方式失效（例如：继电器触点粘连不能打开），将导致潜在的危险状态。闭合的继电器触点存在不能打开的失效，使不一定立刻导致危险事件的发生。不过，如果此类失效存在时恰好有"要求"出现，系统将无法做出响应。发现这些失效的唯一方法，是对系统进行*测试*，使这类失效在系统中存在的时间尽可能短。很多人并不理解为什么要这样做。请记住，安全仪表系统是休眠的或被动的系统，不是所有的失效都能显露出来。在正常操作时一直处于打开状态的阀门，如果卡在开的位置是看不出来的。在正常操作时处于赋能（带电）状态的电路，潜在的短路故障也是发现不了的。PLC 闭合回路中出现粘连、或者传感器引压管路堵塞等，都不会显露出来。不幸地是，许多通用 PLC 都不具有将这些失效检测出来的诊断能力。供货商一般也很少讨论诸如此类的缺憾。

危险的、隐蔽失效可能有点让人难堪，因此很多与此有关的例子被"雪藏"了。举例来说，某个卫星制造厂用起重机将价值 $200000 的一颗卫星吊装到集装箱中。当卫星被吊起后，起重机的上升动作却停不下来了。在卫星到达吊臂的顶端时钢缆折断，卫星掉到地面上被摔毁。整个上升操作由继电器控制。不久前更换了继电器，新换继电器额定值只是实际负载的10%，触点因过流熔在闭合位置打不开了。该起重机是租赁的，使用前没有进行测试。

8.4.2 检测出的失效、未被检测出的失效

按照安全和危险对失效分类后，还要进一步划分为检测出的(Detected)和未被检测的(Undetected)(参见图8-1)。安全失效标示在图的上半部分，而危险失效标示在图的下半部分。检测出的失效在图的左侧，而未被检测出的失效在图的右侧。将饼图等分为四部分，纯粹是为了简化。检测出的失效指的是通过自动诊断功能将其揭示出来，换句话说，当失效发生时能够自动地被系统检测到。诊断能力的一个测量尺度是“覆盖率(Coverage)”。在图8-1中将安全失效模式划分为了各占50%，即诊断覆盖率也为50%。希腊字母λ用于表示失效率(Failure Rate)，即单位时间内的失效个数。接下来很快就会详细讨论到这一术语。

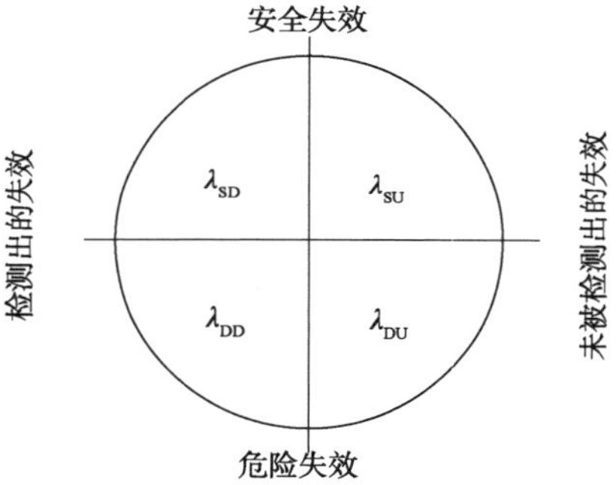

图8-1 失效模式

8.5 测量尺度

为了测量并比较不同系统的安全性能，需要一个共通的框架，一套都*可理解的*术语。这些年一直采用一组与以往不同的性能化术语，诸如可用性(availability)(译注：这里的可用性指的是Safety Availability，而非大家常说Process Availability)和可靠性(reliability)。可惜这些表面看似很平常的术语，也引发很多争议。如果你向四个人询问它们的含义，很可能得到四个不同的答案。主要的原因来源于早先讨论的安全系统的两个不同失效模式。有两个失效模式，就应该有*两个*不同的性能化术语*分别*描述它们。笼统地采用一个术语，例如可用性，怎么可能表达清楚这*两种*不同失效模式的性能化水平呢？如果某人说一台阀门每10年失效一次，它的实际含义是什么？如果其中10%的失效是“安全”

(例如失效时自行关闭)另外90%是"危险"(例如失效时卡在打开位置)会怎么样呢？反之又会怎样？各占50%又怎样？可见笼统地给出一个数字是不够的。

另外一个原因，对可用性这一术语有很多误解和混淆。任何事情超过99%，都会令人印象深刻。PLC供货商宣传其系统的性能化水平，总会炫耀在小数点后还有多少个9。我们静下心来想一想，在可用性99%和99.99%之间是否有很大地不同？仅有小于1%的差距是不是？没错，但是实际上这却意味着可用性水平有两个数量级的差异！这很容易让人糊涂。

说到安全，一些人乐于采用可用性的反面，即不可用性(unavailability)，也称为要求时失效的概率(PFD，Probability of Failure on Demand)来表达。可惜这些数字通常都很小，需要采用科学记数法表述，这也会使一些人觉得没有直观感。本来你希望给管理层提供有意义的信息，以便做出睿智的决策。不过当你告诉你的上司："嗨老板，我们的安全系统有$2.3×10^{-4}$的PFD！"时，有什么意义？毫无疑问，领导的第一反应将会是："嗯，这样好不好？"

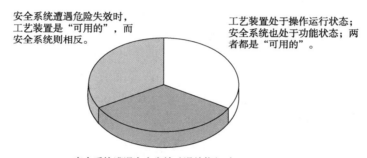

图8-2 术语"可用性"在理解上的混淆

我们来看一下饼图8-2。右上角这三分之一代表安全系统处于正常的功能状态，工艺装置也处于正常的生产运行状态。在这种情况下，SIS和工艺装置都是可用的。采用术语"可用性"描述这种工况是讲得通的。

在饼图的下部，SIS发生安全(误关停)失效，导致工艺装置生产停车。在这种情况下，它们都是不可用的。(当然，在工厂再次开车之前，先要将SIS启动起来，严格来说它们的可用不是同步恢复的，我们在此不能太吹毛求疵。)采用术语"可用性"(或者"不可用性")描述这种工况也是能讲得通的。

给很多人造成误解或混淆的是饼图的左上角，此时SIS处于非正常的功能状态(例如：PLC闭合回路粘连，使得正常带电的输出不能断开等等)，因此它是不可用的。不过工艺装置仍然处于正常的操作运行状态，这一类的失效并未造成工艺装置的生产停车。尽管此时工艺装置是可用的，仍然正常生产，可别忘了一旦有"要求"出现，SIS 已经不能实施其安全功能了。在这种情况下，这两个系统（SIS 和工艺装置）的"可用性"很明显地有所*不同*了。

不能将两个不同的性能化指标整合为一个术语(诸如整体的可用性)来表述，因为每种不同类型失效的影响是完全不同的。譬如安全模式可用性为 99.999%，危险模式可用性为 94.6%，对它们求平均值很难说有什么意义，因为算出的最终结果能告诉你什么呢？真的没有用。

一般意义上来说，可用性这一通称表示正常运行时间除以总时间。99.99% 的可用性实际意味着什么呢？系统可能每月误关停一次，每次仅为 4.3 分钟。也可能是每年误关停一次，每次 53 分钟。当然也可能是每 10 年误关停一次，每次 8.8 小时。以上这些情形的可用性都是 99.99%。大多数用户对此可能并不真正了解。

表征误关停性能水平的较好术语是平均无误关停失效时间(MTTF[误关停]，Mean Time To Failure，Spurious)。这一术语在 ISA SP84 的一个技术报告中首次提出。换句话说，人们可能会关注平均每 5 年、50 年，亦或 500 年将引发一次系统误关停？用户很清楚，一旦误关停发生，需要多长时间他们的工艺装置才能再开起来。因此他们更想知道误关停发生的*频度*有多高。

表征系统危险失效性能水平的较好术语是风险降低因数(RRF，Risk Reduction Factor)。它是要求时失效概率(PFD)的倒数。0.1 到 0.001 的 PFD 值之间的差异不会给人直观的印象，而反过来，10 到 1000 的 RRF 值则很明显地告诉人们风险降低的幅度大小。

8.5.1　失效率、MTBF 以及生命期

失效率(Failure Rate)为单位时间内失效的个数。通常用希腊字母 λ 表示失效率。浴盆曲线(bath tub curve)(参见图 8-3)展示了在设备的整个生命期(Life)内，失效率并不是一成不变的。一般来说，采用该曲线描述电子设备比较合适，而软件和机械设备的失效特征曲线会稍有不同。该曲线的最左侧表征"早期故障期(infant mortality)"失效的影响。它表明有瑕疵的部件在投入运行的早期阶段就会失去其功能，很快地暴露出来。曲线的最右端代表"磨损(wearout)"失效，表明部件老旧后的失效率会明显增加。在曲线中段的扁平部分，代表设备的正常使用阶段，大多数设备通常被认为在这一阶段有固定的失效率。这一简单的假设是否合理，在可靠性学术界仍然是争论的热点话题。这一假设至少使数学处理趋于简化。有人会说，像阀门这样的设备并不符合该曲线。阀门处于开位置时间越长，越容易卡在该位置。这也许是对的，不过在业界开发出更精确的模型和积累出更准确的数据之前，这种简化处理能够被大家所接受。另外，现在大多数评估一般只需要达到一个数量级的精度即可，因此做这样的简化处理通常也没太大的问题。

工业数据库中列出的失效率通常以每百万小时的失效量为单位。某些可靠性工程师对采用诸如 1.5 个失效/百万小时这样的表述感觉很合适，但是另外一些人则不喜欢，他们更愿意表达为失效率的倒数，即以年为单位的平均失效间隔时间（MTBF-Mean Time Between Failure）。我们知道这两个术语仅仅是倒数关系，一年有 8760 个小时，那么 $1.5×10^{-6}$ 的失效率换算为 MTBF 则为 76 年。

对平均无失效时间（MTTF，Mean Time To Failure）与 MTBF 之间的不同，也有争论。传统上，MTTF 通常用于描述可更换部件（例如：电阻），而 MTBF 则用于可修复系统（例如：飞机）。MTBF 也可以理解为是 MTTF 与平均修复时间（MTTR，Mean Time To Repair）的和。考虑到 MTBF 值通常以年为单位测量，而 MTTR 则一般以小时为单位表征，因此对 MTTF 与 MTBF 之间的争论没有多少实际意义。为了保持叙述的一致性，在本章中笼统地采用 MTBF。

许多人认为 MTBF 与"生命期（Life）"是相同的。例如：如果一个设备的 MTBF 是 30 年，人们会认为可以平均使用 30 年，随后就坏掉了。其实这是不正确的。对于一台设备来说，有 3000 年的 MTBF 值很平常。即使如此，不会指望该设备能正常使用 3000 年。这个数字可以理解为：如果有 3000 台设备，在一年的时间内就可能会有一台出现失效，这只是统计学上的平均。人们无法预知*哪一台设备*在*哪一个时间点*上将会出现问题。用火柴可以来说明 MTBF 与生命期（寿命）不是一回事儿。当我们用干燥的火柴划火时，一般都会划着火，因此失效率（单位时间的失效量）很低。如果失效率低，它的倒数-MTBF 就会大，对火柴来说大概是几分钟。但是火柴的寿命从点燃到燃尽，也就几秒的时间。

8.6 建模的精确程度

所有的可靠性分析都是基于失效率数据，而这些数据在不同的应用场合有很大的不同。约定相同的部件都在相同的环境和操作状态下操作，这样的假设前提不现实。由某种模型方法展示的精度，在给定的细化程度下，也并不完全取决于失效率数据的精度。不过，采用简化的评估和相对简单的模型，足以满足现实的需要。一味地追求更精确地预测，一是得出的结论可能会令人费解，二是浪费时间、金钱和人力。在任何工程专业领域，都需要有判断所需精度的能力，这一点是不可或缺的。由于可靠性参数有宽泛的容许误差，需要达到一位还是两位数字的精度，必须做出合理地评判。从合理性评判和后续行动中可获取相应的利益，而不是从精确计算获得。为了减小复杂性并使模型更易于理解，简化和近似都是必要的手段。例如：如果从简单的模型推断出系统的风险降低因数是 55，却要花费十几倍的时间和努力，或者聘用外部的咨询专家，开发更准确的模型，最终得出风险降低因数是 60。很显然这样的做法并不可取。因为这两种处理方法得出的答案都在 SIL1 范围之内(即风险降低因数为 10~100)。

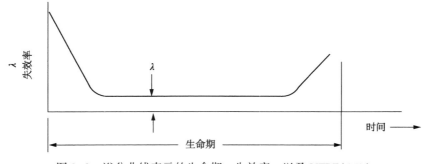

图 8-3　浴盆曲线表示的生命期、失效率，以及 MTBF(1/λ)

8.7　建模方法

"管理大量数据，要从某种形式的简化开始。"

——*梅吉尔(Megill)*

"我们对某一现象了解越少，越需要更多的变量参数解释它。"

——*L. 伯兰斯卡姆(Branscomb)*

有许多方法可用于估计系统的性能化水平。其中最常用的是可靠性方块图、故障树，以及马尔可夫模型。

8.7.1　可靠性方块图

可靠性方块图(RBD-Reliability Block Diagrams)是一种*图形化分析方法*，对于弄清楚系统的配置和操作方式很有帮助。图 8-4 是一个例子，从图中可以看出，如果 A、B，或者 G 失效，整个系统就会失效。方块 C 和 D，以及 E 和 F，是冗余配置。只有当 C 和 D 同时失效，或者 E 和 F 同时失效，整个系统才会失效。与方块图有关的计算公式通常只涉及各方块失效概率的相加或相乘。在求解整个系统的可靠性水平时，基于概率数值都很小这样的假设，串联的方块其概率相加(A、B，和 G)，而并联的方块其概率相乘(C 和 D，以及 E 和 F)。一般来说，方块图和相关的数学计算公式，不处理涉及时间的因变量，诸如维修时间、测试时间间隔、诊断，以及更复杂的冗余系统。不过，可能会用到更复杂的公式计算每个方块的失效概率。

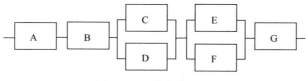

图 8-4　可靠性方块图

8.7.2　故障树

故障树（Fault Trees）是基于与门（AND）和或门（OR）的组合。图 8-5 是一个用到或门的例子。与可靠性方块图类似，经由这些门的基本事件（basic events）的概率相加或相乘。经由或门的基本事件的概率相加，而经由与门的基本事件的概率相乘。在图中，圆圈代表基本事件，而矩形用于填写描述。故障树对于整个安全系统，包括现场仪表设备建模是非常好的方法。图 8-5 这个例子表达了这样的逻辑关系：如果火灾检测器、消防控制盘，或者消防泵这三个单元在需要操作时任一单元失效，就意味着整个系统失效。不过，类似于可靠性方块图，在对整个逻辑系统建模时，故障树也不能处理依赖于时间的因素。同时，也只有针对基本事件的概率进行计算时，才会用到更复杂的数学公式。此外，故障树，与其他所有的模型一样，只能解决已知的事件。换句话说，如果你根本就不知道或不了解某特定事件的存在，当然就不可能将它包括在故障树中。

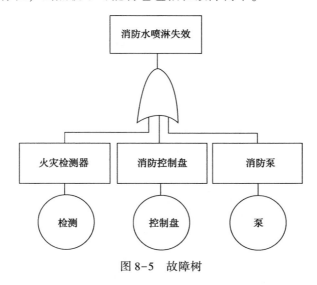

图 8-5　故障树

8.7.3 马尔可夫模型

许多可靠性从业者已经采用马尔可夫模型(Markov Models)。马尔可夫建模涉及到转换图和数学矩阵。图8-6是一个相对简单的模型例子。马尔可夫建模十分灵活。可惜只有少数具有专家知识的人才有能力运用这种技术。

对马尔可夫模型的代数简化已经发展了几十年(参考文献[5],以及参考文献[11]和参考文献[12],对该模型都有相应的描述)。这些"简化方程式"通常与可靠性方块图相关联,就像很容易地被结合到故障树一样。

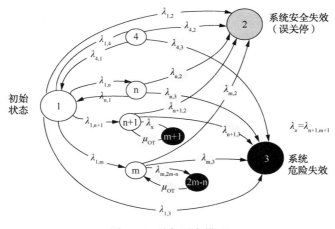

图8-6 马尔可夫模型

8.8 冗余的影响

双重化并不一定好于单系统,三重化也并不一定优于双重化,这听起来有些奇怪,但却是真的。参照图8-7展开下面的讨论。

让我们从简单的(非冗余)系统开始,即所谓的1oo1(一选一)。以安全失效为例:继电器触点自主打开使系统输出失电,引发误关停。假设在这种模式下的失效概率是0.04,这就意味着在给定的时间周期(例如1年),系统将遭遇误关停的概率是4%。当然,在这一点上也可理解为:在一年内,100套系统中可能有4套系统出现误关停,或者25套系统中可能有1套系统出现误关停,或者MTTF(安全)为25年。

危险失效的例子是:继电器触点粘连,需要动作时打不开。假设在这种模式下的失效概率是0.02,这就意味着在给定的时间周期(例如1年),系统在有"要

116

求"（即工艺危险状态出现，系统必须做出响应）时，不能正常操作的概率是2%。
在这一点同样也可理解为：一年内100套系统中可能有2套系统对"要求"不能做
出正确响应，或者50套系统中可能有1套系统不能正常响应，或者MTTF（危险）
为50年。这只是举例，你也可以将安全和危险失效的概率设定为相同，也可以
将上面的失效概率数字互相交换，甚至改变它们的数量级，这都没有关系。再次
强调，我们只是想解释冗余的影响。

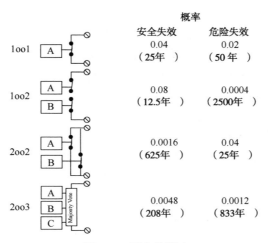

图8-7　冗余的影响

1oo2（二选一）系统的两路输出串联在一起（假设触点闭合并得电）。二选一
意味着系统只需一个通道动作就可以完成停车。如果任一通道就可以将系统关
停，有两倍的硬件，也就有两倍的误停车率，0.04翻倍为0.08。当然，在这一
点上也可理解为：在一年内，100套系统中可能有8套系统出现误关停，或者
12.5套系统中可能有1套系统出现误关停，或者MTTF（安全）为12.5年。

在危险模式中，只有在两个通道同时出现了危险失效时，整个系统才会丧失
安全功能。如果一个输出触点粘连，另外一个仍然能够失电并关停系统。两个通
道同时出现危险失效的概率是多少？实际上很简单。一枚硬币落地时正面朝下的
概率是多少？50%。两枚硬币落地时都正面朝下的概率是多少？25%。也就是两
个单一事件概率的平方（0.5×0.5＝0.25）。因此两个通道同时出现危险失效的概
率是很小的（0.02×0.02＝0.0004）。同样也可理解为：在一年内，10000套系统
中可能有4套系统对"要求"不能做出正确响应，或者2500套系统中可能有1套
系统不能正常响应，或者MTTF（危险）为2500年。

换句话说，1oo2系统是很安全的（系统危险失效的概率很小），但是与简单
系统相比，要承受两倍的误关停率，从保持生产过程的可用性角度来看，并不期

望如此。

2oo2(二选二)系统的输出并接在一起。为了完成停车动作,两个通道必须都同时失电才能达到。如果单个通道存在危险失效,系统就会丧失其安全功能。与简单系统相比,它有两倍的硬件,也就意味着有两倍的危险失效可能,因此0.02翻倍为0.04。也可理解为:一年内100套系统中可能有4套系统对"要求"不能做出正确响应,或者25套系统中可能有1套系统不能正常响应,或者MTTF(危险)为25年。

在两个通道同时遇到安全失效时,系统才会出现误关停。如前面所述,两个通道同时失效的概率是单一事件概率的平方。因此这种系统的误关停失效是不太可能频繁发生的(0.04×0.04=0.0016)。在这一点上也可理解为:一年内10000套系统中可能有16套系统出现误关停,或者625套系统中可能有1套系统出现误关停,或者MTTF(安全)为625年。

因此,2oo2系统能够很好地防止误停车(即安全失效的概率很小),但比简单系统的安全性要低,从安全的角度这不能令人满意。不过,这也并不意味着2oo2系统"不好"或者不应采用这样的结构。如果它的PFD(从安全的角度,我们很关注它的数值)能够满足全部安全要求,那么采用此类系统也可接受。

三重模块冗余系统(TMR-Triple Modular Redundant)的开发可追溯到20世纪70年代,并在20世纪80年代早中期作为商用产品投放到市场。在那个时期开发三重化系统的原因很简单:早期基于计算机的系统只有有限的诊断能力。例如:如果只有两个信号通道并且出现不同值时,很多时候你很难确定其中哪一个是正确的,加入第三个通道就可解决这一问题。假定其中一个通道出现错误,就可以通过三个通道表决辨识出来。

2oo3(三选二)系统是多数表决系统。两个或三个通道的输出,就是整个系统的最终输出。首先让人们感到惊讶的是2oo3系统比2oo2系统有更高的误停车率,比1oo2系统有更高的安全功能失效概率。一些人会说不可能。其实你只要静下心来想一下,得出这一结论也是明显的。在1oo2系统中有多少个危险失效存在才会导致整个系统安全功能丧失?两个。在2oo3系统中有多少个危险失效存在才会导致整个系统安全功能丧失?也是两个。不过别忘了,三重化有更多的硬件,有三个两两失效组合(A+B、A+C、B+C)。在2oo2系统中有多少个安全失效才会导致整个系统误关停?两个。在2oo3系统中有多少个安全失效存在才会导致整个系统误关停?也是两个。同样地,三重化有更多的硬件,对此类失效也有三个两两失效组合。说到底,三重化系统实际上达到了很好地平衡。总体上,它在应对这两种失效上都是不错的,尽管这两种不同类型的双重化系统在单一方面上比2oo3系统要好。

如果你仔细地看一下图 8-7 中的数字，就会发现 1oo2 系统比 2oo3 系统更安全，而 2oo2 系统比 2oo3 系统有更好的误关停性能化表现。理论上，如果能设计出一种双重化系统，它集中了现有 1oo2 和 2oo2 系统各自的优点，这种系统就超过了三重化系统。

从 20 世纪 80 年代早期开始，硬件和软件技术都有了很大的改进。基于计算机的双重冗余系统中的失效，已经具有很好的诊断能力将其诊断出来。在两个通道出现不同量值时，足以辨识出哪个才是正确的。这也意味着三重化不再是必需。业界将这种新型的双重化设计称为 1oo2D。对双重化 1oo2D 的供货商来说，1oo2D 系统得到了独立第三方机构（例如：TÜV 和 FM）认证，认同他们的系统与 TMR 系统具有相同的安全性能化水平。可惜安全认证并没有涉及到对系统的误关停性能化水平进行评判。因此，TMR 系统供货商经常在这一问题上抨击双重化系统。

8.9 基本公式

对马尔可夫模型的代数简化已经有几十年历史了。下面公式依托的理论在参考文献 5 中有很好的论述。在参考文献 11 和 12 中也给出了类似的公式。它们通常被称为"简化公式"并与可靠性方块图相关联。不要认为这些公式只能很容易地与故障树结合。

第一组公式用于计算平均无误关停失效时间（MTTF^{误关停}，Mean Time To Failure, Spurious）：

MTTF^{误关停}公式：

1oo1：$1/\lambda_s$

1oo2：$1/(2*\lambda_s)$

2oo2：$1/(2*(\lambda_s)^2*MTTR)$

2oo3：$1/(6*(\lambda_s)^2*MTTR)$

这里：

MTTR＝平均修复时间

λ＝失效率（1/MTBF）

s＝安全（失效）

1oo1 代表一选一，2oo3 代表三选二等等。

在修复率远远大于失效率（1/MTTR>>λ）时，或者反过来说当 MTBF 远远大于 MTTR 时，上述公式是成立的。这些公式基于这样的假设，即在所有系统中，甚至在 2oo2 和 2oo3 系统的单一通道中，安全失效都能显露出来(例如：通过信号差异报警)。换句话说，不存在未被检测出的安全失效。

要求时平均失效概率(PFD$_{avg}$)主要是依据未被检测出的危险失效率以及人工测试时间间隔等参数计算。*检测出*的危险失效也可加入到 PFD 计算中(采用稍微不同的公式)，但是它们对最终计算结果的影响微乎其微，通常超过一个数量级。因此，检测出的危险失效在 PFD 计算中的影响可以被忽略。

依据未被检测出的危险失效计算 PFD$_{avg}$的公式：

1oo1：$\lambda_{du} * (TI/2)$

1oo2：$((\lambda_{du})^2 * (TI)^2)/3$

2oo2：$\lambda_{du} * TI$

2oo3：$(\lambda_{du})^2 * (TI)^2$

这里：

TI = 人工检验测试时间间隔

λ_{du} = 未被检测出的危险失效率

在 MTBF($1/\lambda_{du}$) 远远大于 TI 时，上面的公式成立。

8.9.1 人工测试持续时间的影响

如果需要对安全系统进行在线(即：工艺过程仍处于操作运行状态)测试，为了避免造成相关工艺单元停车，有必要将安全系统的一部分设置为旁路。在这种情形下，人工测试持续时间的长短对安全系统的整体性能化表现有重大的影响。在测试期间，简单(非冗余)系统必须设置为离线状态，它的可用性在这段时间为零。对于冗余系统，不必为了测试将系统完全置于旁路。可以将系统按照不同的分支或单元分成几部分测试，每次只旁路一部分。从影响上看，在测试时双重化系统被降级到简单系统，三重化系统被降级到双通道系统。下面的公式(用于 PFDavg 计算)是参考文献 4 给出的，它只针对在线测试持续时间的影响，将下面的公式相加到上面的 PFD 计算公式中即可。

1oo1：TD/TI

1oo2：$2 * TD * \lambda_d * (((TI/2) + MTTR)/TI)$

2oo2：$2 * (TD/TI)$

2oo3：$6 * TD * \lambda_d * (((TI/2) + MTTR)/TI)$

这里：

TD = 人工测试持续时间；

TI = 测试时间间隔。

8.10 继电器系统分析

首先，需要假设继电器的失效率(或者 MTBF)。从工业数据库可以看到，不同类型继电器的数据差异非常大。这里，将工业继电器的 MTBF 假定为 100 年。

接下来，考虑有多少继电器包括在计算中。让我们假设系统中每个输入和输出都配置一个继电器，也假设需要分析的是一个相对小型的联锁单元，只有 8 个输入(例如：用于压力、温度、液位，以及流量的高限和低限检测开关)和两个输出(例如：两个阀门)。如果这十个继电器中的任一个出现失效导致开路，整个系统就误关停。因此，我们可以简单地将十个继电器的安全失效相加即可。请记住，$MTBF = 1/\lambda$。假设继电器有 98% 的失效是故障安全：

$$MTTF^{误关停} = 1/\lambda_s$$
$$= 1/((1/100\text{ 年})*0.98\times10)$$
(0.98 代表安全失效模式所占分量，10 代表继电器的数量)
$$= 10.2\text{ 年}(仅采用两位有效数字：10\text{ 年})$$

为了计算 PFD_{avg}，我们需要进一步分解 I/O。当对系统有停车"要求"时，只是一个输入。例如：只出现高压停车状态，而不是全部八个输入都产生这样的信号。另外，SIL 只针对每个单一功能，因此我们只需对单一功能进行 PFD 建模。基于这样的理解，我们在特定模型中只包括一个输入和两个输出，这样共有三个继电器。请注意，由于继电器没有自动诊断能力，所有的危险失效都是未被检测出的。

$$PFD_{avg} = \lambda_{du} * (TI/2)$$
$$(1/100\text{ 年})*0.02*3*((1\text{ 年}/2))$$
(0.02 代表危险失效模式所占分量，3 代表继电器的数量)
$$= 3\times10^{-4}$$
$$RRF = 1/3\times10^{-4} = 3300(风险降低因数 = 1/PFD_{avg})$$
$$SA = 1-(3\times10^{-4}) = 0.9997 = 99.97\%(安全可用性 = 1-PFD_{avg})$$

8.11 非冗余 PLC 系统分析

如果将继电器系统更换为通用 PLC 需要考虑哪些问题？为了易于比较，假定 PLC 的 I/O 数量与上面的继电器例子相同，考虑 PLC 有一个输入卡件和一个输出卡件。在此不再将卡件进一步分解为单个通道进行计算分析，因为在同一电路板上的这些通道会有公共部件，故障可能会造成整个卡件失效。

假设：

CPU MTBF = 10 年

I/O 卡件 MTBF = 50 年

CPU 安全失效模式所占分量 = 60%

I/O 卡件安全失效模式所占分量 = 75%

同时假设采用的是双重化电源。这两个电源单元同时失效的概率比单一电源要低几个数量级，因此在这个模型中可以忽略。

$MTTF^{误关停} = 1/\lambda_s$

$= 1/(((1/10 \text{ 年})*0.6)+((1/50 \text{ 年})*0.75*2))$

(0.6 和 0.75 代表安全失效模式所占分量，2 代表 I/O 卡件的数量)

$= 11$ 年

接下来假设 CPU 有 90% 的诊断覆盖率，并且 I/O 卡有 50% 的诊断覆盖率。再假设 PLC 实际上每年都进行人工测试。

$PFD_{avg} = \lambda_{du}*(TI/2)$

$[((1/10 \text{ 年})*0.4*0.1)+((1/50 \text{ 年})*2*0.25*0.5)]*(1 \text{ 年}/2)$

(CPU 失效率、危险失效模式所占分量、未被检测出的部分)+

(I/O 卡件失效率、数量、危险失效模式所占分量、未被检测出的部分)

$PFD_{avg} = 4.5 \times 10^{-3}$

$RRF = 1/(4.5 \times 10^{-3}) = 220$

$SA = 1-(4.5 \times 10^{-3}) = 0.9955 = 99.55\%$

可以看出，PLC 的误关停性能表现大约与继电器相同，安全性却低于继电器系统一个数量级！这可能会让很多人感到惊讶。请注意，我们假设 PLC 每年都进行全面的人工测试，其实对许多系统来说这是过于乐观的估计。对许多通用 PLC 系统，I/O 卡件 50% 的诊断覆盖率也是乐观的假设。这并不是说 PLC 的哪方面都不尽如人意。其实通用 PLC 是为"控制"要求设计的，在这方面它的功能表现非常不错。也就是说，它们从本质上并不是开发用于安全意图。另外，在对系统进行建模分析时，用户可以从供货商那里获取适当的数据。相关标准也规定供货商有责任提供这些信息。

8.12　TMR 系统分析

上述 PLC 的 MTBF 和失效模式所占分量，用于三重化模块冗余-2oo3(TMR)

系统也是合理的。TMR 系统的硬件从本质上与 PLC 相同，只不过更多，也具有更大的诊断能力。如同 PLC，TMR 系统也配置冗余电源，在建模时也可以先把它忽略掉。

在分析时，我们把输入卡件、CPU，以及输出卡件合在一起视作三重化系统的一个支路。这意味着如果 1#输入卡件和 2#CPU 同时失效，整个系统就失效了。一些实际的 TMR 系统事实上就是按照这种方式操作。

$\text{MTTF}^{误关停} = 1/(6*(\lambda_s)^2*\text{MTTR})$

$1/(6*(((1/10\ 年)*0.6)+((1/50\ 年)*0.75*2))^2*(4\ 小时/8760\ 小时每年))$

（0.6 和 0.75 代表安全失效模式所占分量，2 代表 I/O 卡件的数量）

= 45000 年

首先假设 CPU 和 I/O 卡件的诊断覆盖率都为 99%。接下来假设 TMR 系统每年都进行人工测试，对某些系统来说，某些失效也可能在现实中从来就没有发生过。

$\text{PFD}_{avg} = (\lambda_{du})^2*(TI)^2$

$[((((1/10\ 年)*0.4*0.01)+((1/50\ 年)*2*0.25*0.01))^2*(1\ 年/2)^2]$

（CPU 失效率、危险失效模式所占分量、未被检测出部分）+（I/O 卡件失效率、数量、失效模式所占分量、未被检测出部分）

$\text{PFD}_{avg} = 6.25 \times 10^{-8}$

$\text{RRF} = 1/(6.25 \times 10^{-8}) = 16000000$

$\text{SA} = 1 - (6.25 \times 10^{-8}) = 0.9999999375 = 99.99999375\%$

计算表明，TMR 系统的平均误关停时间间隔为 45000 年，同时风险降低因数超过了一千万！这样的结果能达到 SIL7 吗?！请注意 TMR 系统甚至 SIL4 的认证都没有获得。IEC 61508 给出了警告性的提示，对制造商声称的性能化水平设置了上限。风险降低数量超过 100000 在现实中是不存在的，特别是对于复杂的可编程系统更是如此。是否计算错了呢？也不是。只不过有些因素没有在计算中考虑进去。

8.12.1 公共原因

现实中存在许许多多冗余系统。可惜工程实践表明，它们的实际性能化水平并不像计算推导出的那么好。问题不在于计算本身，而是出现在计算时的假设条件，以及计算所考虑的因素（有些没有考虑）。

"错误的输入，必然导致错误的输出"。就建模技术而言，那些没有包括在模型里的因素，必然不会在计算结果中体现它的影响。

在上面的 TMR 系统例子中，假设条件过分单纯，没有考虑公共原因

(Common Cause)的影响。公共原因可以被定义为单一的故障源影响多个部件。如同图8-8所示，A、B、C代表三重化的系统。如果D单元失效，整个系统就会失效。D单元代表设计错误、编程错误、维护错误、EMI/RFI，或者环境因素等等。用于表征公共原因的方法之一是贝它因数(Beta factor)。在系统的一个支路中存在一些特定失效，它们一旦发生将影响整个系统，贝它因数代表这些失效所占百分比。贝它因数的量值来自于经验分析。用于估计贝它值范围的技术，在参考文献5和12中都有详细描述。当采用冗余的同型部件(绝大多数冗余系统采用这样的配置)时，参考文献5列出的贝它值，通常在1%~20%范围内。

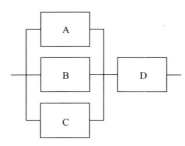

图8-8　公共原因

公共原因可以很容易地包括到模型中。首先确定冗余系统的一个支路中，每种失效模式的所有部件失效率，然后根据工程经验估计公共原因所占百分比并采用1oo1系统的公式计算。假设在前面分析的TMR系统计算中，仅仅考虑加了1%贝它因数，会对此前的计算结果有怎样的影响呢？下面我们重新计算一下MTTF^{误关停}:

MTTF^{误关停} = $1/\lambda_s$

1/((((1/10 年)*0.6)+((1/50 年)*0.75*2))*0.01)

(0.6和0.75代表安全失效模式所占分量，2代表I/O卡件的数量，0.01代表1%贝它因数)

= 1100 年

由此可见我们起初估计的45000年是过于乐观了。仅仅加了1%的共因贝它因数，就使整个系统的性能表现降低了*超过一个数量级*。如果采用更现实的10%贝它因数，将会降低到110年。很明显，公共原因主宰了整个系统的性能化水平。我们呼吁读者在进行PFD$_{avg}$计算时，同样也要重视公共原因的影响。

考虑公共原因的另一种方式，是归咎于系统性或功能性失效。不同地是，此类失效此时不是某个百分比，而是在计算公式的1oo1分量中直接加上失效率数值。有很多实用技术用于估计贝它值。与之相比，如何合理地评判出系统性失效率实际上更加困难。

8.13 现场仪表

上面关于建模的例子都是关于逻辑控制单元的。相关标准中对性能化水平的要求，其实也包括了现场仪表（即：传感器和最终元件）。那么，现场仪表又会有怎样的影响呢？

让我们先考虑一下此前讨论过的逻辑系统，它有八个输入（传感器）和两个输出（阀门）。假设用于一个压力容器以及连接的入口和出口管线构成的工艺单元。这八个传感器分别测量容器内的压力、温度、液位，以及容器入口流量这四个工艺参数的高限和低限值，并在达到设定值时检测开关触点动作。两个阀门一台安装在容器的入口管线上，另一台安装在出口管线上。当任何一个传感器达到设定值时，控制逻辑的输出信号将关闭这两台阀门。这代表了八个安全仪表功能（高压、低压、高温、低温等等）。阀门是这些功能共同的执行单元。每个功能用于防止不同的危险（例如：高压会导致容器爆炸，低压会导致容器出现真空抽瘪，而高温会导致该批次产品报废等等）。每个危险事件都有与之相关的发生频率、后果，以及阻止其发生的独立保护层（如果有的话）。因此，每个安全仪表功能有它特有的 SIL 目标值（即使可能都是 SIL1）。

假设传感器安全和危险失效模式的 MTBF 都是 50 年，阀门安全和危险失效模式的 MTBF 都是 40 年。对于传感器来说，意味着如果有 50 台，在一年的时间内，将可能引发一次误关停，并且每年都进行一次测试时，可能会发现有一台安全功能失效。这是现实的数字，并且在各种工业数据库中都能查阅到。假设每台传感器都可能引发误关停（如上所述），所有的八台传感器就应该都包括在误关停模型中。任何一台阀门关闭都将停止生产，这两台阀门也应该包括在误关停模型中。总之，在这个特定的例子里，总共有 10 台现场仪表。

绝大多数现场安装仪表都是非冗余配置，即使采用 TMR 逻辑系统时也是如此。为了计算整个系统的 MTTF^{误关停}，需要把系统中所有部件（即：传感器、逻辑单元，以及最终元件）的安全失效率相加在一起。本例的故障树模型，看起来类似于图 8-5。

MTTF^{误关停} = $1/\lambda_s$

$1/(((1/50\ 年)*8)+(1/1100\ 年)+((1/40\ 年)*2))$

（8 个传感器、TMR 逻辑单元并考虑了贝它因数、2 个阀门）

= 4.7 年

可见，对于所关注的误停车率，TMR 逻辑单元不是关键的影响因素，而现场仪表是需要关注的焦点。另一方面，安全性能化水平又是怎样的呢？

许多现场仪表没有任何自我诊断能力。例如：压力开关和标准电磁阀，触点或执行机构出现"粘连"不能动作时，没有任何形式的报警指示。再一次重申，本案例的故障树模型与图8-5相类似。如前所述，该压力容器实际上包含八个安全仪表功能，需要为每个功能分别确定SIL等级。在此我们只针对本例中的一个功能建模，包括一台传感器、TMR逻辑单元，以及两台阀门。假定每年都进行功能测试。整个安全仪表功能的PFD值为三个单元的PFD简单相加。

传感器 $PFD_{avg} = (1/50 \text{ 年}) * (1 \text{ 年}/2) = 0.01$

逻辑单元 $PFD_{avg} = 6.25 \times 10^{-8}$（早先计算出的结果，没有考虑公共原因影响）

阀门 $PFDavg = (1/40 \text{ 年}) * 2 * (1 \text{ 年}/2) = 0.025$

$PFD_{avg} = 3.5 \times 10^{-2}$

$RRF = 1/3.5 \times 10^{-2} = 29$

$SA = 1 - (3.5 \times 10^{-2}) = 0.965 = 96.5\%$

是否注意到，TMR逻辑单元本身能满足SIL3要求，但是当与非冗余的现场仪表组合在一起时，只能达到SIL1(风险降低因数在10到100之间)，即使现场仪表的数量很少！我们再一次看到，TMR逻辑单元不是整个安全仪表功能安全性能的制约因素，现场仪表才是。

有些人可能会据此得出结论，没有必要考虑TMR逻辑系统，只需关注现场仪表。这样顾此失彼也不对。不要把孩子与洗澡水一起泼掉。这只是意味着一个链路的强度取决于最薄弱的环节。为了满足更高的安全完整性要求，可采用下面的任何一项措施：a)现场仪表具有自我诊断能力，b)现场仪表冗余配置，c)仪表具有更低的失效率，d)更频繁地检验测试等等。所有这些因素都可以采用上面的公式建模。可参见第8.13.1节的例子。

人们也可能得出这样的结论：对于SIL1或SIL2应用，没必要采用双重化或三重化的逻辑处理器。这样的认识也是错误的。可靠性预测是有用的工具，但它们不是唯一的决定因素。并不是所有一切都可以被量化。比如你在经销商那里买一辆新车，你会不看现货、甚至也不看车的图片，或者也不用试驾，仅凭一页纸的技术说明和图表购买？有很多无形的因素是无法用数字的方式表达的。同样我们也要从多方面观察某些安全系统是否真正地适用于特定安全应用，即使只要求SIL1，这样才能获取最大利益。

8.13.1 阀门的部分行程测试

正如前面的章节中讨论的，现场仪表，特别是阀门，通常是系统中最薄弱的环节。改进安全性能可以采用冗余配置以及更频繁地进行人工测试。对于阀门来说，因为成本投入和工艺操作上的不便，往往不接受这两种做法。冗余配置阀门，特别是大口径阀门，会显著地增加成本。很多现场，特别是在役装置改造，如果计划采用冗余配置，大型阀门和配管对安装空间的要求也可能无法满足。对阀门频繁地(例如：每季度)进行全行程测试，对于连续化生产的工艺过程通常是不允许的，因为这样的生产装置往往运行几年才会停车检修。20 世纪 90 年代后期出现的一个解决方案受到了业界的普遍欢迎，即阀门的部分行程测试(partial stroke test)。对于这样的测试技术，许多供货商现在可以提供成套的解决方案。

如果采用阀门的部分行程测试技术，就要针对它的影响对前面的公式作出相应的修改。让我们首先观察单一的阀门，假设它的危险失效模式 MTTF 为 40 年，每年都进行全行程测试。

$$PFD_{avg} = \lambda_{du} * (TI/2)$$
$$PFD_{avg} = (1/40\ 年) * (1\ 年/2) = 1.25 \times 10^{-2}$$
$$RRF = 1/PFD = 80$$

上面的公式假设阀门没有自诊断(即所有的危险失效都不能被自动检测出来)，并且人工检验测试的有效性达到 100%(经过测试，可以辨识出所有失效)。在这样的假设条件下，采用全行程测试的安全性能化水平落在 SIL1 范围内(当然这里只是讨论阀门，而不是整个系统)。增大测试时间间隔(即降低测试频率)，就会使这一数字进一步变差。

常开阀门，失效模式之一是"粘"在打开位置。部分行程测试是在没有影响正常生产操作(即没有完全关闭阀门并停止生产)的前提下，将这种失效检测出来。这种方式与全行程测试相比，虽然并不完美，也是改进阀门诊断并提高安全性能化水平的有效措施。在考虑了部分行程测试后，PFD 公式可以修改为：

$$PFD_{avg} = (C * \lambda_d * TI_1/2) + ((1-C) * \lambda_d * TI_2/2)$$

C = 诊断覆盖率

TI_1 = 部分行程测试时间间隔

TI_2 = 全行程测试时间间隔

C，诊断覆盖率，代表部分行程测试发现的失效占总失效的百分比。围绕这一参数，也有很多争议。诊断覆盖率声称可以达到 60%~90%。如果按照帕累托原理(Pareto Principle，也称为 80/20 法则)将此数字选定为 80%，采用每月进行部分行程测试，每年进行全行程测试：

$$PFD_{avg} = (0.8 * (1/40\ 年) * 0.083\ 年/2) + (0.2 * (1/40\ 年) * 1\ 年/2)$$
$$PFD_{avg} = 8.3 \times 10^{-4} + 2.5 \times 10^{-3} = 3.3 \times 10^{-3}$$
$$RRF = 1/PFD = 300$$

数字落在了 SIL2 范围(RRF = 100~1000)。不过，将全行程测试的时间间隔

延长到 5 年，我们会看到，此时的 RRF 降为 75，又回到了 SIL1 范围(RRF = 10 ~
100)。

8.14　故障容错要求

依据墨菲定律(Murphy's Law)也可以推出："如果可以被滥用，它一定会被
滥用"。可靠性模型就像被捕的间谍——只要折磨时间足够长，他们会告诉你一
切。有人已经声称他们的非冗余系统也具有很高的安全完整性等级。从道理上
说，如果失效率足够低，并且测试时间间隔足够短，非冗余系统取得 SIL3 的高
完整性也是可以达到的。不过，数字并不完全代表真实。

IEC 61508 和 IEC 61511 标委会委员认为，标准中有必要包括故障容错关系
表，以便限制人们滥用数学和模型方法。下面的表格来自于 IEC 61511 标准(面
向过程工业最终用户)。围绕该表格的争论以及要求重新修改的呼声一直没有停
歇。为了了解该表格，首先要定义两个术语。

硬件故障裕度(容错)(Hardware Fault Tolerance)用来描述必需的冗余水平。
例如：硬件故障裕度为 1，意味着至少有两个设备，配置成这样的架构，即这两
个设备或子系统中的任何一个出现危险失效，都不能阻止或妨碍安全动作的执
行。因此它是 1oo2 配置，而 非2oo2。故障裕度为 2，则需要 1oo3 配置。

安全失效分数(SFF, Safe Failure Fraction)是用来描述设备中存在的未被检测
出危险失效量值大小的一种方式。参照前面的图 8-1，有助于了解这一概念。安
全失效分数定义为全部安全失效率加上检测出的危险失效率，除以总的失效率。
用数学公式表达为：

$$SFF = (\lambda_{SD} + \lambda_{SU} + \lambda_{DD}) / \lambda_{总}$$

这意味着为了满足给定的 SIL 要求，诊断水平越高，对冗余度的要求越小。

表 8-2　可编程逻辑控制器的最小硬件故障裕度要求

SIL	最小硬件故障裕度		
	SFF<60%	SFF = 60% ~ 90%	SFF>90%
1	1	0	0
2	2	1	0
3	3	2	1
4	参见 IEC 61508		

表 8-2 是对可编程(基于软件的)逻辑控制器故障容错要求。表 8-3 则针对

128

非可编程逻辑控制器和现场仪表。考虑到有各种各样的现场仪表，有的没有诊断能力，有的具备良好的诊断覆盖率，可见表 8-3 的局限性很大。更容易造成人们理解混乱不清的是，在某些情形下，表 8-3 所示的故障裕度应该加一（例如主导失效模式不是置于安全状态，或者危险失效不能被检测出来）。在另外的情形下，则故障裕度可以减一（例如满足早先使用条件）。无论如何，表 8-3 清楚地表明，为了满足更高的 SIL 要求，现场仪表的冗余配置是必需的。如果现场仪表有更详细的数据可以求解出 SFF 的话，不妨采用 IEC61508 给出的表格。

表 8-3 现场仪表和非可编程逻辑控制器的最小硬件故障裕度要求

SIL	最小硬件故障裕度
1	0
2	1
3	2
4	参见 IEC 61508

8.15 SIS 设计样本

采用上述公式和有效的失效率数据，对拟选用的仪表设备，可以制定出 SIS 设计的通用"食谱"。表 8-4 给出了一个例子。就像所有的食谱一样，实际采用时肯定存在局限性。例如：可制作供四人享用的蛋糕配方，不是简单地放大比例，就可制作出有四百位宾客参加的婚礼蛋糕。如果你的设计恰好与制定的 SIS 设计通用"食谱"的假设条件吻合（例如：仪表设备的数量、失效率、测试时间间隔等等），那么就没有必要对设计出的每个系统进行逐一详细的定量分析。

表 8-4 SIS 设计通用"食谱"样本

SIL	传 感 器	逻辑单元	最 终 元 件
1	开关或变送器	继电器 安全固态逻辑 通用 PLC 安全 PLC	标准阀门
2	变送器并组态信号比较[1] 安全变送器[2]	继电器 安全固态逻辑 安全 PLC	冗余阀门 单一阀门带部分行程测试功能[3]

续表

SIL	传 感 器	逻 辑 单 元	最 终 元 件
3	冗余变送器	继电器 安全固态逻辑 冗余安全 PLC	冗余阀门并配置部分行程测试功能
4	参见 IEC 61508		
假设：传感器和阀门每年都进行功能测试			

注释：

[1]变送器信号比较功能指的是，一台安全系统变送器与测量同一工艺参数的 BPCS 变送器进行信号比较，达到某一设定差值时给出报警，这样能显著地增大诊断覆盖水平。

[2]有一些供货商能够提供安全变送器，此类变送器具有超过 95% 的诊断覆盖率。

[3]部分行程测试，对阀门在线给出一个小的开度变化而不是完全的关闭(全行程)。这样既不中断工艺生产，又能检测到阀门是否"粘"在开位置以及阀门关闭的速度等信息。有很多手动和自动的方法完成这样的测试。至少每月对阀门进行部分行程测试才有实际意义。

8.16　分析系统性能的工程工具

首次建立系统模型时不借助于任何工具，全凭手工，在这一过程中可以体会到：a)模型没有包括任何不切实际的因素，以及 b)无需数学博士做这一切。不过，手工处理这些数字时，容易让人感到单调乏味和厌烦。好在有专门的工具可以自动地处理建模和计算整个过程。

可以简单地将此前讨论的公式，组合到计算机电子表格软件中。在计算系统安全性能的同时，还可以生成图表，展示出测试时间间隔以及诊断等等的影响。这些自动工具可以帮助人们了解哪些因素对系统安全性能有显著的影响，哪些因素无关紧要。

有很多专门的商用计算机程序，用于完成可靠性方块图、故障树，以及马尔可夫的建模。不过这些程序是通用的，并不是专门针对目前实际使用中特定安全系统的设计特征和独有属性。

一些安全系统供货商也开发了他们自己的建模软件。这些计算机程序并非都适用于最终用户。也有一些商用软件工具，专门针对安全系统控制器的安全性能化水平建模分析。

小　结

事情往往并不像看到的那样直观明显，看到的可能只是表象。双重化系统并不一定优于简单系统，三重化系统也不总是优于双重化系统。采用哪种技术、什么样的冗余、人工测试时间间隔是多少、现场仪表怎么选型和评估？如果回答这些问题很容易，也许就不需要标准制定者们耗时十余年去编写各项规定和要求，甚至这本书也失去了应有意义。

不能仅凭内心的感受和直觉，设计核电站或者飞机。身为工程师，必须依赖定量评估作为评判合理性的基础。定量分析也许不够精确和完美，然而基于下面的理由，这些努力仍是富有价值的工程实践活动：

(1)对满足设计要求存在的潜在问题，可以早期发现。

(2)能够确定系统中的薄弱环节所在(如果需要，予以加强)。

为了预测系统的性能化水平，需要所有部件的安全性能数据。有效的信息来源于最终用户的记录、供货商的记录、军用形式的预测，以及来自不同工业领域的商用数据库。

当对 SIS 的安全性能进行建模分析时，需要考虑两种失效模式。安全失效导致误关停。在这种模式下表征系统安全性能最恰当的术语，是平均无误关停失效时间(MTTF^{误关停})，它通常以年为单位。危险失效是指在需要动作时，系统无法作出响应。在这种模式下量化系统安全性能的常用术语，是要求时失效的概率(PFD)、风险降低因数(RRF)，以及安全可用性(SA)。

有很多建模方法，用于预测安全系统的安全性能。ISA 技术报告 ISA-TR84.00.02—2002，第一到第五部分，总体介绍了从简化公式、故障树，到全马尔可夫模型等的各种分析方法。每种方法都有长处和不足。不能简单地评说它们之间的对与错。所有的方法都涉及到简化以及考虑不同因素的影响。(请注意，按照 ISA-TR84.00.02 中给出的三种方法，对同一系统建模都会得出正确的答案)。针对不同的技术、冗余水平、测试时间间隔，以及现场仪表配置等方面，选择适宜的分析方法并建立模型。对于模型的处理，可以采用完全人工计算，或者开发电子表格软件，甚至采用专门的计算机程序自动进行。

参 考 文 献

1. Kletz, Trevor A. *Computer Control and Human Error*. Gulf Publishing, 1995.

2. Leveson, Nancy G. *Safeware-System Safety and Computers*. Addison-Wesley, 1995.

3. Neumann, Peter G. *Computer Related Risks*. Addison-Wesley, 1995.

4. Duke, Geoff R. "Calculation of Optimum Proof Test Intervals for Maximum Availability." *Quality & Reliability Engineering International* (Volume 2), 1986. pp. 153-158.

5. Smith, David J. *Reliability, Maintainability, and Risk: Practical Methods for Engineers*. 4th edi-

tion. Butterworth-Heinemann，1993.（Note：5th［1997］and 6th［2001］editions of this book are also available.）

6. ISA-TR84.00.02—2002，Parts 1-5. *Safety Instrumented Functions*（*SIF*）-*Safety Integrity Level*（*SIL*）*Evaluation Techniques*.

7. *OREDA-92. Offshore Reliability Data*. DNV Technica，1992.（Note：Versions have also been released in 1997 and 2002.）

8. *Guidelines For Process Equipment Reliability Data*，*with Data Tables*. American Institute of Chemical Engineers-Center for Chemical Process Safety，1989.

9. IEEE 500—1984. *Equipment Reliability Data for Nuclear-Power Generating Stations*.

10. *Safety Equipment Reliability Handbook*. exida. com，2003.

11. ISA-TR84.00.02—2002，Parts 1-5. *Safety Instrumented Functions*（*SIF*）-*Safety Integrity Level*（*SIL*）*Evaluation Techniques*.

12. IEC 61508—1998. *Functional Safety of Electrical/Electronic/Programmable Electronic Safety-Related Systems*.

13. ITEM Software（Irvine，CA），1998. Web site：www. itemsoft. com（retrieved 6/28/2005 from source）

14. CaSSPack（Control and Safety System Modeling Package）. L&M Engineering（Kingwood，TX）. Web site：www. landmengineering. com（Retrieved 6/28/2005 from source）

15. Goble，W. M. *Control Systems Safety Evaluation and Reliability*. Second edition. ISA，1998.

16. SILverTM（SIL Verification）. exida. com（Sellersville，PA）Web site：www. exida. com（Retrieved 6/28/2005 from source）

17. SIL SolverTM. SIS-TECH（Houston，TX）Web site：www. sis-tech. com（Retrieved 6/28/2005 from source）

9

与现场仪表有关的问题

请让我搞清楚这到底是怎么回事儿，你采用了三个传感器来提高可靠性，可你将它们安装在同一个引压管咀上，就是为了给公司节省6000美元吗？！

Gruhn

"购买房产时，三个最重要的选择标准是位置、位置，还是位置。当我们采购安全仪表系统时，三个最重要的选择标准是诊断、诊断，还是诊断。"

9.1 概　　述

现场仪表包括传感器、传感器取压管路、最终控制元件、现场接线，以及连接到逻辑系统输入/输出端子的其他设备。这些仪表设备对安全系统来说，是最关键的元件，大概也是最容易误解和误用的元件。在安全系统的设计和应用中，与现场仪表对整个系统安全性能的影响相比，对它们的重要性强调不够，关注度过低。据估计，大约有90%的安全系统问题可归咎于现场仪表(参见第9.2节的分析)。

继电器、固态技术，以及通用可编程逻辑控制器(PLC)是常用的安全系统逻辑控制器。PLC的优点是可以采用软件编程，但是它们危险失效模式所占比重与继电器相比有很大的不同。因此安全性能表现也截然不同(这是第7章和第8章的主题)。早先很多人(包括供货商)更多地是关注不同逻辑控制器技术之间的差异。随着通用和安全PLC技术的日臻成熟以及可靠性不断改善，关注点正转向现场仪表。

许多出版物都论述了在各种应用场合中的现场仪表类型。本章主要探讨在安全应用领域中的现场仪表选用问题。

其中的几个问题如下：

- 诊断；
- 变送器与检测开关；
- 智能变送器；
- 智能阀门；
- 冗余；
- 推论性测量；
- 特定的应用要求。

9.2 现场仪表的重要性

基本过程控制系统(BPCS)的外围设备，诸如传感器和最终元件，与控制室内设备相比有更多的硬件故障发生。安全仪表系统也是如此。

9.2.1 现场仪表对系统性能的影响

为了论证现场仪表对安全系统性能的影响，我们来看下面的例子：

安全仪表系统由压力传感器、继电器逻辑单元、电磁阀，以及关断阀组成，拟用于 SIL1 的应用场合。

基于上面的 SIL 要求，整个 SIF 的 PFD_{avg} 值必需在 0.1 到 0.01 之间。

检验测试的时间间隔，初步选定为每年一次。

采用下面的公式，对系统中的每个非冗余部件计算 PFD_{avg}。

$$PFD_{avg} = \lambda_d * TI/2$$

这里，

λ_d = 部件的危险失效率

TI = 部件的检验测试时间间隔

λ = 1 / MTTF（平均无失效时间）

拟采用的各 SIS 设备的可靠性和性能数据如表 9-1 所示。

表 9-1　SIS 设备的可靠性和性能数据

设备名称	平均无危险失效时间/年	PFD_{avg}	PFD_{avg} 所占比例/%
传感器	20	0.025	42
逻辑系统（由四个继电器组成）	100	0.005	8
电磁阀	33	0.015	25
关断阀	33	0.015	25
总计	8.3	0.06	100

依据上表，系统的整体风险降低因数（RRF，即 1/PFD）是 16。现场仪表对整个系统安全性能的影响是 92%。

9.2.2　系统失效各部分比例

表 9-1 分析并汇总了系统主要部件失效占比，图 9-1 用饼图展示了这一分析结果。

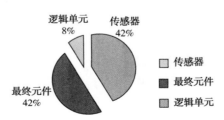

图 9-1　可靠性和安全性能数据

一般来说，现场仪表的失效通常占系统失效的大约 90%，而逻辑系统仅占

10%。这是粗略的说法，选用不同的技术和配置，各部分的占比数值会有显著的不同。

上面的数据只考虑随机失效(Random Failure)。系统失效(Systematic Failure)(即不够完备的技术要求规格书、糟糕的维护规程、校验错误、培训不到位等等)对整个系统的安全性能也有重大的影响。现场仪表的系统失效可能会比逻辑单元高，这是因为有更多的人为活动集中在现场仪表设备上。

9.3 传感器

与传感器有关的问题，包括技术、失效模式，以及诊断等，讨论如下。

9.3.1 概述

传感器用于测量温度、压力、流量、液位等等。它们可以是简单的气动或电气开关，当被测过程参数达到设定值时，检测开关改变输出状态；也可以是气动或电子模拟变送器，根据被测过程参数测量值，生成对应的输出信号。

与其他仪表一样，传感器也可能有一些不同的失效方式。它们可能是故障安全，失效时引发误关停(即在被测过程参数并没有相应地改变时，传感器的输出达到或超过设定值)。它们也可能是危险失效(即不能响应实际的"要求"或者被测参数的变化)。对于安全系统来说，这是两种最为关注的失效模式类型。传感器失效的其他例子有：

- 引压管路堵塞；
- 引压管路泄漏；
- 液相介质在引压管中聚集；
- 机械损坏或内部泄漏；
- 检测开关结垢；
- 触点腐蚀；
- 热电偶烧断；
- 变送器失效不能达到高或低值；
- 智能变送器遗忘在"强制输出"模式；
- 不稳定的输出；
- 变送器信号不能变化；
- 信号漂移。

绝大多数安全系统设计成故障安全。这意味着当动力源(电源、气源，或者液压源)丧失时，安全系统使工艺过程置于安全状态，即关停设备和停止生产。必须考虑如何设置传感器的故障响应才能实现故障安全。尽可能避免误关停其实也有安全方面的原因，因为工艺装置的开车和停车过程往往处于最高的风险之中。另一方面，如果一个系统引发太多的误关停，就可能促使人们设置成旁路，最终导致所有的保护措施丧失。

故障安全操作的一般要求如下：

- 在工艺正常操作时，传感器触点应该处于闭合和励磁(赋能)状态。
- 在出现失效时，变送器信号应该进入关断状态(或者至少能将失效检测出来，以便能够随之采取必要的纠正动作)。
- 来自于逻辑单元的输出触点，正常时应该处于闭合和励磁(赋能)状态。
- 在气源断掉时，最终元件应该置于安全位置(例如：阀门本能关闭)。
- 其他终端设备(例如：马达或透平)应该停止。

根据故障安全原则，通常组态变送器的输出信号在内部电子电路出现失效时置于量程上限或下限。不过，不是所有的失效都能被检测出来。因此，无法保证仪表在出现失效时都进入期望的状态。必须仔细考虑每台传感器的失效模式。例如，对于测量低液位的变送器，可能期望失效时置于量程下限。对于测量高压力的变送器，则期望失效时置于量程上限。不过，由于应用场合和传感器类型繁杂，在此无法给出面面俱到、涵盖所有传感器的应用指南。[如同根据故障安全原则选择控制阀的气开或气关，应该定义出变送器的失效模式，并在安全要求规格书(SRS-Safety Requirement Specification)中明确指明。参见第 5 章]。

有些参数的测量，可以间接从其他参数推断出来。例如：如果系统设计为出现高压时停车，在一些应用场合通过监控温度来实现这一目标也是可行的(因为很多工艺过程温度升高可能意味着压力上升)。间接推断的测量思路，也可以用于触发停车。在采用这样的测量方法时，下面的因素应该予以慎重考虑：

- **响应时间** 对被测变量的响应应该在安全要求规格书定义的过程安全时间(Process Safety Time)内完成。
- **相关性** 对这两个变量之间的关系应该十分清楚。
- **精确度** 应该能够用数学关系式精准地表达这两个变量之间的关联。

如果间接推断的变量具有很多不确定性，只用于报警比较恰当。操作员可以结合对其他工艺参数的综合判断，最终做出决定。间接变量，也可以用作扩展的诊断工具。将变送器或检测开关的输出值与间接推断值或状态进行比较，可用于触发诊断报警。

当传感器测量值处于量程的下限附近时，要特别注意潜在的低精度问题。例如：设计操作在 1000 psi (磅/平方英寸)的传感器，也许不能对 20psi 和 25psi 的差别做出精准的测量。绝大多数一次元件都有以量程的百分比表达的标称精度值。具有标称精度1%的变送器,在量程下限侧1%以内测量时,其示值可能是100%错误的。

基于下面的原因,一般不推荐与BPCS共享传感器:

● BPCS的部件失效,可能需要SIS给出相应的保护动作。BPCS的失效可能发生在传感器、逻辑单元,或者最终元件上。BPCS中的传感器失效会产生潜在的危险,此时本需要SIS进行防护,如果与SIS采用同一传感器,那么SIS的保护功能就无从谈起。

● SIS测试、标定,以及维护的步骤和规程通常要比BPCS更严格。如果对传感器做出任何更改时没有遵循足够严格的规定,将会对安全系统的完整性造成损害。

● 对共享的现场仪表可能无法进行在线测试。

上面的原则和解释,也适用于最终元件。

9.3.2 检测开关

离散信号开关不能提供任何形式的诊断信息。例如:假定压力开关正常操作时其触点处于闭合状态,当压力低时触点断开。如果触点"粘连"在闭合状态,低压时就不能断开,传感器本身没有手段检测或通报这一失效。唯一的方法是对其进行周期性*测试*,确定它是否功能正常。

基于下面的原因,离散或者闭合/断开检测开关曾经得到业界认可:

● 大多数停车功能都是离散信号(例如:开/停,打开/关闭);

● 伴随着离散继电器逻辑系统的广泛应用;

● PLC原本设计为离散输入和输出(I/O);

● 低成本。

为了弥补离散设备的缺憾(即缺乏诊断),可选择具有内置传感器的开/闭气动指示控制器用作一次传感器。控制器测量信号的设定点设置为工艺参数的联锁关停值,而气动控制器的输出信号则为3psi或者15psi(磅/平方英寸)两个值。该气压信号管路再接至一个压力开关并设定在9psi。该压力开关的触点输出信号连接至电气(继电器)、电子(固态系统),或者基于软件的(PLC)逻辑系统。

采用开/闭控制器的几点好处简述如下:

(1)工艺参数能够就地指示;

(2)便于传感器的部分在线测试——控制器的设定点可以触发关停;

(3)与开关相比,其精度、量程可调范围,以及可靠性等都有所改善;

(4)基于安保的考虑,控制器可以用钥匙加锁保护。

9.3.3　变送器

变送器提供与输入工艺参数相对应的模拟信号。狭义上讲，至少它能指示出该变送器是否处于功能可用状态。有信息总比没有要好。不过，如果操作员或逻辑系统都从不监视变送器输出的动态变化量，那么它并不比离散检测开关拥有更多的有用信息。这就像你有一台彩色打印机，但是一直用它打印黑白文件一样，如果你不能使用它的彩色打印功能，拥有一台彩色打印机只是得到心理上的满足。

尽管它们比离散开关需要更多的成本投入，模拟变送器通常是优先选择的检测仪表：

- 增大诊断能力；
- 现场有就地指示；
- 有更低的安全和危险失效率；
- 其信号可以与 BPCS 相同测量点位的变送器信号相比较；
- 单一的变送器可以取代多个检测开关；
- 比检测开关有更好的精度和可重复性。

通常也可以预先设定变送器的失效模式（即将失效时的输出值置于量程的0%或100%）（注意：如果传感器仅有30%的诊断覆盖率—很多都不超过这个水平—期望失效时置于上限或下限不可能全都满足要求）。另外，通过分析变送器的4～20mA 信号，也能够确定该仪表的操作状态（例如：< 4mA 或者 > 20 mA 可能表明变送器存在某个失效）。

也可以考虑采用 HART（Highway Addressable Remote Transducer）信号作为报警监控（也有一些变送器使用其他协议信号，我们在此讨论仅限于 HART）。具有 HART 协议的智能变送器，能够提供远比简单 4～20mA 测量信号更多的有用数据。通过 4～20mA 变送器的 HART 报警监控，可以提供工艺参数信号以外的变送器故障信息。可以改进诊断覆盖率和整个系统的安全性能化水平。如果下面的任何状态发生，HART 报警监控就会给出变送器故障提示：

- 变送器功能失常；
- 变送器输入超量程；
- 变送器模拟输出不再变化；
- 模拟输出超量程。

利用上面的 HART 诊断信号，变送器的诊断覆盖率能够增加大约20%。通过详细的失效模式影响与诊断分析（FMEDA－Failure Mode，Effects and Diagnostic Analysis），可以确定诊断覆盖率的准确水平。

来自于变送器的 4~20mA 信号和 HART 报警监控信号，都可以连接到逻辑系统，用于报警或者停车(参见第 9.5 小节和表 9-2 的进一步分析)。

9.3.4 传感器的失效诊断

提高安全系统的诊断能力(即诊断覆盖率)可以有效地改进系统的安全性能。换句话说，可以降低要求时失效的概率(PFD)，或者说提高风险降低因数(RRF，它等于 1/PFD)。下面的公式表达了诊断覆盖率对危险失效率的影响。

$$\lambda^{DD} = \lambda_d C_d$$
$$\lambda^{DU} = \lambda_d (1 - C_d)$$

C_d = 危险失效的诊断覆盖率;

λ_d = 总的危险失效率;

λ^{DD} = 可检测出的危险失效率;

λ^{DU} = 未检测出的危险失效率。

提高危险失效的诊断覆盖率(C_d)，意味着增大可检测出的危险失效率(λ^{DD})和减小未检测出的危险失效率(λ^{DU})。需要注意的是，诊断并不改变总失效率，只是增大被检测出失效所占百分比。

提高诊断能力的好处之一，是当传感器的危险故障被检测出来时，安全系统设计者可以选择将工艺过程置于停车或者仅仅给出报警。换句话说，在修复之前，系统可以先旁路失效的信号，而不是由于传感器失效导致停产。很显然，要有相应的维护规程，确保在传感器旁路期间工艺对象仍然保持安全状态。

传感器具有 100% 的诊断能力是理想追求，这样就没有任何未检测出的危险失效存在。可惜 100% 的诊断是做不到的，只能是尽可能地提高诊断覆盖率。

现在的功能安全标准中，表征诊断有效性的另一个参数是安全失效分数(SFF - Safe Failure Fraction)。安全失效分数定义为：安全失效率加上可检测出的危险失效率，再除以总的失效率。它的数学表达式如下所述。可以对系统中的每个子单元(子系统)(传感器、逻辑单元，或者最终元件)分别求解安全失效分数。

$$SFF = \frac{\lambda^{SD} + \lambda^{SU} + \lambda^{DD}}{\lambda^{SD} + \lambda^{SU} + \lambda^{DD} + \lambda^{DU}} = 1 - \frac{\lambda^{DU}}{\lambda^{SD} + \lambda^{SU} + \lambda^{DD} + \lambda^{DU}}$$

改进传感器的诊断能力，可以有效地降低对周期性维护和人工测试的需求。

一种有效改进传感器诊断能力的简单方法，是将安全系统变送器信号与其他相关的工艺过程参数信号(例如基本过程控制系统的变送器也读取相同点位的工艺过程参数)相比较。如果这两个本应相同的信号差异达到或超过设定限时，就意味着其中的一台变送器存在某种故障或失效，也许这些问题依赖单台变送器本身是诊断不出来的。另外，与常规变送器相比，智能变送器通常具有更高水平的诊断能力(参见第9.3.5小节有更详细的阐述)。

现在有些变送器获得了安全应用的认证。它们往往被称为"安全变送器"，以便与常规变送器区分。这些变送器主要的不同之处，是提供更高水准的诊断，并且与常规或智能变送器相比，通常具有冗余的内部电路。雷纳法乐(Rainer Faller)在他的《过程工业安全相关现场仪表(Safety-Related Field Instruments for the Process Industries)》一书中，对这些变送器的应用，提供了很多有用信息。

9.3.5　智能变送器

智能变送器在安全应用上有很多优点(智能变送器有附加的诊断和数字通信能力，而"常规"变送器则仅仅是4~20mA输出信号)，突出的几点如下所述：

(1) 与常规变送器相比，有更高的精度；

(2) 可忽略长期漂移的影响，具有非常好的稳定性；

(3) 改进的诊断：基于失效模式、影响和诊断分析(FMEDA)进行设计，可以获得80%以上的诊断覆盖率和SFF；

(4) 对失效模式有更好的预见性；

(5) 远程维护校准能力*；

(6) 使得维护人员处于现场危险环境的时间更短；

(7) 由于远程维护能力的存在，在一些特殊应用场合无需办理特别安全作业许可证进行维护。

*请注意，对传感器进行有关工艺过程参数的调整，需要进行权限保护和控制。避免未授权的，或者不经意地更改有关设置。

智能变送器的一些*缺点*或*不足*如下：

(1) 由于可以轻易地更改参数(例如：量程)设置，可能会造成这些更改没有被相应地反映到逻辑单元或其他相关系统中；

(2) 变送器处于测试或"强制输出(forced output)"模式时，容易忘记按时退出该模式的操作；

(3) 在价格上，智能变送器比常规变送器要贵很多；

(4) 测量的响应速度可能比常规模拟变送器慢。

即使存在着上面的这些缺点或不足，智能变送器在安全应用领域仍然得到了越来越多地认可和使用。

9.4　最终元件

下面讨论与阀门和诊断有关的一些问题。

9.4.1 概述

最终元件是用于执行必要的动作，使工艺过程安全停车的设备。最常见的最终元件，是用电磁阀控制膜片或气缸执行机构的气源，从而使阀门打开或关闭。切断气源，通常导致阀门进入安全状态。

在整个系统的组成单元里，最终元件一般具有最高的失效率。因为它们是直接接触严酷的工艺流程的机械设备。切断阀在正常操作时通常是全开，除非测试，很长时间是不动作的。此类阀门最常见的危险失效之一，是卡在开位置不能关闭。而经常发生的安全失效是电磁阀的线圈因为长期带电被烧毁。

阀门应该设计为动力源丧失时故障安全。膜片和气缸驱动的阀门，通常需要弹簧返回的执行机构，或者配备气源储气罐，以便实现故障安全。双气缸阀门（即：由气源驱动打开并且由气源驱动关闭），用于在气源失效时需要"保持"在原来开度，或者当采用弹簧返回、单气缸执行机构没有合适的阀门口径可供选择，或者成本过高难以承受的场合。

最终元件常见的失效模式如下：

电磁阀

- 线圈烧毁；
- 进气或放空口堵塞；
- 接线端子或阀体锈蚀，使得电磁线圈无法操作；
- 恶劣的使用环境以及/或者不合格的仪表气源，导致电磁阀"粘连"无法动作。

关断阀

- 阀门泄漏；
- 执行机构不合适，对于高压力的工艺过程，没有足够的动力关闭阀门；
- 阀杆或者阀座"粘连"；
- 气源管路堵塞或者折压变形；
- 卡死。

有一些场合，也将 BPCS 的控制阀用作关断阀。有人认为这样做有好处，因为控制阀的开度总是处于动态之中，被认为是"自我诊断测试的"。与传感器一样，通常不建议与 BPCS 共享最终元件(参见第 9.3 小节)。不宜将控制阀同时用作关断阀的另外原因如下：

- 控制阀在仪表失效中，占有最大的比例。
- 过程控制阀设计用于常规控制，而关断阀需要具有另外的重要特性，在控制阀选型时，没有考虑这些要求(例如：泄漏、防火或耐火，以及响应速度，等等)。

尽管有上述这些问题存在，某些场合仍会将过程控制阀用于关断功能，是因为安装独立的关断阀从工程实践上不可行，或者成本上不可接受。在这种情况下，推荐的作法是将电磁阀直接接到执行机构，旁路掉阀门定位器；或者采取冗余的电磁阀。对电磁阀的规格和功率需要进行谨慎选择，确保控制阀的关闭有足够的响应速度。需要仔细分析安全状态，要确保与采用单一的共享阀门相关联的风险是可以接受的。

　　除了上面的描述，还有一些需要注意的特殊情况，诸如电动马达起动器和非电气驱动系统。

9.4.2　阀门的失效诊断

　　当接收到逻辑系统发出的指令信号时，必须保证关断阀可靠动作。在正常操作期间，这些阀通常在很长的时间内一直保持全开，除非进行测试或者逻辑系统以某种方式使其动作。在阀门的正常静止状态（例如：全开）以及在阀门执行关闭动作时，都应该考虑必要的诊断措施。

　　（1）正常操作

　　在正常操作期间，下面的技术可用于对阀门状态进行诊断：

- 在线人工测试（参见第 12 章）；
- 采用智能阀门定位器（参见第 9.4.3 小节）；
- 当阀门状态改变，且并非来自逻辑控制器的指令信号时，进行报警；
- 部分行程测试。由逻辑系统给出指令，允许阀门自动地改变很小的开度。

同时，逻辑系统监测阀门的行程变化幅度和关闭速度等状态信息。可选用的方式之一，是逻辑系统以某一时间长度（通常是几秒，取决于阀门和工艺过程的动态特性）向阀门发送脉冲式的关闭信号。在特定的时间内，如果逻辑系统接收不到相应现场阀位反馈信号，即意味着阀门没有动作，这时系统将会报警，表明阀门存在不能关闭问题。进行这样的测试，可能需要配置安装一些辅助的设备。另外还有一些其他的技术用于完成阀门的部分行程测试。

　　（2）当阀门动作时

　　安装限位开关或阀位指示器，其反馈信号用以指示阀门操作是否正确。这样的诊断不是"主动的"诊断，如果阀门处于全开状态很长时间，即使阀门实际上已经出现"粘连"失效，限位开关也无从主动地将其检测出来。

9.4.3　智能阀门定位器

　　在一些场合，在关断阀上安装智能阀门定位器，可以获取阀门健康状况的额外诊断数据。定位器既可以提供简单的诊断数据，也可以用于关停阀门。对后者来说，逻辑单元的停车信号被直接连接到定位器上。从智能阀门定位器上可以获取的信息还包括：

- 阀位反馈；
- 与气源或定位器有关的问题；
- 限位开关状态；
- 阀门位置状态；
- 定位器的报警和自我诊断。

许多智能定位器提供关断阀部分行程测试的能力，可以就地或者远程实现。部分行程测试是满足 SIL2 或者 SIL3 应用要求的措施之一。部分行程测试通常关闭大约 10% 的开度，并因此提供 60% ~90% 之间的诊断覆盖率。在工厂的停车大检修期间，对阀门进行全行程测试(全关闭)仍然是必要的。有很多商业化的(并且是认证的)部分行程测试成套解决方案。第 8.13.1 小节揭示了部分行程测试对安全性能的影响。

9.5 冗 余

如果对单一传感器的任何失效(即出现误关停或安全功能丧失失效)不能接受，或者单一传感器不能满足安全性能要求，就要考虑采用冗余或者多重传感器。理想情况下，两个传感器同时失效的可能性应该是非常小。可惜这是不考虑公共原因的影响，或者不考虑同时影响多个传感器的系统性失效。引发共因失效通常与外部环境因素有关，诸如热、振动、腐蚀、堵塞，或者人员错误，等等。如果采用多重传感器，应该采用不同的取压口和截止阀(如果可能的话)连接到工艺过程以及采用各自相互独立的电源，避免出现诸如因堵塞取压管路和电源失效导致所有传感器失效的公共原因。也可以采用来自不同制造商的传感器，或者由不同的人员分别对传感器进行维护和维修，这样可以避免出现设计或人员错误的可能性。

在采用冗余变送器时，应该考虑使用不同技术的可行性(例如：液位传感元件同时采用差压测量以及电容式探测器)。这两种传感器还应该有已经证明的此类应用的良好性能表现。如果其中只有一种传感器具有公认的业经证明的良好性能记录，那么最好的办法是只采用这种传感器构成冗余架构。当我们采用多样化的技术时，一方面它可以将潜在的共因问题降低到最小，另一方面也会导致不容忽视的其他问题(如额外的存储、培训、维护，以及设计问题等等)。

多样性冗余，是利用不同的技术、设计、制造、软件以及固件等等减少共因故障的影响。如果为了取得必需的 SIL 等级需要更低的共因，应该考虑采用多样性冗余措施(参见第 8.12.1 小节)。为了配置成多样性冗余，如果只能采用较低可靠性的仪表设备，而它们又不能满足系统对可靠性的要求，则不宜采用多样性冗余设计。通过采用冗余架构，不能防止系统性失效的发生，而利用多样性冗余，则可以有效地减少系统性失效。

9.5.1 表决配置和冗余

是否需要冗余和表决，取决于一些不同的因素(例如：SIL 要求、期望的误关停率、测试频率、仪表设备的失效率以及失效模式、诊断，等等)。下面的表格给出了传感器和最终元件经常采用的冗余和表决配置。在第 8.8 小节，对冗余进行了更详细的讨论。

传感器	
1oo1	一选一(即单台传感器)。如果单台仪表满足了安全性能要求，可采用这种配置
1oo1D	带诊断的一选一。设置附加的报警监控功能提供诊断，或者传感器本身具有内部诊断功能(即认证的安全传感器)。参见表 9-2 的详细介绍
1oo2	二选一。配置两台传感器，但是只需一台就可实现停车功能。这样的配置比 1oo1 更安全，不过其误关停率却是 1oo1 的两倍
1oo2D	带诊断的二选一。设置附加的报警监控功能提供诊断，或者传感器本身具有内部诊断功能。这样的配置是"故障容错"的，单一的安全或危险失效，不影响其正常的安全功能，并且仍然保持连续的操作
2oo2	二选二。配置两台传感器，并且需要都完好才能实现停车功能。这样的配置其安全性低于 1oo1，不过它有更小的误关停率
2oo3	三选二。配置三台变送器，并且只需两台功能完好就可实现停车功能。如同 1oo2D，这样的配置也是"故障容错"的，单一的安全或危险失效，不影响其正常的安全功能，并且仍然保持连续的操作
最终元件	
1oo1	单台阀门配置。如果单台阀门满足了安全性能要求，可采用这种配置
1oo2	二选一。配置两台阀门，但是只需一台就可实现停车功能。如同传感器，这样的配置比 1oo1 更安全，不过其误关停率却是 1oo1 的两倍
2oo2	二选二。配置两台阀门，并且需要它们都完好才能实现停车功能。如同传感器，这样的配置其安全性低于 1oo1，不过也有更小的误关停率

9.5.1.1 1oo1D 配置的表决逻辑

图 9-2 揭示了具有诊断能力的单台智能变送器，如何减小未能检测出的危险失效率 λ^{DU}。

其中变送器整合了诊断功能和 HART 协议。HART 报警监控用于检查变送器的 HART 数字信号，并在工艺变量超出设定限，或者 HART 诊断机制检测到失效存在时，给出报警。这类似于安全变送器。表 9-2 展示了单台变送器可能拥有的状态。

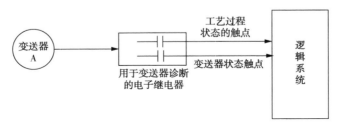

图 9-2　带有诊断功能的 1oo1 变送器

表 9-2　1oo1D 逻辑状态

状态	由变送器测量到的 工艺过程状态 1 = 无关停 0 = 关停状态	由诊断检测到的 变送器状态 1 = 无错误 0 = 检测到故障	1oo1D 逻辑状态
1	1	1	OK
2	0	1	关停
3	1	0	关停或报警
4	0	0	关停或报警

注：如果变送器发生故障，总应该给出报警。

状态 1：工艺过程状态正常（OK），在变送器中没有检测到故障。

状态 2：工艺过程状态超出正常限度，在变送器中没有检测到故障。关停状态。

状态 3 和 4：由于在变送器检测到故障存在，因此工艺过程状态被认为是未知的。对于这种情形，在逻辑系统中可以组态为关停或者报警。选择关停还是报警模式，将对整个系统的安全和危险性能表现造成不同的影响。

对于常见的变送器 1oo1 和 1oo1D 配置，可以计算它们的 PFD_{avg}、RRF（1/PFD），以及 $MTTF^{误关停}$ 等数值。假设有下面的数据：

$MTTF_s$ = 25 年

$MTTF_d$ = 50 年

TI = 1 年

C_d = 60%

MTTR = 12 小时

146

$$\lambda = 1/\text{MTTF}$$
$$\lambda^{DD} = \lambda_d C_d$$
$$\lambda^{DU} = \lambda_d (1 - C_d)$$

对于 1oo1 架构：
$$\text{PFD}_{avg} = \lambda_d * TI / 2$$
$$= 0.02 * 1 / 2$$
$$= 0.01$$
$$\text{MTTF}^{误关停} = 1/\lambda_s$$
$$= 25$$

对于 1oo1D 架构：
$$\text{PFD}_{avg} = \lambda_{DD} * \text{MTTR} + (\lambda_{DU} * TI)/2 = 0.004$$
$$\text{MTTF}^{误关停} = 1/\lambda_s$$
$$= 25$$

	PFD_{avg}	RRF	$\text{MTTF}^{误关停}$/年
1oo1	0.01	100	25
1oo1D	0.004	250	25

上面的 1oo1D 架构与 1oo1 相比，PFD_{avg} 有了一定程度的减小。而对于认证的安全变送器，它的诊断覆盖率可以达到 90%，可以进一步地改善安全性能化水平。

9.6 现场仪表设计要求

现场仪表是整个安全系统的有机组成部分，为了满足每个安全仪表功能（SIF-Safety Instrumented Function）的安全性能要求（SIL），必须对现场仪表适当地选型、设计，以及安装。

如同在第 3 章和前面的其他章节讨论的，用于安全系统的现场仪表，应该与基本过程控制系统（BPCS）和其他非安全相关系统分开，并独立于这些系统。（也会存在一些例外，例如，当采用冗余传感器时，无法做到相互完全分开，要确保单一失效不能引发整体问题。）与 BPCS 共享传感器，由于这两个系统的要求并不一致，可能会产生维护和工作规程问题（例如：安保或权限管理、量程更改、测试，等等）。为了达到必要的独立性，下面的仪表设备应该与 BPCS 分开：

- 现场传感器、引压接口、根部阀，以及引压管路；

- 最终元件(例如：电磁阀、工艺过程关断阀，等等)；
- 电缆、接线箱、气源管路、与 I/O 相关联的端子柜，以及安全系统的专属盘柜；
- 供电电源。

如果安全系统现场仪表信号需要传送到 BPCS 用以数据记录或信号比较，这两个系统之间的信号应该被隔离(例如：采用光频隔离器)，防止单一的失效同时影响到这两个系统。

现场仪表需要符合相应的地方或国家的法律法规以及标准规范。现场仪表应该做到"故障安全"。在大多数情况下，这意味着仪表设备在常态下是赋能(励磁)的。失能或失去电源将触发停车。

采用赋能(励磁)关停系统，可以减少因电源失效、电压波动、部件失效，以及断线等导致的潜在误关停。在这种情况下，对开路状态应该采用线路监视措施，也称为电路监管，它需要在信号接线的终端处跨接电阻，用以监视一个微小电流的存在。这样，安全系统可以区分正常的断开和闭合信号，以及接线的断路和短路。

在安全应用中，应该只采用那些经过实践验证的技术。在现场仪表被用于安全系统之前，应该经过"验证-接受"跟踪记录和评估制度的筛选。

9.6.1 传感器设计要求

传感器设计应该考虑以下要求：

- 故障安全系统应该采用常闭触点和正常赋能(励磁)电路。
- 传感器直接连接到逻辑系统。不应先连接到其他非安全相关系统，再间接连接到逻辑系统。
- 智能变送器已经越来越广泛地应用于安全系统，这是因为它有强大的诊断能力和更高的可靠性。当采用这样的变送器时，应该建立必要的管理规程和工作步骤，确保能有效地掌控"强制输出"模式。另外对于组态或校准更改，应该遵循变更管理和访问的安保授权程序进行管控。
- 对电气开关的触点应该采取适当的封闭措施，以达到更大的可靠性。
- 连接到安全系统现场模拟变送器的电子跳脱放大器(trip amplifier)或者电流继电器可用于为离散逻辑系统(例如继电器逻辑系统)提供输入信号。
- 与安全系统相关联的现场传感器，应该与 BPCS 传感器区分开(例如：唯一的位号、不同的编号规则，或者涂色)。
- 当采用冗余传感器时，设置信号差异报警，以便指示出其中某个变送器存在失效。

9.6.1.1　流量传感器

虽然在大多数场合采用孔板测量，并且也被事实证明足够可靠，而漩涡流量计和电磁流量计也有自己的优点，诸如安装简便，以及更好的安全性能水平等。

9.6.1.2　温度传感器

热电偶的主要失效模式是烧断，因此，应该采用断偶检测和报警措施。

对于非故障安全系统，在低温联锁动作应用场合，可采用热电偶烧断时偏置到量程上限；而在高温联锁动作应用场合，可采用热电偶烧断时偏置到量程下限。这样可降低误关停率。

9.6.1.3　压力传感器

压力变送器安装简单，也非常可靠。在压力仪表选型时，主要注意事项如下：

- 量程选择-确保关停设定点在变送器量程的 30%～70% 之内。
- 便于变送器零点调整。
- 安装时确保冷凝液的聚集不会造成校准零点的漂移。
- 采用隔膜密封毛细管变送器，替代采用长距离常规引压管，可以有效地消除引压管路问题。

9.6.1.4　液位传感器

具有空气或氮气吹气净化的测量系统被证明是可靠的，通常也只需简单的维护。当然这样的系统一般用于特定的场合。隔膜密封毛细管系统压力变送器，也很可靠并且维护简单。浮子式、雷达、声波、电容传感，以及核子式压力测量设备，都得到了广泛地应用。

9.6.2　最终元件设计要求

在联锁关停后，最终元件通常应该保持在安全(停车)状态，直至人工确认并手动复位。只有当触发因素返回到正常操作状态后，才能重新投入使用。在对最终元件选型时，应该考虑下面的要求：

- 打开/关闭速度；
- 关闭时阀门两侧的压差；
- 泄漏量；
- 耐火或阻燃能力；
- 阀门材质对工艺介质的适用性；
- 诊断要求；
- 阀门的故障安全状态(失效时自动打开或关闭)；

- 对阀位指示器或限位开关的要求；
- 对此类阀门使用经验和跟踪记录要求；
- 能够进行在线维护的能力要求。

9.6.2.1 执行机构和阀门

为了避免阀门被钳制于不恰当的开度，应避免使用关断阀手轮等手动装置。如果阀门配置了手轮，应该用铅封保护，并且建立正式的操作规程，以便控制对手轮的使用。

对于失效时自动关闭的关断阀，可以考虑配置截止阀和旁路阀。而对于失效时自动打开的阀门只需配置截止阀。在同时配置截止阀和旁路阀时，在下游截止阀的上游侧，可能需要安装泄放阀。在旁路阀被打开或截止阀被关闭时，可以利用限位开关触发报警指示。也有一些用户采用铅封以及/或者操作规程，来管理或限制对截止阀和旁路阀的操作。

安全切断阀应该专门设置，并且与控制阀隔离(参见第9.4小节和第3章)。安全系统与常规控制系统共享控制阀并非绝对禁止，在实际应用时应该仔细谨慎地审查，并对合理性进行评判。

9.6.2.2 电磁阀

电磁阀原本是设计用在控制室环境的。对于室外使用，只是做了简单地修改。现在电磁阀大都使用在现场，并要求在十分严酷的状态下连续操作。

一般来说，电磁阀的可靠性是比较低的。因此，在整个系统中，它们可能是最关键(最薄弱)的仪表设备。常见的失效是线圈烧毁，并引发误关停。采用品质优良的工业级电磁阀非常重要，特别是对于室外使用，这一原则非常有必要。室外电磁阀必须能耐受高温，包括线圈本身产生的热量、燃烧器热辐射，以及直接暴露在太阳光照下等等。双线圈配置能够在一个线圈被烧毁时，仍然保持电磁阀的励磁状态。冗余电磁阀是可以采用的有效方式。

低电压(24VDC)电磁阀似乎可靠性更高，功耗低热量小。功耗非常低的电磁阀，诸如本质安全(IS - intrinsical safe)型，可以有效避免线圈烧毁。不过，在选型时要十分谨慎，因为它们大都是先导式(pilot-operated)。某些用户发现，先导电磁阀存在粘连和堵塞问题(当然，这也与使用工况和环境有关)。这也是为什么一些用户更喜欢直动式(即非先导型)电磁阀。

有个用户曾因为仪表气源质量不好，导致电磁阀出现问题。他们采用的对策是用氮气替代仪表空气。可惜非常干燥的氮气，引发了另外的电磁阀问题，90%的电磁阀出现粘连。如同第13章所述的，在做出任何变更时，要非常谨慎地分析，修改变更的出发点再好，也可能会产生严重的负面影响。

9.7 安装关注点

现场仪表的安装，需要考虑的问题包括：
- 环境因素（温度、振动、撞击、腐蚀、湿度，以及 EMI/RFI 等）；
- 在线测试（如果需要）；
- 维护要求；
- 可接近性；
- 就地指示；
- 防冻（如有必要）。

对于安装问题，参见第 11 章的详细讨论。

9.8 现场仪表接线

接线常见问题有：
- 断线/短路；
- 接地故障；
- 噪音/感应电压。

为了尽可能地避免接线问题，可以采用下面的指导建议：

- 相关标准明确要求："每台现场仪表都应该有各自的专门接线"直接连接到逻辑系统，除非有能够满足安全性能要求的总线方式。

- 虽然有一些现场总线处于开发中（例如：FOUNDATION Fieldbus），也有一些在其他工业领域得到广泛使用（例如：Profisafe，AS-i），但至本书写作时（2005 年春季），过程工业还没有得到广泛使用的"安全相关"现场总线存在。ISA SP84 标委会也组建了一个专门小组，致力于制定高性能安全现场总线技术要求。相信在不久的将来，安全现场总线一定会在过程工业得到应用。

- 为了节省接线费用和降低输入卡件成本，将多个离散输入开关信号连接到逻辑系统的同一输入卡是比较常见的做法。不过，这样分配输入点不利于分析和排除故障，以及诊断问题所在。将多个最终元件分配到同一输出卡也司空见惯。将同一个安全功能的所有输出信号连接到同一输出卡件，是可以接受的。

- 每个现场输入输出回路，应该有保险丝或者限流措施。这些措施可以设置在逻辑系统的 I/O 卡件上，也可以在外围回路接线端子上配置。

- 通常是将与 SIS 有关的电缆、信号接线，以及接线箱等相关仪表设备，与其他控制系统以及仪表的信号接线分开，并将 SIS 相关仪表设备标示清楚。
- 要重视 I/O 电缆和接线的线间电感、电容以及信号线敷设的走向问题。出现感应电压取决于信号线的线径规格和长度，感应电压会造成 I/O 电路的信号失常。

小　结

现场仪表包括传感器、最终控制元件、现场接线，以及连接到逻辑系统输入/输出端子的其他设备。这些仪表设备问题，在安全仪表系统中约占 90%。冗余配置以及诊断能力可以有效改善现场仪表的安全性能化水平。

参 考 文 献

1. ANSI/ISA-84.00.01—2004, Parts 1-3 (IEC 61511-1 to 3 Mod). *Functional Safety: Safety Instrumented Systems for the Process Industry Sector.*

2. *Guidelines for Safe Automation of Chemical Processes* . American Institute of Chemical Engineers-Center for Chemical Process Safety, 1993.

3. Cusimano J. A. "Applying Sensors in Safety Instrumented Systems. " *ISA TECH/EXPO Technology Update* . Vol. 1, Part 4 (1997). pp.131-137. Available at www. isa. org (Retrieved 6/28/2005 from source)

4. Faller, R . *Safety-Related Field Instruments for the Process Industry.* TÜV Product Service GMBH, 1996.

10
安全系统的工程实施

"做任何事儿都应该是尽可能地简单，而不是简单一些"。
——阿尔伯特·爱因斯坦(Albert Einstein)

第 7 章从正反两方面探讨了与各种逻辑系统所采用技术有关的问题。不过，设计一套 SIS 需要关注的不仅仅是如何选择逻辑单元。第 9 章讨论了用于 SIS 的现场仪表问题。本章将涉及其他管理、硬件，以及软件等方面。系统设计的某些方面是不可能用可靠性模型量化的(这是第八章的话题)。然而，它们却对系统的安全性能有非常大的影响。

许多工程师和企业，致力于开发一套系统设计方案"食谱"。高级别工程师，借助于他们的经验和知识，编写技术规范和工作方法，供年轻的工程技术人员遵循和参照执行。不过，应该认识到，不能简单地将一套规范或工作规程应用于所有组织的各种安全系统设计。

10.1　管理要求

IEC 61511 的第五节，涵盖了功能安全管理。很显然，该标准关注于安全仪表系统而非一般的健康和安全问题。IEC 61511 规定，要与获取最终目标的评估方法一道，辨识取得安全的政策和策略。应该确定参与功能安全管理的人员和部门，并明确他们需承担的责任。人员必须能胜任被赋予的工作任务。人员能力由知识、经验，以及培训等几方面构成。对人员的能力要求，应该明确定义并形成书面文件。

10.1.1　时间安排和工作内容定义

许多系统问题的产生，是由两个简单的因素导致的：没有明确的定义出工作内容以及没有做出合理的时间安排。或者是工作范围太含糊，或者是技术规格书不完整(甚至在准备订货和开始系统设计时，还没有制定出来)，工作被拖延到最后一分钟。不完整的规格书会导致工作内容不确定、增加成本、计划延期，以及相关人员的抱怨。任何事情提前规划并形成文档，对每个人来说，就能尽快进入工作状态。第 2 章中讨论的英国健康和安全执行局的调查结论，其中系统性失效的主要问题(44%)是由于不正确的规格书(包括功能和完整性要求)导致的。

10.1.2　人员

一旦合同生效，在项目执行期间人员最好不要变动。在每一个合同执行中，都会产生大量的信息。墨菲(Murphy)定律预言，总有你担心的事情会突然出现困扰你。如果这些事情只存在于某些人的脑海中，当他们离开时，与此有关的信息也随之飘然而去，需要他们的时候，可能无处寻觅。

技术要求规格书写了多少并不重要，问题在于无法避免对技术要求的不同理解。如果项目人员更换了，新的人员可能会有他们自己的思路和想法，使原有的项目方向迷失。在系统交付和工程造价上有时会造成可怕的后果，因为一些条款可能需要重新谈判。

10.1.3　沟通

相关方之间建立清晰的联络方式和渠道，是十分重要的。A公司的项目经理应该是与B公司项目经理进行联络的唯一接口。如果在项目中还涉及其他一些合作方，某些约定没有形成书面文件的话，项目经理就有可能对重要的信息不知情，接下来只有头疼的份儿了。

10.1.4　文档

项目文档应该采用最终用户的标准格式还是工程公司的标准格式？或者是集成商的标准格式？采用什么规格的图纸？只提供纸质文档，还是也需要电子版的？如果也需提供电子版文件，用什么软件格式编制？如果有200个功能回路，是逐一绘制200张回路图，还是只用"典型回路图"并附上所有这些回路信息的列表？这些看似微不足道的小事很容易被忽视，有时却会成为争论不休的导火索。

10.2　硬件设计考虑

安全系统的设计和分析，需要考虑很多不同的因素，诸如：技术选择、系统结构、失效率和失效模式、诊断要求、供电电源、接口、安保的权限设置，以及检验测试的时间间隔等等。其中有很多已经在第7、8、9章中做了讨论和分析。也有人将这些因素称为PIP（Primary Integrity Parameters，主要的完整性参数）。没有办法，有些人就喜欢用首字母缩略词！

10.2.1　得电关停与失电关停系统

大多数SIS应用通常都是得电的（Energized），即失电时导致停车。有些应用（典型的例子是机械控制）却是相反的，即常态时失电（De-energized），得电时产生动作。系统设计时的这种差异，会涉及到一些特别的考虑。为某一应用设计的系统，不太可能适合于其他场合。这并非是简单地采取某种形式的逻辑取反。

例如，在正常得电的系统中，正常时逻辑状态是1，或者说得电。一个安全失效或者断开系统中的某个部件，将导致非冗余系统的关停（逻辑0）。对于正常失电的系统，正常时逻辑状态为 0，或者说失电。一个安全失效或者断开系统中的某个部件，将不会导致非冗余系统的关停（逻辑 1），如果只是简单地将逻辑取反，则可能造成关停。因此，这些系统必须分别进行设计。

对于正常失电的系统，输出电磁阀应该配置锁定机构。当关停动作后发生时，它能够锁定在正确的状态。否则，在关停后如果电源掉电或者后备电池能量耗尽，电磁阀会返回到原状态，可能导致危险的情形发生。

对于正常失电的系统，应采用带报警的保险丝端子。在保险丝断掉时，能够给出报警。否则，在正常失电系统中的保险丝断掉时无法辨别，这将生成潜在的危险失效，妨碍系统的功能执行。

对于正常失电的系统，建议现场输入和输出信号接线要采用回路监视（line monitoring，也称为监控电路）措施。某些系统设计也要求这样做。现场接线的回路监视，能够检测出开路状态。再次强调，对于正常失电的系统，开路状态代表潜在的危险失效，它会妨碍安全功能的正常执行。

对于正常失电的系统，也需要对电源掉电进行监视并给出相应报警。

选用正常失电的系统，一般用于防止误关停的场合。火气系统以及机械保护系统，都是这样的典型例子。这些系统的误关停操作，一般会引发设备损坏，以及对人身安全造成威胁。

10.2.2 系统诊断

不论采用什么技术或冗余达到何种程度，SIS 都需要全面的诊断。安全系统由于固有的"休眠"或被动特征，某些失效无法自我显露。危险失效会阻止系统对工艺过程"要求"做出响应。对于故障安全系统（注意没有 100% 的故障安全），某些继电器系统或欧洲设计的固态逻辑系统，需要人工完成周期性诊断（例如，通过切换电路的闭合或断开，测试是否有正确的响应）。对于大多数采用其他技术的系统，必须将附加的自动诊断能力整合到系统设计中。

市面上的一些专门研发的安全系统，具有非常全面的诊断能力，同时这些系统的诊断功能无需用户额外地配置或组态。而其他一些系统，即所谓一般用途的通用系统，自我诊断能力是非常有限的。它们的诊断实现，通常需要用户额外增设。

例如，电子部件会失效于闭合或者得电状态。在正常得电的系统中，这样的失效可能不容易被发现。这是潜在的危险情形，如果工艺过程"要求"到来，系统不可能实现失电动作。通用 PLC 的 I/O 卡件通常只有极为有限的诊断能力（即很小的诊断覆盖率）。有很多论文探讨了这一问题。包括采用额外的 I/O 卡件以及组态特别的程序，这些措施都是为了将系统的诊断能力提高到可接受的水平。

10.2.3 共因的最小化

公共原因失效，是由单一的诱因或故障导致的冗余系统整体失效。突出的例子包括：电源掉电（例如单一的电源为三重化系统供电，电源故障导致整个三重化系统功能丧失）、软件错误（一个程序缺陷导致所有通道功能失效），以及备用系统切换开关故障（如果该开关失灵，双重化冗余系统就无法完成切换）等等。不过，并非所有的共因失效都是如此显而易见。对核电站的研究表明，在发电站的所有失效中，大约25%的失效可归于公共原因问题。曾发生过飞机坠毁事故，是由于三重化的控制线路皆被切断导致的。七重化冗余的政府计算机系统通信网络，也曾发生过当共享的单一光缆被切断时，造成整个系统瘫痪。

冗余系统增大了系统复杂性，并凸显公共原因问题。为了克服公共原因，又会在系统设计时配置更多的硬件，导致恶性循环。在采用冗余系统时，公共原因的影响主要是外部因素（环境温度、振动、电源浪涌，以及 RFI），以及人员不经意间对系统的干预导致的。冗余措施可以有效地抵御随机性硬件失效的影响，但是对于设计或其他系统性错误，却无能为力。减小公共原因问题的最有效方法是：a) 设备物理隔离，以及 b) 采用多样性冗余设计（即选用不同类型的设备构成冗余）。如果冗余控制器分设在不同控制室的不同控制柜中，共因失效是不太可能发生的。如果两台不同的压力变送器，来自于两个不同的供货商，它们又是基于两种不同的测量技术，这样的冗余就不太可能出现共因问题。将三重化配置的传感器连接到同一工艺测压口，很明显会导致潜在的共因问题。人们会嘲笑如此安装传感器，但即使这样的低级错误，仍然会经常遇到。还是那句话，只要能做，就不可避免！

10.2.4 盘柜设计

在系统设计阶段，首先需要完成的技术文件之一，是盘柜一般布置图。这些图确定了盘柜的总体尺寸和重量。多次听到这样的故事：客户对盘柜布置图进行了审查并签字认可，但是当盘柜集成并发送到现场时，才发现盘柜的外形尺寸过大，无法经过控制室的大门将其搬运到控制室内。

需要考虑哪些人员可以访问这些系统。应该给技师留出足够的维护空间，可以自由地接触或更换机柜内的各种设备或部件。如果技术人员只能在狭窄的空间挤来挤去，就可能意外地触碰到断路器这样的设备，并造成误关停。另外在机柜内也要提供足够的照明。机柜内的各种设备或部件，应该有清晰醒目的标牌。

由于大多数控制柜都设计为底部进线，常常会将电气汇流排安装在盘的最下部。如果维护技师将金属午餐饭盒或者工具放置在柜内底板上，就很容易触碰到这些汇流排。基于这一原因，一些集成商有意识地将汇流排安装在机柜内靠近顶部的位置。

10.2.5　环境因素

在系统的技术规格书中明确环境要求是非常重要的。应该有足够的措施应对温度、湿度、振动、电气噪音、接地，以及污染物等等的影响。在南德克萨斯州，有一位用户想采用基于软件编程的系统，但控制室内已经没有安装空间了。最后控制柜被安装在户外，并靠近焚烧炉的 1 级 2 区防爆区域（Class 1，Division 2）。柜体采用防风雨、净化通风设计。柜内配置了漩涡空气冷却器，用于在夏天时制冷。也装备了加热单元，防止柜内在寒冷的冬季出现冷凝液。如果集成商不懂或没有意识到机柜安装环境问题，就不可能维持系统长周期的正常操作。

一位中东的用户要求系统在没有冷却风扇的情况下能够在 140°F 正常操作。很多系统都做不到这一点。该用户很可能此前经历了太多失效的困扰，才在他们的系统技术规格书中特别强调这样的要求。

本书的作者之一曾经参观过一个工艺装置。在那里，大多数控制盘外都有非常醒目的红色标语："不要在控制盘的 15 英尺范围内使用对讲机"。可以想象，一定是遭遇过对讲机的不良影响，才招致贴出如此的警告。听说过有一个安全系统，在柜门敞开进行系统维护时，仅仅因为技师接听手机，导致了系统的停机！

一般来说，在正常使用温度下，如果温度增加 10℃，电子部件的寿命将减少大约 50%。为了系统的可靠操作，机柜应该保持良好的通风（例如，风扇运转），确保机柜内的温度稳定在制造商规定的范围之内。对于振动，以及腐蚀性气体的侵入等外部因素，也要有相应的应对措施。对系统机柜的设计，有很多方法应对恶劣的环境。例如在卡件上特别安装大型金属散热片，采用橡胶密封条进行防尘密封，对电子部件或电路板采用特别的外涂层进行保护。当然，采用这些特别的设计，无疑会增加额外的成本。

10.2.6　供电

像许多技术问题一样，对系统配电来说，也不能简单地视为非黑即白。对电源配置没有明确的界限认定对与错。简单来说，安全系统需要稳定可靠、有保护措施，并校准的供电电源。应该配置隔离变压器，防止杂波、瞬变、噪音，以及过电压或欠电压等因素的影响。

关键的安全系统，通常采用冗余电源供电。有很多方法实现这一要求。每一种供电方法都有优缺点，在每个特定的应用场合一般都有各自的供电考虑。对每一个系统，都要评估配电方式是否符合预期要求。我们要对下列情形进行分析：

切换到备用电源单元能实现无扰动吗？本系统不同于其他系统的独特要求是什么？备用电池长期搁置，是否会失效？能做到真正"不间断"吗？对系统的*所有*组成部分，都要定期地进行测试。采用冗余 DC 供电电源，可以有效地克服上述大部分问题。用二极管将冗余电源各自的输出并联在一起，可以解决输入端 AC 开关切换的问题。

供电电源的安装，应该保证有最好的散热空间，同时易于故障排除和日常维护。

10.2.7　接地

正确的接地，对于系统正常操作非常重要。基于软件的电子系统接地比过去的电气系统要求更高。必须严格遵循制造厂商推荐的接地方式。一些系统要求接地，而另一些系统要求浮空。按照某种接地方式设计的系统，采用另外的接地方法系统可能无法正常运行。接地设计需要考虑腐蚀、阴极保护、静电，以及本安安全栅等因素的影响。

10.2.8　检测开关和继电器的选择

继电器选型不仅要考虑最大负载要求（这是为了预防触点熔接，在 SIS 中这是继电器最危险的失效模式），也要考虑最小的负载是多少。如果忽视这一点，在最小负载时电路中的微小电流可能不足以保持继电器触点的清洁，时间一长就会因触点接触不良导致断开。这样的失效很难被诊断出来，因此一般不会受到关注，往往会被忽略。

10.2.9　旁路

对于某些仪表维护和工艺开车来说，旁路可能是必需的。不过，将系统置于旁路状态，屏蔽其安全功能，存在*很大的*潜在危险。在 SIS 功能被旁路时，为了应对工艺过程中可能出现的危险状态，必须有其他等效的替代措施保证安全。对于旁路操作，应该有书面的管理规程和工作程序。

旁路也有一些不同的实现方法。"跨接线（jumper）"具有潜在的危险，因为没有明显的外部特征，处于旁路中的功能回路往往不容易被相关人员注意到，造成操作上的失误。

事实上，所有 PLC 都可以对其 I/O 通道进行"强制（forcing）"操作，这与旁路有相同的效果。在某些系统中，由于"强制"操作简单易行，反而会引发一些问题。如果没有任何手段指示 I/O 点的强制状态，与"跨接线"一样，也具有潜在的危险。

对旁路进行管理非常重要，要确保旁路能够及时正确地解除。有点类似于热工作业的许可证（hot work permit），在北海（North Sea）的派珀阿尔法（Piper-Alpha）离岸平台灾难中，就是因为作业许可证制度执行出现问题，最终导致超过160人丧生。因此，严格的规章和工作程序是必需的。应该采用某种形式的旁路审批工作单。工作单应该体现出工艺的操作要求，允许进行旁路的时间限制和时效性，如果本班次不能完成，下一班需要重新申请或更新，以及根据任务的不同，需要不同级别的审批等等。

对于许多系统来说，当输入被旁路时，在控制盘或操作界面上，没有对输入的实际状态给出任何形式的显示。在这种情况下，在解除旁路前，你如何知道实际工艺参数是否处于健康状态？在旁路期间，如果输入信号出现报警如何应对？因此，即使输入信号处于旁路，系统也应该将现场仪表输入信号的真实状态显示出来。

在很多场合，工艺开车时需要对检测仪表进行旁路，建立工艺操作状态后，再返回到正常功能状态。例如，在启动燃烧器系统时，需要对火焰探测器先行旁路。检测到火焰后，再解除旁路。对于低液位联锁停车，在开车时也需要对液位信号进行旁路。当液位信号达到正常值时，再取消旁路。也可能在逻辑组态时采用计时器功能给出旁路时间，达到时间时自动解除旁路。

据文献记载，化学工业有些严重事故是旁路不当引起的。例如，将系统中的某些功能临时旁路，或者将其中一部分改为手动操作时，没有告知其他相关岗位或人员，最终导致意外事故发生。

10.2.10　功能测试

在系统设计时，应该考虑测试要求并为此提供必要的便利手段。怎样对系统进行测试？哪些单元需要有旁路措施以便进行人工测试？对于现场仪表，是否可以结合某种形式的自动测试？设计者可能对仪表设备按年度测试进行设计，而维护技师基于以往经验可能认为这样做不合理，与该工艺装置的正常检修周期不一致。此外，可能由于仪表设备的安装位置或本身结构限制难以接近，进行测试非常困难。设计者希望采用像阀门部分行程测试这样的在线检测手段，操作人员却担心这种测试方式有可能造成误关停而持反对态度。在设计审查时，维护和操作人员参与进来，有助于解决这些潜在的问题。

10.2.11　安保措施

系统应该达到怎样的安保水平？什么人可以访问或维护系统？不同的人员访问系统，允许的广度和深度是多少？如何控制对系统的访问并设置权限？

本书作者之一曾听到一位工程师说，只有他有权使用某台笔记本电脑，只有他才有权对某个系统进行修改变更。这是因为每次将 PC 连接到系统时，经常发现逻辑控制器中的应用软件版本与 PC 中的不一致，所以他们做了这样的规定，其他人无权更改程序并访问系统。这样做是否足够好？有些系统，本身并无任何真正的安保特性。在这种情况下，必须强制执行管理规程，防止对系统的非授权访问。可惜违反管理程序时有发生。

本书作者之一还听说过一个故事，一位心怀不满的工程师，从他家里的电脑和调制解调器入侵到工厂的 DCS，并更改了它的数据库。像这样的事情似乎不可能发生在 SIS 上，也没有发生过。再次强调那个古老的问题，后知后觉是容易做到的。对于一个以前可能从未发生的事情，要有先见之明或者预测未来是否会发生，显然更加困难。我们套用一下墨菲定律：如果系统无法限制某种行为，并且某些人有能力实施这样的行为，那么在某一个时间点或机会，他们一定会去做，不管你给出多少警告。

作者之一曾到访一个工厂，那里的控制工程师对其安保程序引以为傲。在巡视到控制室时，笔者注意到许多控制机的柜门是敞开的，钥匙挂在门上，同时在这个区域空无一人。他们的工程师满足于他们的安保现状，但是笔者却有不同的感觉。

用钥匙来控制对某些区域或功能进行访问，本身没有问题。不过，一定要有管理规程，并强制钥匙的使用权限和有效性（需要用时不能找不到）。对系统不同层级的访问（例如，旁路操作、强制操作，以及修改组态程序），也可以采用密码保护。通过密码访问，需要受到严格控制。不要贪图方便，把密码用纸条粘贴在操作站屏幕边上。

10.2.12　操作员接口

有许多设备可用做操作员接口：CRT、报警盘、指示灯、按钮等等，它们与操作员交换信息并互动。借助接口，操作员进行手动停车操作，也可以了解旁路、系统诊断、现场仪表和逻辑的实时状态，以及影响安全的电源和仪表气源状态，也能获悉环境因素是否正常等等。不过，对于系统的操作，决不能仅仅依赖这些接口，因为它们的功能不可能总保持正常有效。

在技术要求规格书中，应该明确规定哪些数据或信息需要在操作画面上显示出来。要考虑下面的问题：

（1）被显示的内容是由哪些事件引发的？

（2）对显示内容的刷新，由什么事件驱动（例如，由时间还是由人工操作）？

（3）由什么事件决定信息的显示或消除？

如果对上面的这些内容没有很好地阐述，技术规格书就是不完整的，也可能成为潜在的危险源。

为操作员提供相关的信息是必要的，当然不能过量。反过来，限制操作员在接口上能够做什么也同样重要。例如，如果系统的某一部分处于旁路状态，需要怎样的显示形式提示操作人员注意？

操作员接口尽管重要，但不应成为系统操作运行的关键因素或必要因素。从操作员接口上，不能允许修改安全系统的逻辑组态。试想一下，如果接口的显示屏出现黑屏故障(曾不止一次地听说过)，可能会发生什么事情？很显然，它不应该影响系统安全功能的正确执行。

预警信号不应该出现的过于频繁或者持续时间太长，对于持续不断的报警信息，人们会变得麻木。

10.3 软件设计考虑

"既使觉得软件非常好了，可是还要加入一些其他的特性。"

G. F. 麦考密克（McCormick）

毫无疑问，用户组态的应用软件质量是影响整个系统安全性能的重要因素。应用软件的技术要求规格书、规划和组态、下装，以及测试，各个环节并非总能得到应有的重视。这最终会导致操作不正常、工程延期，从而增加项目成本。

基本过程控制系统(BPCS)软件的组态人员，同时也负责对安全仪表系统(SIS)的软件组态，在过程工业领域司空见惯。同一组人员采用相同的组态思路和步骤对 BPCS 和 SIS 进行编程，不仅会造成巨大的共因问题，同时由于这两种系统的软件组态过程要求不同，也可能导致 SIS 的应用软件存在潜在的缺陷和不足。

10.3.1 软件的生命周期

有许多技术、模型以及方法已经广泛应用于 SIS 的应用软件组态。这些技术通常遵循一套特定的顺序或步骤，确保组态的顺利完成。对于应用软件的组态，应该立足于一次性做好，而不是被迫反复修改。

所谓"边写边改(Code and Fix)"，有成为最流行方式的趋势。技术要求规格书还没有完成，或者主要技术环节还没有确认时，编程员就被迫着手编程。在整个组态过程中不断问答着"这是需要的吗?"。通过反复修改的迭代过程，直至组态完成。这样的编程方式，立足于通用指南和一般经验，待大部分程序编写之后，*真正的技术要求才可能确立*。很明显，这样的方式效率不高，浪费时间较多，花费的成本也大。

如同安全系统开发有一个整体生命周期架构一样，软件的编程或组态，也应该遵循有效的生命周期过程。图 10-1 展示了应用软件组态的 V 模型。它只是许多软件开发模型之一。V 模型展示了"从上到下"的设计和测试模式。首先需要定义出技术要求，然后建立验证环节的步骤和规则，以便检查每一项要求(图 10-1 中的方块)得以按部就班地完成。

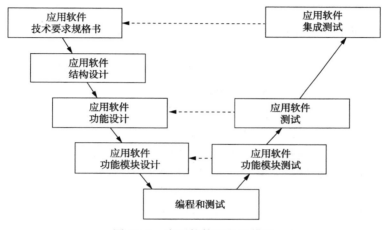

图 10-1　应用软件开发 V 模型

在上面的模型示例中，需考虑的内容和问题包括：

● **软件要求**：与软件有关的所有要求，包括系统的启动、操作、维护、停车、报警，以及旁路等等，要清晰地规定出来。软件开发的基础，是安全要求规格书(SRS-safety requirements specification)。SRS 应该明确每个安全仪表功能(SIF-safety instrumented Function)的逻辑要求。如果 SRS 还没有编制出来，或者不完整，要想有效地进行软件组态并非易事。

● **软件结构**：定义出软件的整体结构，包括采用的组态语言、主程序架构、子程序、主程序与子程序之间的交互关系、标准功能模块、附加或定制的功能等等。

● **编程或组态**：实际生成的应用软件，都是基于此前定义的软件结构和系统提供的编程语言组态完成的。根据技术要求规格书，可采用单一编程语言，也可采用多种编程语言。

● **集成**：确保所有接口、与其他系统的交互通信，以及程序的操作等等，都达到预期要求。

● **测试**：确保整个应用软件的全部技术要求，都得到充分满足。

10.3.2 程序和编程语言类型

IEC 61511 标准规定了三种类型的软件：应用、公用，以及嵌入式软件。应用软件指的是为安全系统最终用户编写并下装到控制器中的程序。公用软件是用于组态以及验证应用程序的接口平台。而嵌入软件是可编程系统本身的组成部分，如控制器的操作系统等等。

用户的主要关注点，是应用软件的设计与组态。该标准规定了三种编程语言：固定编程语言(FPL—Fixed Programming Languages)、有限可变语言(LVL—Limited Variability Languages)，以及完全可变语言(FVL—Full Variability Languages)。固定编程语言仅允许用户调整很少的一些参数，如压力变送器的量程。有限可变语言允许用户预先定义或使用与特定应用有关的标准符号库。采用梯形(Ladder)逻辑以及功能块(Function Block)编程，都是有限可变编程语言应用的典型例子。完全可变语言是我们熟悉的 IT 高级语言，诸如 C 语言或者 Pascal 语言。它们更为复杂，功能广泛，一般用于系统软件的开发。

固定或有限可变编程语言，适用于 SIL1 ~3 应用程序的组态。对于 SIL1 ~3，功能安全标准并没有指定采用编程语言或要求的区别(这意味着用户只需关注工艺应用的功能逻辑要求。而 SIL 等级的不同，体现在逻辑控制器本身的安全性能水平上)。ANSI/ISA-84.00.01/IEC 61511 也没有涉及对使用完全可变语言以及 SIL4 应用的要求。当遇到这种情况时，用户应该参照 IEC 61508 执行。采用完全可变语言被视为是研发而非使用逻辑控制系统。对于 SIL4，过程工业领域很少见，现有 IEC 61511 标准并不适用于 SIL4 的应用场合。

重新利用现有的软件或逻辑图(例如：将继电器系统更换为 PLC 时，仅仅基于它原有的梯形逻辑图对 PLC 进行组态)，并不一定增加安全。事实上，也许会*降低安全性*。正如此前所述的，很多错误可追溯到安全要求规格书。在制定技术要求时，如果没有认真仔细地审查以往系统的设计基础，原有的设计缺陷可能会移植过来。另外，与新系统有关的危险，可能是原系统不曾有的，因此需要进一步考虑(例如：PLC 的故障安全的实现方式与继电器系统是不同的)。

对于基于软件的安全系统，最常用的编程语言之一是梯形逻辑。梯形逻辑相对简单，对编程人员来说，也比较直观(至少在它诞生的那个年代如此)。随着时间的推移，多年后对系统进行修改的组态人员可能不是当年原始程序的编写者了，有时很难理解当初的编程思路。那些特殊的或者定制的应用程序，大都难以维护。这也并不是说没有任何改进的空间，例如在梯形图上加注详细的说明就大有益处，当然也不能保证所有方面都很清楚。

164

对于基于软件的系统，有一些不同的编程语言可供使用。如前所述，梯形逻辑可能是最常用的一种编程方法，它是从基于继电器的硬接线系统自然发展而来的。不过，对于其他一些类型的功能，人们也感觉到梯形逻辑并不是最适宜的编程语言。例如，对于顺控时序或批量操作，采用顺序功能图（SFC—sequential function charts）可能更容易操控。而采用结构化文本（structured text）对数学功能的编程会更容易些。IEC 61131-3 标准涵盖了五种编程语言：梯形逻辑、功能方块图、顺序功能图、结构化文本，以及指令表。从纯粹的编程来看，一个系统可使用多种语言，并允许对各种功能采用最适宜的语言进行编程，可以降低编程的难度以及节省成本。采用一种编程语言执行多种功能要求，在一些应用场合会遇到一些困难。

功能安全标准也规定，应该以清晰的、精确的，以及完整的方式，将软件组态的有关要求和内容用适当的文档记录下来。这说起来容易，做起来难。许多应用程序基于描述性的文字说明进行组态，不幸地是，对文字描述可以用不同的方式作出解释。例如：从"人吃狮子"这样的简单短语，可以想象出来怎样的情景呢？可能是一位食客坐在餐馆吃狮子的排骨，也可能想象到的是其他画面。一些应用程序的组态，依据的是因果矩阵（cause and effects matrix）。如果 PLC 必须采用梯形逻辑编程，就要将矩阵转换为梯形图。在转换过程中，也许会出现一些错误。

在一些应用场合，有的人可能经历过多样性冗余系统的应用。这样的应用可能由不同的工程团队，采用不同的逻辑单元以及不同的软件包最终组合而成。不仅在设计、测试、维护，以及编制文档等方面遭遇难以想象的困难，实践表明，它也不是有效的技术执行方式。因为所有的程序组态都按照同一个安全要求规格书进行，而规格书又恰恰是许多问题产生的根源。在测试软件时，事实上也会遇到一些共性的问题。编程人员没有注意到的某些不同寻常的细节，测试人员也可能会忽略。

10.3.3 软件性能的量化

软件不会像机械部件那样降级或出现故障。对于软件来说，其程序要么正确，要么不正确。一些事件不可预见的特定组合，也会使基于软件的系统功能失效。

有人试图量化软件的性能，引发了大量的争论。有许多的技术用于评估软件的性能，不过它们有时得出的答案截然不同。因此，安全系统标准委员会放弃了量化软件性能水平的想法，转而敦促用户遵循系统性的生命周期方法，制定详细的技术要求、规划并编写程序，以及进行测试。高水准的技术规格书以及良好的编程实践活动,是生成高质量软件的基础。即使在量化上做了很多努力,如果尝试量化的工程实践过程本身存在很多问题,寄希望通过量化改善软件的性能其效果也不会理想。

10.3.4　软件测试

采用可编程系统的优点之一,是具有很强的逻辑测试能力,或者借助于可编程电子系统(PES)的处理器[通常称作"仿真(emulation)"],或者采用一台安装了特定测试软件的 PC[通常称作"模拟(simulation)"]。仿真采用与应用程序实际运行系统相同的处理器,即相同的硬件环境,对软件进行测试。而模拟测试,是采用测试软件,即提供一个模拟的软环境。这两种测试方法之间的区别可能不大,但需要关注它们之间的不同之处。因为在一个环境下运行良好的软件,并不保证它在另外的运行环境下一定没有问题。许多 PES 供货商在他们的系统中,提供了某种形式的应用软件仿真以及/或者模拟测试能力。用户可以在应用程序组态期间或者全部完成后,对软件进行测试。

软件测试是指在没有现场 I/O 连接的情况下,对 PES 的逻辑以及操作员接口进行功能性测试。这样的测试,是在现场安装之前,利用有限的资源,在远离现场环境下进行的。因此,PES 软件测试不是实际工艺过程或者工厂的模拟(尽管也可借助单独的工艺流程模拟软件包),也不涉及对 BPCS 逻辑或者现场仪表的实际测试。

对软件进行测试,至少有下面的好处:

* 成本方面。不论在工程实施阶段还是在系统上电投用过程中都可以节省成本。在可控的非现场环境下对软件或者编程问题进行修改完善,比在工厂开车前做这些事情更省钱省力。对软件进行尽可能完善地测试,现场出现大问题的可能性就很小了。因此对工程项目的进度也是很好的保证。

* 能够更早地发现程序缺陷并予以改正。没有什么事情完美无瑕,程序缺陷总会存在。越早发现问题并予以修正,越有利于后续的工作。

* 避免在调试和开车阶段出现难以预料的问题。由于逻辑已经进行了全面的测试,在现场就可以将注意力集中在系统硬件和现场仪表之间的信号连接上,相互指责的问题随之也会很少发生。

* 仿真或者模拟测试本身,也是非常好的培训工具和手段。

* 可以更早地将用户的反馈意见整合到软件组态中。

可以在设计人员的办公室边设计边进行仿真或者模拟测试,这有利于逻辑功能的开发或者改进,因为没有物理 I/O 的限制。在没有实际 PES 硬件或仿真系统的条件下,只能对应用软件进行模拟测试。

小　结

SIS 的设计会涉及到功能安全管理、硬件以及软件问题。虽然对其中遇到的许多问题进行量化很困难，不过如果可能，基于可靠性模型进行量化分析仍然是有益的尝试。这有助于安全系统安全稳定地长周期运行。

参 考 文 献

1. ISA-84.01—1996. *Application of Safety Instrumented Systems for the Process Industries* .

2. IEC 61508—1998. *Functional Safety of Electrical/Electronic/Programmable Electronic Safety-Related Systems* .

3. *Guidelines for Safe Automation of Chemical Processes* . American Institute of Chemical Engineers-Center for Chemical Process Safety，1993.

4. Smith，David J. *Reliability，Maintainability，and Risk：Practical Methods for Engineers.* 4th edition. Butterworth-Heinemann，1993. （Note：5th ［1997］ and 6th ［2001］ editions of this book are also available. ）

5. Leveson，Nancy G. *Safeware - System Safety and Computers.* Addison-Wesley，1995.

6. Neumann，Peter. G. *Computer Related Risks.* Addison-Wesley，1995.

7. Belke，James C. *Recurring Causes of Recent Chemical Accidents.* U. S. Environmental Protection Agency-Chemical Emergency Preparedness and Prevention Office，1997.

8. Gruhn，Paul and A. Rentcome. "Safety Control System Design：Are All the Bases Covered?" *Control* , July 1992.

11
安全系统的安装

雇用两个分包商，引起了这么多的麻烦。

Gruhn

11.1 概述

虽然本章的标题是"安全系统的安装",但会涉及从设计完成到系统成功运行的几个关键活动。这些活动包括:

- 工厂验收测试(FAT,Factory Acceptance Testing);
- 安装和检查;
- 确认/现场验收测试(SAT,Site Acceptance Testing);
- 功能安全评估/开车前安全审查(PSSR-Pre-Startup Safety Review);
- 培训;
- 移交至操作部门;
- 启动;
- 启动的后续活动。

本阶段的总体目标是确保安全系统按照设计要求进行安装,按照安全要求规格书要求对相关人员进行充分培训,熟练掌握系统操作和维护知识。之所以强调这些活动,是因为这些活动的有效执行至关重要。

依据英国健康和安全执行局对 30 多个事故的调查报告,有 6% 的事故是因"安装和调试"问题引起的。相对较小的数字可能稍微有些误导。如果安全系统没有按照设计要求进行安装,没有按照安全要求规格书要求进行调试,由此导致的潜在问题可能很大。其中一些潜在问题是:

- 安装错误:诸如不恰当或者不正确的一次元件连接,或者在特殊应用场合关联设备组件选型不当。

- 现场测试做得不够充分。为了发现安装中的问题以及可能的设计错误,需要进行必要的测试。导致测试不够充分的原因通常是由于测试计划没有做好,测试人员没有经过很好的培训,测试的规程或步骤不准确,或者依据的相关文档资料不齐全等等。

- 承包商采用不合格的"山寨"部件。主要的部件通常都有明确的要求。而那些小部件,诸如接线端子或者插接件,往往被忽视。对它们也应该有明确的质量要求,避免在操作或维护阶段存在隐患。

- 在系统的建造、测试,或者启动阶段,往往未经批准就做出某些变更或修改。为了达到系统的可操作,人们经常有"临时"做出某些改变的冲动,应该避免这种随意性。所有的变更都必须遵循变更管理程序(参见第 13 章)。

● 文档没有及时更新，未能反映出竣工状态。这会给今后的维护工作带来麻烦。

● 操作人员和维护人员没有获得足够的培训。管理部门应该承担起人员培训的责任，确保与安全系统操作和运行有关的所有人员都得到必要的培训。

● 在测试或启动后，临时旁路或信号强制没有及时解除。对可编程系统的输入和输出(I/O)进行旁路或强制是很容易的事情，但实施这样的操作之后也会很容易被忘记。在端子排上插入跨接线，也可能由于疏忽很长时间都没有移除。因此，有必要通过访问的权限控制和工作规程对这些操作进行管理。

11.2 术 语

在近来的功能安全标准中，引入了很多的术语，有些人可能对此并不熟悉。有必要对其中的几个典型术语做出解释：

● 确认(Validation)；

● 验证(Verification)；

● 功能安全评估(Functional Safety Assessment)；

● 开车前安全审查(PSSR)。

确认：ANSI/ISA-84.00.01—2004，第1～3部分(IEC 61511 Mod)将这一活动描述为："通过证据证明交付的安全仪表功能和安全仪表系统，在安装后满足安全要求规格书的各项要求"。这一步通常是在系统安装后进行。有时也将此活动视同为现场验收测试(SAT)。

验证：这一术语与确认不同。验证是"通过分析以及/或者测试，对相关安全生命周期的每个阶段进行的一系列证明活动。针对特定阶段，依据特定的输入，证明其输出是否满足既定的目标和要求"。因此，"验证"活动确保安全生命周期的*每个阶段*，都已经满意地完成。验证是确保过程正确，而确认是确保结果正确。

功能安全评估：被定义为："基于证据，通过调查研究，对由一个或多个保护层取得的功能安全水平进行评判"。这一活动可以在生命周期的不同节点上进行，但是至少在安装、调试以及确认后，有必要进行一次功能安全评估。

开车前安全审查(PSSR)：在一些国家，最终的功能安全评估(即在安装、调试以及确认之后)与开车前安全审查(PSSR)是相同的活动。

11.3　工厂验收测试(FAT)

ANSI/ISA-84.00.01—2004，第1~3部分(IEC 61511 Mod)的子条款13.1.1定义了工厂验收测试的目标，即："对逻辑控制器及其相关软件一起测试，确保在安全要求规格书中定义的要求得到满足。在交付用户安装前，通过对逻辑控制器及其相关软件进行测试，系统中存在的错误易于辨识并及时得到校正"。该标准也给出了关于FAT的推荐做法。

工厂验收测试通常只针对逻辑系统以及操作员接口，而不考虑采用哪种逻辑技术。不论是由20个继电器组成的逻辑系统，还是有数百个I/O的复杂可编程电子系统，在系统发货交付用户之前，对系统的硬件和软件都要进行彻底测试。

下面讨论进行工厂测试有哪些好处，由谁来做，哪些方面应该包括在FAT中，以及以怎样的方式进行测试。另外，从本章后面所附的参考文献中，也可以读到有关FAT的详细论述。

好处：

● 可以远离用户现场的嘈杂环境，在一个可控、封闭、轻松、不受外界干扰的场所对系统硬件和软件进行审查和测试，无疑对保证测试质量和工作进度有很大帮助。

● 在供货商的工作场所进行测试，有很多的资源可以利用也十分方便，对发现的问题更容易得到解决。

● FAT对所有维护和支持人员，是非常好的培训机会。

● 随着相关人员对系统的深入了解，可以澄清或更正任何疑问或误解。

● 供货商、设计以及维护人员在一起对系统进行测试，也是增强了解、交流以及增加互信的机会。

参加人员：

需要多少人员参加FAT，取决于系统的复杂性和规模。每个人的责任应该分工明确并获得认可。至少下面的人员应该参加FAT：

● 供货商代表。

● 设计代表。通常是对SIS的设计负有整体责任的人员。同时，设计代表在FAT中担任主角，负责协调各方进行FAT，以及准备测试步骤和工作程序。

● 最终用户的维护和支持人员。

测试内容：

● 逻辑系统的全部硬件，包括I/O卡件、端子、内部电缆和接线、处理器、通信卡件,以及操作员接口等等。

- 主备自动切换以及冗余特性(如果有的话)。
- 软件(包括操作系统和应用软件)

如何测试:

需要以文档化的测试步骤和工作程序为依据进行测试,同时这些技术文件应该预先得到供货商和用户双方的批准。测试包括下面的内容,当然也不仅限于这些:

- 目视检验;
- 按照信号类型施加输入信号(例如:数字信号、脉冲信号、4~20mA 、以及热电偶等),观测系统响应;
- 操控输出信号(数字和/或模拟信号),观测其变化;
- 人工模拟各种失效场景,对后备系统进行测试;
- 测试非交互逻辑(即逻辑单向输出到现场,并不需要从现场反馈实际动作情况来干预逻辑的执行)。

为了进行测试,可以将整个逻辑系统,包括 I/O 卡件,连接到测试开关、4~20mA 信号发生器以及信号状态指示灯,并标示出它们各自代表的现场仪表位号或名称。测试人员通过操作离散信号测试开关和模拟量发生器,模拟现场的输入信号,通过观测输出信号指示灯的状态,与逻辑图(例如,因果图)进行比较,判断系统的逻辑输出是否正确。这样的测试,也能够暴露出硬件问题。也有一些其他类似的测试方式,例如将 PC 用通信电缆连接到 SIS 控制器,采用专门的软件自动地测试逻辑系统的输入输出关系,或单独对 SIS 控制器进行测试,或包括现场接线端子和 I/O 卡件。采用 PC 比人工手动测试要快得多,还可以自动生成测试结果文档。

有的用户将 FAT 的责任转嫁给供货商和系统集成商,期望藉此降低自身成本。

11.4 安 装

安装包括传感器、最终控制元件、现场接线、接线箱、控制盘柜、逻辑系统、操作员接口、报警系统,以及所有其他与 SIS 相关联的硬件。

一般安装要求:

- SIS 的安装是整体仪表和电气安装的一部分,可能由相同的承包商和施工人员完成全部安装工作。可以考虑将 SIS 的安装工作单独拿出来,由专门的安装人员负责。这有利于将安装环节存在的潜在共因问题降低到最小，并进一步强化SIS 的特殊性以及关键性(例如在测试、培训等方面，与其他仪表和控制系统的要求有所不同)。

- 确保交付给安装承包商的设计文件是完整的、准确的。承包商曾接受过相应培训的经历以及工程安装经验，是高质量完成安装任务的重要保证。
- 所有的 SIS 仪表设备，应该按照制造商的规定和推荐方法进行安装。
- 所有 SIS 仪表设备的安装，必须遵循用户现场所在地有关的全部法律法规和标准规范要求。承包商必须非常清楚这些要求，确保安装合规。
- 承包商自行采购的所有安装辅材，其质量应该满足预期要求。需要注意的是，对这些辅材往往没有详细的技术规定。
- 所有的仪表设备安装位置和安装方式，必须便于维护和测试人员靠近和操作。
- 安装承包商不能随意修改现场仪表的量程和校验精度等。
- 在安装前和安装过程中，必须小心谨慎，防止造成对所有现场仪表设备的物理或环境损坏。
- 承包商在没有获得书面批准的情况下，不得擅自更改或偏离设计图纸。任何必要的修改应该遵循变更管理程序(参见第 13 章)，所有的变更都应该完整记录，并体现在竣工图上。

11.4.1 安装检查

安装检查是确保 SIS 按照详细设计图安装完成并已准备就绪、可以进行确认等工作的必要措施。通过安装检查，确认仪表设备已经按照要求安装就位，现场接线已经正确无误，并且所有现场仪表功能正常、具备操作条件。安装检查最好分成两个不同的阶段进行。

(1) 现场仪表和接线检查。检查包括现场仪表的物理安装位置和安装方式，接线、接线电阻与绝缘、接线端子、位号与标识以及接线箱等等。安装承包商通常在系统上电前完成这一阶段的检查。

(2) 仪表设备功能检查。在 SIS 上电之后，对逻辑系统和现场仪表进行功能检查。安装承包商或者委托的独立小组完成这一阶段的工作。

进行这些检查的目的，主要是为了确认：

- 动力源(电源、气源，或者液压源)具备操作条件；
- 所有的仪表已经正确地校验和标定；
- 现场仪表具备操作条件；
- 逻辑控制器具备操作条件。

一些 IEC 的出版物给出了上述检查的工作表格,以及检查步骤和工作程序。这些表格和规程有助于确保仪表设备安装正确并经过严格检验,以及相应的记录保存完好。

11.5　确认、现场验收测试(SAT)

确认通常等同于现场验收测试(SAT)。这些检验活动是在安装检查完成后进行的。确认的主要目标,是确保系统满足安全要求规格书最初指定的要求,包括系统逻辑功能的正确性。下面的事项也应该得到保证:

- 所有的仪表设备,已经按照供货商安全手册(safety manual)的要求进行了安装与调试。
- 已经按照规定的步骤和工作计划测试完毕,测试结果也形成了书面文件。
- 安全生命周期所有各阶段的技术文件和管理文件齐全。

确认应该在工艺物料引入到生产装置之前圆满完成,确保 SIS 的预防和减轻功能能够及时地发挥作用。确认包括下面的内容,当然也不仅限于这些:

- 在正常或非正常的各种工艺操作模式下(例如:开车、停车,以及维护等),系统对应的功能是否能够正确实现。
- SIS 与基本过程控制系统,或者其他系统的网络通信是否正常(如果有的话)。
- 传感器、逻辑功能、计算指令,以及最终元件的性能和功能符合安全要求规格书的要求。
- 安全要求规格书定义的传感器关断设定点是否能够触发相应的动作。
- 确认工艺过程参数出现无效量值时(例如:在量程之外),指定的特定功能是否符合设计要求。
- 停车顺序逻辑是否按照设计要求动作。
- SIS 是否按照设计意图,给出正确的报警信号和操作画面显示。
- 计算指令是否准确无误。
- 总复位或部分工艺单元复位功能,是否正确实现。
- 旁路和旁路复位功能,是否能够正确操作。
- 手动停车功能,是否能够正确操作。
- 诊断报警功能,是否符合设计要求。
- 周期测试时间间隔要求,是否在维护规程中做了明确规定,并与 SIL 要求相匹配。

- SIS 的相关技术文件，是否与实际的安装状况和操作规程一致。

11.5.1 必要的文档

确认活动需要依据哪些文档，取决于系统的复杂性，以及设计之初就确定的项目文档清单。由于需要对整个系统进行测试，只凭任何一张图纸肯定是不够的。制定详细的工作步骤和程序并遵照执行，是最基本的要求。确认活动依据的文档包括：

- 确认活动的检查步骤和规程；
- 安全要求规格书；
- PES 组态程序的打印件；
- 整个系统结构的方块图；
- 具有物理通道地址分配的输入和输出列表；
- 管道和仪表图（P&ID）；
- 仪表索引表；
- 包括制造商名称、规格型号以及其他选型信息的仪表规格说明表；
- 回路图；
- 供电图；
- 与 SIS 输入和输出有关的 BPCS 组态；
- 逻辑图（因果图或者布尔逻辑图）；
- 所有主要仪表设备的安装布置图；
- 接线箱和盘柜之间的接线图；
- 盘柜内部接线图；
- 气动系统的管路配置图；
- 随仪表设备提供的厂商技术文件，包括技术说明，安装要求，以及操作手册等。

11.6 功能安全评估、开车前安全审查（PSSR）

ANSI/ISA-84.00.01—2004，第 1~3 部分（IEC 61511 Mod）5.2.6.1.1 陈述："应该定义功能安全评估的工作步骤和规程并遵照执行，其评估方式应该确保对安全仪表系统取得的功能安全和安全完整性水平做出判断。工作规程应该对评估小组的人员组成做出明确规定，包括对特定场合必需的技术、工艺应用知识，以及操作技能方面的要求"。作为最低要求，至少在危险物料引入到工艺生产装置

175

前，进行一次评估。在评估小组的成员中，至少包括一位具有高级专业资质的、并且是本项目设计团队之外的人员。本标准一些关键要求概括如下：

- 危险和风险评估已经完成；
- 危险和风险评估给出的建议和意见，已经落实到安全仪表系统的设计和工程实施中；
- 对项目设计中的变更，有严格的变更管理规程，并得到遵照执行；
- 上次功能安全评估的建议和意见，已经妥善解决和处理；
- 按照安全要求规格书的要求，对安全仪表系统进行设计、建造并安装。其中的任何偏离都已充分辨识并予以解决；
- 与安全仪表系统有关的功能安全管理、操作和维护规程，以及紧急响应程序已经制定；
- 安全仪表系统的确认计划适当，并且确认活动已经按照计划执行完成；
- 相关人员的培训已经完成，有关安全仪表系统的信息和文档，已经提交给维护和操作人员；
- 下一步的功能安全评估计划或策略已经制定。

11.7　培　训

安全系统的重要性是人所共知的。为了对系统进行正确操作，需要对相关人员进行必要的培训。关于安全系统的培训，应该从准备安全要求规格书开始，在生产装置的整个生命期内都要不断地进行。操作和维护等关键人员都必须接受相关培训。培训的项目包括：

- 安全要求规格书的解读；
- PES 和其他电子设备的组态和编程；
- SIS 设备在控制室和现场的安装位置；
- SIS 文档以及存放位置；
- 其他特殊维护规程；
- 在线测试规程；
- 工艺过程异常状态响应；
- 紧急停车状态响应；
- SIS 旁路操作前的审批要求；
- SIS 的逻辑操作(关断设定点、阀门的打开和关闭操作等等)；
- 诊断报警处理；

- 对维护人员进行培训，包括确定 SIS 维护的相关资质和职责。

进行有效培训的机会和方法：

- 安全要求规格书准备阶段；
- 工厂验收测试期间；
- 逻辑仿真/模拟培训；
- 教室培训；
- 现场培训手册和依托实际系统；
- 确认活动；
- 系统上电启动；
- 持续不断地进行"保鲜"培训。

供方人员要提供最终的培训支持。要审核供方培训教师的资格、确定联系方式、是否对拟培训的内容有足够的知识和技能，以及是否有能力给予所需的技术支持。

OSHA 29 CFR 1910.119（高危险化学品的过程安全管理）也定义了关于安全系统的培训要求。应该严格遵循类似安全法规的要求。

11.8   交付给工艺操作部门

顺利完成 SIS 的确认活动，是将系统交付给工艺操作运行部门的基础和前提。对每个安全功能，都要逐一签字确认，证明所有的测试都已经成功完成。操作人员必须得到充分的培训，以便能够正确地操作安全系统。如果存在任何未关闭的遗留问题，必须清楚明确地反应在相关的技术文件中，诸如：

- 存在的缺陷或偏差项目对 SIS 的操作会有怎样的影响？
- 何时解决这些问题？
- 谁负责解决这些问题？

对于任何遗留问题，如果评估小组认为有导致危险事件的潜在可能，就应该推迟开车，或者重新分析研究，直至找出解决方案以及存在的问题得到妥善处理。

11.9   开   车

相对于正常操作时期，在初始开车期间，安全系统可能会动作频繁。工艺过程的初始开车是最危险的操作阶段之一，其中的一些原因如下：

- 即使新建生产装置与现役的某个生产装置工艺完全相同，很多方面也不会完全一致。只有在新装置积累了一定的操作经验后，才能掌控实际的操作细节要求。

- 在开车阶段，操作人员通常会做旁路或者修改联锁设定值。在进行这些变更要求时，要执行变更规程，并且严格强制执行。对于变更的需求以及由此带来的影响，要彻底地分析(参见第 13 章)。曾经发生过在开车数月后，某些旁路仍未解除的情况。常见的一种旁路是对 PES 的输出做"强制(Force)"。对于这些强制操作，应该采用某种形式的报警进行监控。

- 操作人员可能没有足够的经验，不能对某些工艺参数扰动作出准确判断并完全掌控，最终导致非计划停车。

- 一些系统性失效(例如：设计和安装问题)，可能在这一阶段自我显露出来，导致误停车。

- 系统的某些部件发生早期失效(即部件存在缺陷或瑕疵)，从失效的机理来看，系统投用的初期，失效率最高。

- 在开车阶段，人工手动操作比较频繁，也会增加人员失误的可能性。

11.10　开车之后的后续活动

开车之后的主要活动，通常是文档整理、最终的培训，以及处理那些在开车过程中发现的与要求不符的偏离项。对于这些活动，应该制定明确的时间表，规定每项活动的责任人以及完成的时间。对开车之后的后续活动概括如下：

- 完成竣工图；
- 对任何特殊维护制定相关工作规程；
- 完成偏离项列表；
- 操作和维护人员的培训；
- 建立必要的在线测试程序；
- 建立必要的预防性维护程序；
- 对系统诊断信息的周期性审查。

小　结

本章回顾并讨论了从系统设计完成到成功操作的全部活动。其中的关键活动包括：工厂验收测试（FAT）、安装、现场验收测试（SAT）、功能安全评估/开车前的安全审查（PSSR），以及工艺装置的开车。这些活动的总体目标，是确保系统按照安全要求规格书的要求进行安装，以及实现设计的功能要求和安全完整性要求。要确保 SIS 的操作和维护人员接受足够的培训，完全胜任 SIS 的正确操作和维护。

参 考 文 献

1. *Out of Control*：*Why control systems go wrong and how to prevent failure*. U. K. Health & Safety Executive，1995.

2. ANSI/ISA-84. 00. 01—2004，Parts 1-3（IEC 61511-1 to 3 Mod）. *Functional Safety*：*Safety Instrumented Systems for the Process Industry Sector*.

3. *Guidelines for Safe Automation of Chemical Processes*. American Instituteof Chemical Engineers-Center for Chemical Process Safety，1993.

4. IEC/PAS 62381 ed. 1. 0 en：2004. *Activities during the factory acceptance test（FAT），site acceptance test（SAT），and site integration test（SIT）for automation systems in the process industry*.

5. IEC/PAS 62382 ed. 1. 0 en：2004. *Electrical and instrumentation loop check*.

12
功能测试

好吧，你想测试的都可以去做，
不过，你要是把装置弄停车，
立马卷铺盖走人！

Gruhn

12.1 概　　述

必须定期进行功能测试，检查安全仪表系统(SIS)的运行情况，并确保安全完整性等级(SIL)的目标能够达到。测试必须面向整个系统(即：传感器、逻辑控制器、最终元件，以及关联的报警单元)，并要有清晰明确的目标。要指定相应的责任人，并遵循书面的工作步骤和程序。

应将功能测试视作预防性维护活动的一部分。如果没有定期功能测试，很难想象 SIS 能够满意地实现其安全功能。任何东西都会有坏的时候，只是时间问题。由于安全系统是被动的，并非所有的失效都能自我显露出来。传感器和阀门都可能"粘连"在正常输出状态。电子部件由于失效，可能处于"得电"状态不再受控。因此，为了发现安全系统的危险失效，*必须*对其进行测试，以防止系统不能正确应对实际"要求"并作出响应。

测试方式可以是自动的，也可以是手动的，测试对象包括硬件以及/或者软件。对如何测试软件，存在很多争议。我们应该认识到，仅仅依靠有限度的测试，不可能检测出所有的软件错误(例如：设计错误)。如同在前面章节已经讨论的，大多数软件错误可以追溯到技术要求规格书本身。因此，依据要求规格书进行软件测试，也许无法发现所有的错误。不过，本章关注的是如何对硬件进行周期性人工测试。

12.2　测试的需要

还真听说过，有的用户在安全系统安装投用后不再对其进行测试。另外，也有人认为 SIS 中的危险失效大都源于现场仪表。或者任何失效都有可能引发潜在的意外事故。以上的情形都表明对 SIS 存在着某种程度的误解。究其原因，大概有这几方面：

(1)安全仪表系统常被误认为与基本过程控制系统(BPCS)类似，以为所有的安全系统失效，都会自主地显露出来。在第 3 章的"过程控制与安全控制"一节中，强调了常规控制与安全系统之间的不同。主要差异是安全系统中特有的失效方式。与常规控制系统不同，安全系统有*两种*截然不同的失效模式。故障安全失效会引发误关停；危险失效将无法应对实际"要求"并作出安全响应(请参见第8.4小节)。常规控制系统是动态的和主动的，大多数失效可以自我显露出来。

常规控制系统通常也不会有 SIS 那样的危险失效模式。而安全仪表系统是被动的或者休眠的,本质上并非所有的失效都能自我暴露出来。功能测试的首要目标,就是为了辨识 SIS 中的危险失效。

(2)在设计阶段可能没有建立明确的测试准则。即使有,预期的测试项目和测试频率等细节也许还没有与维护和操作人员进行沟通,而恰恰是这些人员对测试负有直接责任。

(3)人们也可能认识到了测试的必要性,但是没有制定详细的工作步骤和程序,也没有足够的工具或测试装备,由此可能导致没有进行必要的功能测试。在这种情况下,也许只会在生产装置大检修的时候才有机会进行功能测试。无疑会导致测试频度的不足。

当按照第 2 章所述的生命周期执行 SIS 工程项目时,就会涉及到上面这些问题。在安全生命周期的安全要求规格书制定、系统设计、操作,以及维护等不同的阶段,都要考虑功能测试的需求,为功能测试提供必要的手段,并制定出相应的工作步骤和程序。

对安全系统进行功能测试,绝不是无关紧要的事情(特别是在工艺单元处于运行状态时在线完成测试)。对于执行这样的测试,需要做大量的培训、协调工作,需要制定周密的计划,防止在线测试造成工艺单元的误停车。一旦造成非计划停车,就可能产生额外的危险状态,以及造成生产损失。因此,在线测试可能会遭遇其他部门的抵触。可能会听到"这不关我的事儿",或者"如果没有发现异常,就不要轻易动它"等等。

不过,进行测试的间接好处之一,是增强安全系统的操作和维护人员之间的了解和相互信任。

OSHA 过程安全管理法规(29 CFR 1910.119)要求,业主"对工艺过程有关的关键设备,必须建立维护管理体系,包括制定书面维护规程、对雇员进行培训、对设备进行适当的检验,以及对此类设备进行必要的功能测试,确保机械完整性水平的持续稳定"。OSHA 法规进一步规定:"检验和测试程序,应该遵循公认的一般可接受的良好工程惯例(RAGAGEP,Recognized And Generally Accepted Good Engineering Practices)"。

为了更好地理解功能测试的必要性以及它的基本原理,让我们讨论一个非常简单的高压关断安全仪表功能(SIF)。它由压力变送器、继电器逻辑单元,以及单个关断阀组成,如图 12-1 所示。

假设继电器逻辑单元为非冗余结构,没有自动诊断。要求时失效的平均概率(PFD$_{avg}$)可以表达如下:

$$PFD_{avg} = \lambda_d * TI/2$$

这里：

λ_d = 整个系统的危险失效率(传感器、逻辑处理器，以及最终元件的总和)；

TI = 检验测试的时间间隔；

从上面的表达式我们可以看到，检验测试的时间间隔(TI)与硬件危险失效率一样，是表征系统安全性能的重要参数。理论上，如果系统一直不进行测试，系统对"要求"不能作出响应的概率将趋近于 1，或者 100%。换句话说，如果系统永远都不测试，在需要时，不可能正常工作。

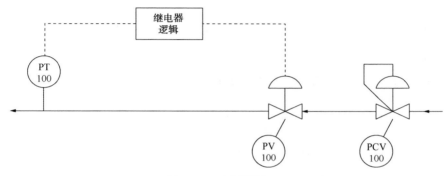

图 12-1 高压关断 SIF

上面的公式成立的前提是假定系统不具有自诊断能力，并且假定人工测试 100% 有效。如果不能达到 100% 的全面测试，一些危险失效就可能辨识不出来，在系统的生命期内一直处于"未检测出"状态。随着时间的推移，在每一个检验测试周期后，PFD_{avg} 的数值会不断增大。检验测试的有效率低于 100% 时，PFD_{avg} 计算采用下面的公式：

$$\text{PFD}_{avg} = (E_T * \lambda_d * TI/2) + [(1 - E_T) * \lambda_d * SL/2]$$

这里：

E_T = 检验测试的有效率(0~100%)；

SL = 系统有效的生命期。它是指安全系统性能稳定的有效生命期；或者至被停用时的有效服役期。

例子：

一台切断阀的危险失效率为 0.025 个失效每年(或者说平均无危险失效时间 [MTTF] 为 40 年)。假设每年做一次检验测试并且该周期性检验测试能检测出 95% 的失效。该阀在使用 10 年后被更换掉。在下面的两种场景下，在 10 年的有效期下，PFD_{avg} 值分别是多少？

a) 该阀每年做一次检验，使用 10 年后报废，更换为新阀；

b) 该阀从不进行测试，同样在使用 10 年后报废，更换为新阀。

对于场景 a)：

$$PFD_{avg} = (0.95 * 0.025/\text{年} * 1 \text{年}/2) + (0.05 * 0.025/\text{年} * 10 \text{年}/2)$$
$$= 0.018$$

RRF = 55(SIL1 范围)

(风险降低因数 RRF = 1/PFD)

对于场景 b):

$$PFD_{avg} = 0.025/\text{年} * 10 \text{年}/2$$
$$= 0.125$$

RRF = 8(SIL0 范围)

当平均无失效时间(MTTF)远远大于测试时间间隔或者生命期时,上面的简化公式误差会很小。当这样的假设前提不具备时,应该采用更详细的计算方法。

12.2.1　ANSI/ISA-84.00.01—2004 对功能测试的要求

该标准的子条款 11.8 规定:"SIS 的设计应该为完整测试或者部分测试提供便利条件。在工艺装置的周期性停产大检修时间间隔大于周期性检验测试时间间隔时,需要对 SIS 进行在线环境下的检验测试"。

子条款 16.2.8 规定:"应为每个 SIF 制定书面的检验测试步骤和规程,确保将自动诊断未能检测出的危险失效都辨识出来。这些书面测试程序应该详细地描述出需要完成的每一个步骤,包括:

- 每台传感器和最终元件的正确操作;
- 正确的逻辑动作;
- 正确的报警功能和指示"。

子条款 16.3.1.5 规定:"在某些周期性测试时间间隔(由用户确定),基于各种因素应对测试频率重新评估,各种影响因素包括:历史测试数据、工厂操作经验、硬件降级,以及软件可靠性"。现场使用经验表明,在设计阶段最初计算中假定的失效率有可能是不正确的,并且测试的时间间隔可能需要重新评估。

除了进行实际功能测试以外,在日常维护中应该对构成安全功能的仪表设备定期进行目视检查,确保没有非授权的修改以及/或者没有外观损坏(螺栓或盖板丢失,支架腐蚀,接线开路,电缆穿线管断裂,伴热线破损,以及绝缘层损坏等等)。本书作者之一在现场曾亲眼看到,一个很大的 NEMA7(防爆等级)的接线箱,它的箱盖仅剩两个螺栓固定。箱盖的表面还用黑色的记号笔写下"设计接线箱的工程师该死!",也许维护技师并不懂得所有的螺栓都应该固定上才能满足防爆要求。经验丰富的人员只需简单的目视巡检,就可以发现这些问题(作者也将见到的这一切反应给了业主负责人)。

用户需要保持维护记录,以便证明检验测试以及目视检查已经按照要求完成。这些记录至少包括下面的内容：

a）测试和巡检完成情况的描述；

b）测试和巡检的日期；

c）测试和巡检的执行人姓名；

d）被测系统的序列号或者其他的唯一标识(例如：回路编号、仪表位号、设备编号，以及 SIF 编号等等)；

e）测试和巡检的结果(例如："校正前状态(as-found)"以及"校正后状态(as-left)")。

除了 ANSI/ISA-84.00.01-2004 标准以外，ISA SP84 标委会另外编写了有关系统测试的技术报告：ISA-TR84.00.03-2002 ("过程工业领域安全仪表系统(SIS)的安全仪表功能(SIF)测试指南(Guidance for Testing of Process Sector Safety Instrumented Functions (SIF) Implemented as or Within Safety Instrumented Systems (SIS))")。这个超过 220 页的技术文件，涵盖了对各种传感器、逻辑系统，以及最终元件的测试步骤和测试要求。

12.2.2　一般性指南

当不能在线测试所有设备(例如阀门或者马达起动器)时，工程设计应该确保这些设备有足够的故障安全特性、诊断能力以及/或者冗余架构，即使只能在装置停产检修期间对它们进行测试，也能保证在运行期间保持必需的安全性能(SIL)。测试的措施和手段，应该为测试的顺利进行提供方便，并且不会中断正常的工艺操作。确定仪表设备测试频率时，应该优先考虑与预期的装置停产检修时间间隔相吻合。

用于功能测试的旁路开关，使用时应该有提示信息。对输入信号进行旁路操作时，不应该旁路该信号的数据记录和报警信息。可以考虑为旁路操作设置报警指示，提示该信号正处于旁路状态中。当对仪表设备进行旁路时，仍然要保证所在 SIF 功能的安全性。应该建立旁路操作规程，并予以严格执行。

对逻辑系统内的输入或输出信号进行强制操作，来模拟输入或者启动输出，这样的操作行为与测试是不同的，不能将它们划等号。应该将强制操作限定在仅用于维护活动，例如当对系统的某一部分进行维修时，可以通过对关联信号进行强制操作，将系统的这一部分隔离出来。为了确保旁路不会被滥用，再次强调必须遵守操作规程。

在测试期间，安全系统的某一部分可能处于离线状态，或者它的安全关断能力被降低，这对整个系统的安全性能有显著的影响，有关的讨论，请参见第8.9.1 小节。一直都不进行测试，会对安全性能水平有负面影响；反过来，测试过于频繁，并有意地将系统的一部分从正常操作中隔离出来，也同样会对安全性能产生负面影响。因此，人们也一直在探索如何优化测试频率。利霍(Lihou)和卡比尔(Kabir)在1985年发表的论文中，讨论了如何基于过去的实际性能水平，采用统计技术，优化现场仪表的测试频率。

在测试期间或者项目的开车准备阶段，为了实现系统的"可操作性"，一些修改不可避免。这些修改可能是改变关断设定值、调整计时器的设定时间、设置跨接线或进行旁路操作，或者禁止停车功能等等。这些"修改"必须是受控的。对于重大修改的部分，应该进行重新测试，以保证它们与安全要求规格书保持一致。

对关断阀的测试，通常包括检查全开或全关的行程时间，确保在特定的时间内完成全行程动作。不过检查阀门内部的机械问题是一个难题。如果阀门的某些特性非常关键，不妨考虑采用附加的保证措施(例如：阀门采用冗余配置)。

12.3　确定测试频率

如何确定人工测试时间间隔，没有严格的硬性规定。例如，不能简单地说SIL3的系统必须按月度进行测试，SIL2的系统按季度进行测试，而SIL1的系统按年度进行测试。有些企业建立了测试规范，比如规定安全系统至少每年都要测试一次，并且是由经过培训的人员完成。这样的企业规范，只能是用于某些最低要求，因为它过于简单化。一些系统可能需要更频繁的测试，而另外一些系统则相反。对每个具体的系统，需要的测试频率是不同的，它取决于采用的技术、冗余架构配置，以及风险的目标要求。

如在第八章所述的，人工测试的时间间隔对整个系统的安全性能有相当可观的影响。可以采用定量的方法，通过相关公式计算，确定最优的测试时间间隔。可以利用电子表格软件以及/或者其他计算机程序，基于不同的人工测试时间间隔画出不同的系统安全性能曲线。根据期望的系统安全性能水平要求，通过分析这些曲线，最终确定必需的人工测试时间间隔。许多时候特意地选用冗余系统，是为了不必那么频繁地对系统进行测试。

可以通过如同前面例子所述的PFD计算以及在第八章给出的PFD计算公式和方法，确定检验测试的频率。系统的不同部分，可以有不同的测试时间间隔。例如，现场仪表，特别是阀门，可能需要比逻辑控制器更频繁地进行测试。在测试中发现的缺陷或问题，都应该以安全的方式及时修复。

当以定量的方式确定必需的人工测试时间间隔时，也要充分认识到人工测试持续时间的影响(参见第8.9.1小节中的论述)。当对单一通道的系统进行测试时，有必要将它置于完全的旁路状态(以便在测试期间不能中断工艺过程)。当系统完全被旁路隔离时，它的安全有效性是多少？毫无疑问是零。因此，应该将测试的持续时间作为重要的影响参数，纳入到 PFD 计算。以旁路的方式对系统逐一进行测试时，单通道系统的安全性能降级为零，双通道冗余系统降级为单通道系统，而三重化系统将降级为双重化系统。在第 8.9.1 小节中给出的公式，考虑了测试时这样的系统特征变化。这也意味着任何系统都有各自特定的*最佳人工测试时间间隔*。图 12-2 展示了测试时间间隔影响安全性能的一个例子。

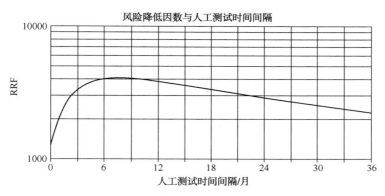

图 12-2 最佳人工测试时间间隔的例子

12.4 测试的责任主体

参与到安全系统功能测试的人员，应该具有工艺和安全系统设计知识，这是最基本的要求。结合工程、操作，以及维护三个部门的共同关注点制定测试的步骤和规程。同时，由工艺、仪表、维护，以及操作运行部门的人员相互配合完成测试。无论如何，测试的责任主体最终落在对生产装置的安全操作负有直接责任的部门和人员头上。实际参与测试的人员，应该完全掌握测试工具和方法，并且严格遵循测试的步骤和规程。除了检查安全系统的实际安全完整性水平，测试活动也是非常难得的培训机会，不仅参与者得到实际体验，对那些刚入职的新雇员，通过观摩测试过程，对今后亲身从事这些工作，也大有裨益。

12.5 测试装备和规程

仪表设备的类型、测试要求，以及测试采用的工具和措施不同，测试的步骤和程序有非常大的不同。对图 12-1 所示系统进行测试,必须将被监控的工艺单元停下来,这种情况称为离线测试。如果需要在保持生产的前提下对系统测试,就需要具有在线测试能力。例如,为了使图 12-1 所示的系统具备在线测试能力,需要增设下面的措施:

(1)通过阀门将变送器与工艺管道之间的连接隔离,并在变送器 PT-100 的旁通阀处加压。

(2)为了测试 PV-100,需要安装隔断阀和旁路阀。

(3)图 12-3 是实现在线测试的一个例子。为了测试系统,在关闭 PV-100 两侧隔断阀的同 时,打开旁路阀 HV-100,用于维持生产;向变送器 PT-100 施加压力,模拟工艺过程压力的增加,当 PT-100 达到关断设定值时,此时主关断阀 PV-100 应该关闭。采用某种形式的反馈(例如:安装在 PV-100 上的限位开关信号 ZSC100),检验 PV-100 实际上是否能够完全关闭。

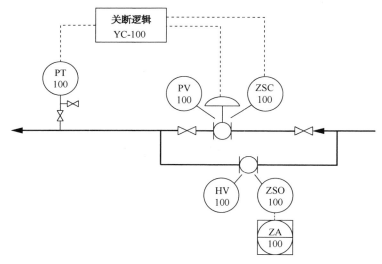

图 12-3　在线测试能力

测试低压传感器的方法之一,是关闭它与工艺过程之间的隔离阀,并将隔离阀至传感器之间连接管段内的工艺介质通过旁通阀放空(如果向周围环境排放是允许的),直至压力降到触发动作。与此类似,测试高压传感器的方法之一,是关闭它与工艺过程之间的隔离阀,并向隔离阀至传感器之间连接管段内加压,直至压力增高到触发动作。同时应该检查压力关断设定值以及系统的响应速度等指标,是否符合安全要求规格书中的要求。

对于气动系统,可以利用具有就地指示功能的气动 on/off 控制器作为输入设备。on/off 控制器的输出信号为 3psi 或 15psi(磅/平方英寸),该输出信号连接至压力开关；同时将压力开关设定为 9psi，并用作逻辑系统的输入。当 on/off 控制器的输出信号分别为 3psi 或 15psi 时，就能观测压力开关的动作。通过改变 on/off 控制器的设定值，很容易用这样的方式对输入设备进行测试。

如果一台排放阀正常时关闭而在工艺停车操作时需要打开，为了对其进行测试，可在该阀的上游安装一台常开的截止阀。当需要对排放阀进行测试时，将该截止阀关闭后就可进行。请注意，排放阀测试完毕后，所有一切都要恢复到测试前的原始状态。

测试时尽量不要采用手动旁路开关，来禁止切断阀的关闭动作(避免这种方式可能被滥用)。不过，在切断阀不能安装旁路设施时，不得以采取这种方式也应是受控的。

有时，对最终元件进行在线的关闭测试是不允许的(例如：压缩机、泵，或者大型阀门)。在这种情况下，需要安装或采用某种形式的旁路措施，确保在对检测元件和逻辑单元进行测试时，将输出到最终元件的信号屏蔽掉。例如：对于压缩机来说，将最终的关断继电器置于得电状态，这样从关断继电器到压缩机启动器的信号就被旁路掉了。

如果安装了手动操作的旁路开关，每次只能操作一个开关。即在任一时刻，不允许同时操作两个以上的旁路开关。启动旁路时，应该有某种方式的报警提示。在装置的开车阶段，为了建立工艺单元的允许开车状态，对某些信号旁路是必需的(例如：低液位或低流量联锁，在开车时的初始液位或流量低于设定值，如果不旁路将无法开车)。这些旁路功能可能需要用计时器控制旁路时间，即在某一个设定的时间后解除旁路，正常的停车功能予以恢复。对旁路操作，必须制定并严格遵循相应的操作规程。

在测试期间发现的任何缺陷或问题，必须通过适当的形式报告出来，并基于系统和问题的严重性确定修复时间。冗余系统的各个通道都必须进行测试，以保证所有部件的功能都处于正常状态。

12.6 文 档

所有的操作、测试，以及维护的步骤和规程，都必须书面规定出来，并适用于所有相关人员。但仅有工作步骤和程序是不够的，要保证它们易于理解，并具有*可操作性*。在制定测试步骤和规程时，最好包括工程、操作，以及维护人员。没有任何一个人，比这样一个群体更了解需要做什么以及如何去做。采用的专业语言和术语，要保证所有各方都明白。针对每一个停车功能，都应该有专门的测试程序。所有的测试都应该有书面的记录予以跟踪，保证将来能够通过独立人员或团体对有关 SIS 的各项活动进行功能安全审核。

12.6.1　测试规程文档样本

测试的步骤和规程，应该包含测试人员相关信息。应该将测试的内容，按照顺序分解成每一步的要求，并以适当的文档形式，清晰明确地列出来。

下面是一个例子，说明哪些关键事项应该包括在测试步骤和规程之中：

＊ ＊

关停测试规程　　　　　　　　　　　**规程 #:** ＿＿＿＿＿＿

1.0　目的：

要清晰地定义出测试的意图以及目标要求。

2.0　测试的责任人：

指定由谁必须对测试负有全部责任。如果需要其他人员给予协助，将这些人也要一并列出。

3.0　需要的工具以及其他事项

任何特殊的工具和其他必需的保障支持措施，都必须列出来。用到的这些工具必须是标定过的，并处于完好状态。

4.0　关停功能的检查频率/时间间隔

陈述测试频率或时间间隔。

5.0　危险

测试时可能发生的特定过程危险，或者测试本身有可能引发的危险，都应该详细地阐述。

6.0　参考资料

作为该规程的一部分，可能需要画一张草图或者用文字对系统操作做出描述。也要列出相关回路图、仪表选型规格表、逻辑图、供货商的手册或其他资料，或者材料数据表等参考资料。

7.0　详细的测试步骤

按照顺序，详细地列出每一步测试要求，确保下面的内容(最低限度)得到检验：

- 输入、逻辑、输出、复位，以及报警单元等功能正确。
- 系统的响应速度满足设计要求。
- "校正前状态(as-found)"以及期望的量值，应该有完整的记录。

测试结果/备注/问题

要将测试结果，用书面文件报告出来。在测试期间发现的任何问题，或者需要对测试过程陈述一些说明或建议，都应该一一列出。

测试执行人：＿＿＿＿＿　　　　　日期：＿＿＿＿＿

＊＊＊＊＊＊＊＊＊＊＊＊＊＊＊＊＊＊＊＊＊＊＊＊＊

小　结

对安全仪表系统进行测试是不可或缺的，是检验其功能状态以及确保完整性(安全性能)的重要手段。测试也是各种标准、推荐的工程惯例、指南，以及政府法规等的明确要求。测试必须面向整个系统(传感器、逻辑控制器、最终元件，以及关联的报警单元)，并且要有明确的目标要求。必须指定相关人员的责任，遵循书面的测试步骤和规程。系统的不同部分(子系统)，可以考虑不同的测试时间间隔。通过简单的代数计算，可以确定最佳的测试时间间隔。必须保持原始的测试记录并定期开展功能安全审核，以检查测试步骤和规程的有效性，以及评判数据的准确性。比如，将原始设计阶段采用的假定失效率，与现场获取的实际失效率数据进行比较，就可以确定是否需要更新相关的技术文件。

参 考 文 献

1. ANSI/ISA-84.00.01—2004, Parts 1-3 (IEC 61511-1 to 3 Mod). *Functional Safety: Safety Instrumented Systems for the Process Industry Sector.*

2. Lihou, D. and Z. Kabir. "Sequential testing of safety systems." *The Chemical Engineer*, December 985.

3. 29 CFR Part 1910.119. *Process Safety Management of Highly Hazardous Chemicals.* U. S. Federal Register, Feb. 24, 1992.

4. ISA-TR84.00.03—2002. *Guidance for Testing of Process Sector* Safety Instrumented Functions (SIF) Implemented as or Within Safety Instrumented Systems (SIS).

13
系统的变更管理

唉，我们在车间地板上发现了一幅用粉笔画的图，
这是唯一完整保留下来的东西了。

Gruhn

"在任何组织内唯一不变的就是改变"。

13.1 概　　述

不可避免地，有时需要对工艺过程、控制系统、安全系统、设备，以及工作规程等进行修改。要求修改有很多原因，包括技术或者质量要求，设备功能异常需要调整，甚至因为安全问题。

OSHA 29 CFR 1910.119(高危化学品的过程安全管理)要求，雇主应该"建立并执行书面的管理程序，管理工艺过程的化学物料、技术、设备和工作规程等方面的变更(同类产品替换除外)，以及影响整个工艺的生产装置上的变更"。

ANSI/ISA-84.00.01—2004 的子条款 5.2.6.2.2 规定，"对安全仪表系统的变更，而非同类产品更换，应该建立变更管理程序，对变更的提出、文档编制、审查、落实，直到批准等整个过程进行管理"。

本章关注安全系统有关的变更管理(MOC-Management Of Change)，并参照 OSHA 以及 ANSI/ISA-84.00.01—2004 的要求。执行 MOC 程序确保所有变更安全、持续并形成完善的文档记录。

13.2　变更管理的需要

对工艺过程进行变更，即使改动很小，也可能造成严重的安全隐患。过程工业历史上严重的事故之一，英国弗利克斯伯勒(Flixborough)爆炸，就是这样的例子。

1974 年 6 月，弗利克斯伯勒的耐普罗(Nypro)工厂一次巨大的爆炸，从根本上颠覆了各个工业领域管理安全的传统方式。

耐普罗工厂生产制造尼龙的中间体。爆炸的工艺单元，用于环己烷与空气进行氧化反应，生产环己酮和环己醇。工艺流程由六个反应器串联而成，每个反应器的处理容量为 20 吨，并有一个柔性连接点相互连接。液体从一个反应器溢流到下一个反应器，并加入新鲜空气。在其中一台反应器发现裂缝并泄漏后，为了维持生产，用一根临时的管路作旁路连接。

做出这样的决定，并没有咨询资深的工程师。整个的变更方案，后来发现竟然是车间地板上一幅粉笔画的草图。按照规程，安装完成后要进行压力测试。但是只做了气压试验而非液压试验，试验压力为 127 磅/平方英寸(psig)，没有达到安全阀起跳设定压力 156 磅/平方英寸。违反了英国的标准和指南。

这条临时管道在头两个月没有出现问题，却因为稍微提高了操作压力随后酿成了惨剧。虽然操作压力还没有达到安全阀设定压力，但因管道承压不够造成扭曲，并从两侧的软连接处脱落，反应器物料从 28 英寸口径的连接管口喷射出来。

喷射出来的物料估计有 40~50 吨，并形成了气云。气云扩散中遇到点火源引发爆炸。爆炸最终造成 28 人死亡和 36 人受伤，估计爆炸威力有 15~45 吨 TNT 当量。工厂连同三分之一英里半径范围内的建筑物全部摧毁，8 英里内建筑物门窗玻璃粉碎或破裂，爆炸声传到 30 英里以外。爆炸引发的大火烧了 10 天才扑灭，严重阻碍了现场的施救。

这次事故主要教训是：所有的更改都必须进行正规设计，并由具有相应管理权限的人员审查批准。该案例中的管道安装人员，并不具备必需的专家知识和经验。正如世界顶级著名安全专家特雷弗克利兹（Trevor Kletz）所说："他们并不清楚自己不懂什么"。

必须遵循严格的变更管理程序，对修改进行相应的影响分析。看起来似乎微不足道的改变，实际上可能隐含很大的风险。这需要现场仪表、控制系统、工艺，以及机械等经验丰富的专业人员共同分析审核。整个更改工作过程要留存文档记录，以便于未来的功能安全审核。

对安全系统进行更改，很有必要对原始安全设计基础进行审查。硬件和软件工程师要特别给出限制条件、假设以及设计要求，避免修改人员违反或者降低系统的这些要求。变更的决策者，应该清楚安全相关系统原始设计的来龙去脉，了解为什么这样安装，甚至为什么以这样的方式进行维护管理，否则不要做任何更改（包括工作规程以及设备单元等等）。

更改有可能损害重要的安全特征，或者降低安全监控的有效性。变更时要充分地论证或分析，确定它们对系统的影响。正是由于很多时候没有做到这一点，导致系统未能按照期望的要求操作，许多意外事故就这样发生了。

13.3　何时要求变更管理（MOC）？

在对工艺过程和安全系统的任何单元进行更改时，都应该遵循 MOC 的规则，包括现场仪表、逻辑单元、最终元件、报警、操作员接口，以及组态的应用逻辑。对下面的事项进行更改时，应该遵循 MOC 规程：

- 工艺过程；
- 操作规程；
- 为符合新的或修订的安全法规或标准，对系统设计或管理规程需要做相

应的变更;

- 安全要求规格书;
- 安全系统;
- 软件或固件(系统嵌入、公用,以及应用软件);
- 更正系统性失效;
- 由于系统的失效率高于预期,需要对系统设计进行变更;
- 由于系统的要求率(Demand Rate)高于预期,需要对系统设计进行变更;
- 测试或维护规程。

对固件进行修改,通常会对其性能造成重大影响,因此要严格地遵循 MOC 规程。就目前的技术而言,制造商有能力通过升级软件,修改或增加设备的功能。这种情况并不影响设备的规格型号,软件修改也只是升级设备的软件版本。如若对固件进行修改,用户应该与制造商一起,评估修改后的部件是否能够在系统内使用。如果用户评估认为该修改的固件适用于他们的系统应用要求,不妨先在冗余系统的一个通道中更换,根据用户的"早先使用"管理规定对其功能性进行实际的考核确认。当对其安全性能水平有了足够的了解,再将另一通道的固件也予以更换。对于此类高复杂性和高风险的修改,要进行充分的影响分析,贯彻 MOC 规程。

13.4　何时不适用变更管理?

对下面的情况,不需要采用 MOC 的规则:

- "同类产品替换"不视为更改。"同类产品替换",例如更换一台电动马达,与我们关注的安全系统部件更换有不同的含义。当我们更换一台电动马达时,完全可以采用另外一个厂商的产品,只需保证它们的功率、电压等级、频率、转速,以及外形尺寸与原安装马达相同即可。不过,更换安全系统设备或部件,例如变送器,情况就完全不同了。它们的失效率以及失效模式都是需要考虑的关键因素,因为它们直接影响系统的安全性能。因此,对于安全系统,"同类产品替换"应该采用完全相同的备品备件,即"一模一样"。如果采用类似的替代品,应获得预先批准,并满足原始技术规格书的要求。
- 在安全要求规格书允许范围内的更改。
- 设备维修,恢复到失效前的原始完好状态。
- 安全系统现场仪表校验、冲洗或者零点调整。
- 在安全要求规格书指定的设计或操作条件内,调整量程范围,或者改变报警、联锁关停设定点。

* 某些特定的更改，企业内可能有另外的管理程序，不受 MOC 规则的限制。

13.5　ANSI/ISA-84.00.01—2004 的要求

本标准条款 17，涵盖了安全系统的修改。在对任何安全仪表系统进行修改时，其目标是确保在变更之前，要进行适当的计划、审查，以及获得授权批准，保证系统必需的安全完整性要求。

在实施修改之前，有关授权以及控制更改的管理程序应该落实到位并遵照执行。变更管理程序应该包括清晰的工作流程，表明如何确定工作范围，以及如何辨识修改涉及的危险。要进行系统性分析，确定修改对功能安全的影响。当分析表明拟修改内容将影响安全时，应该返回到所影响的安全生命周期的首个阶段，按照生命周期对相应阶段的要求，再一步一步重新遵照执行。一定要在获得了相应管理权限的授权后，才能着手修改。

在对安全系统进行更改前，其他一些需要考虑的事项如下：

* 拟修改的技术基础；
* 修改对安全和健康的影响；
* 操作规程的相应修改；
* 修改需要的时间；
* 拟修改的授权要求；
* 控制器的存储器是否有足够的存储空间；
* 对 SIF 回路响应时间的影响；
* 是在线修改还是离线修改，涉及到的风险是什么？

要对修改进行必要的审查，确保对必需的安全完整性等级重新进行了评估，并且各相应专业有足够知识和经验的人员参与了整个评估过程。

对安全系统的所有修改，都要返回到相应的安全生命周期阶段（即修改范围影响的首个阶段）作为起点，再按照安全生命周期后续各个阶段的要求，一步一步地逐一贯彻执行，包括进行相应的验证活动，确保相关的更改能够正确顺利进行并将所有的活动形成文档记录。所有变更的执行（包括应用软件），都应该与事先确定的设计步骤相结合。

所有的系统停用或者退役，在某种程度上可以视作变更活动。因此，当停车系统被中止使用时，应该遵循变更管理程序，确保对其他保留系统或者工艺过程没有影响。

所有安全系统的变更，相关的信息都应该记录保留。这些信息至少包括：

- 修改或变更内容的描述；
- 修改或变更的原因；
- 修改涉及到的危险；
- 对 SIS 修改所做的影响分析；
- 修改工作所需的权限审批；
- 为了确保修改无误，对 SIS 进行测试时的相应记录；
- 组态变更的历史记录；
- 为了确保修改活动没有对保留部分造成任何负面影响，对 SIS 进行测试时的相应记录。

修改应由受过培训并具有相应资质的人员完成。任何变更都应该告知相关人员。如有必要，针对修改内容对影响到的有关人员进行适当培训。

本标准第十二部分涵盖了软件，包括对软件的修改。MOC 程序同样适用于软件的修改。与对硬件修改一样，对软件修改进行管理的目标，是确保软件能够持续满足软件安全要求规格书的要求。对软件进行修改，还要符合下面的附加要求：

- 在修改之前，要进行专门的分析，确定修改对工艺过程安全以及软件设计状态的影响，并指导整个修改活动。
- 应该制定安全计划，并且包括修改活动和修改后重新确认的总体安排。
- 修改活动以及重新确认活动的执行，要符合安全计划要求。
- 在制定计划时，要充分考虑修改和测试必需的条件和状态。
- 修改影响到的所有文档都应该更新。
- 所有 SIS 修改的详细活动内容都应该形成书面记录。

软件变更如同对工厂或者工艺过程进行修改那样，要认真对待并进行类似的控制。要对修改了的全部应用逻辑进行重新测试。

一个离岸油气平台用户有一套基于 PLC 的安全系统。组态了一组逻辑功能用于全平台的关断，如图 13-1 所示。

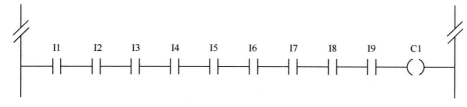

图 13-1 原有的梯形逻辑

他们计划增加一个新的输入点，也引发整个平台的关断。该修改的编程任务交给了一位经验不足的程序员。因为引发最终关断(最终线圈)的一组触点，占满了梯形逻辑的整个一行，已经没有空间将新的输入触点加入到这一行中。该程序员认为这不是问题，只需再加一行，并将该最终线圈复制到该行上即可"。他的最终解决方案如图 13-2 所示。

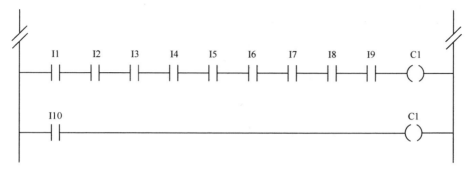

图 13-2　修改后的梯形逻辑

用户对软件进行了测试，但只是测试了修改的部分，即新增加的这一行，并没有对原有的逻辑做测试。由于仅对新增加的这一行进行了测试，很显然没有发现存在什么问题。不过，懂得梯形逻辑的人员都会注意到，这样的修改与原始逻辑实际上是有冲突的。

PLC 在进行逻辑扫描时，并不会马上写到输出。在逻辑扫描时，变量被暂存在存储器中，然后才写到输出。显而易见，在编写程序时不能将同一输出放在多行中。因为在这一行中，逻辑可能会将输出置于失电状态，而在另一行，可能又重新将其置于得电状态。在实际写到输出之前，这一切都是在存储器中发生的。换句话说，在梯形逻辑中，最后一行才是最后的结果(在这种情况下，即使原有的这一行发出停车指令，下一行也会将存储器中的输出状态复位，回到"正常"状态。因此，输出就不会置于期望的失电状态)。恰好政府安全监管人员到平台检查工作，这一问题才被发现。检查人员要求见证平台停车测试，系统却没有发出预期的停车输出信号。用户不理解这样的结果："修改后，我们做了测试!"他们测试了另一个停车条件，当然情况也一样。可以想象，用户只能面对数量可观的罚款。

13.6　变更管理(MOC)规程

变更管理的规程，应该包括下面的各项内容，见表 13-1。

表 13-1　变更管理的规程

MOC 规程内容	注　释
发起或者请求变更	需要制定变更审批表,并包含在 MOC 规程中。变更的技术基础要在该表格中描述。该表格一般是通用性的,适用于所有现场的变更。要考虑临时或者永久性变更两种情况
变更请求的审批	为变更活动建立授权审批流程
职责	要明确以下责任人: • 变更请求的审批人员; • MOC 规程执行者以及监督者
危险评估或影响分析	参与危险评估的人员,不应来自原设计审查组。这些人员的能力和职责要明确。通常多安排一些操作和维护人员参加到评估小组中来。根据变更的内容、范围,以及影响程度,充分考虑采取何种评估分析技术
文档	哪些文档需要更新?如何更新?
审查和签字	由谁审查更新后的文档并签字?
培训	对变更影响到的人员,需要评估是否需要培训,并确定培训的内容以及培训形式
施工	需要在现场施工的变更,何时进行以及如何进行?
检验	变更完成后,应由一定独立性的人员进行检验,并基于严格的书面步骤和规程进行检验
投用	修改的部分投用之前,应该得到相应的授权批准
最终完成	在成功投用后,要签署并提交最终的总结报告
审核和验证	应该执行审核和验证程序,最终证明变更管理规程得到了贯彻执行

13.7　变更管理(MOC)文档

下面的文档应该保持最新:
• 应用逻辑描述;
• 设计文件;
• 调试以及开车前验收测试(PSAT - Pre-Startup Acceptance Testing)步骤和规程;
• 操作规程;
• 维护规程;
• 测试步骤和规程;
• 安全要求规格书。

保持最新的、精准的文档，对安全系统至关重要。不准确的文档本身可能产生潜在的危险。有关变更管理的一些关键性的文档要求如下：

- 任何更改影响到的操作规程、工艺过程安全信息，以及 SIS 文档(包括软件)等，都需要做相应的更新，并标注出来。
- 制定文档保存规定，避免非授权的修改、损坏或者丢失。
- 建立适当的文档控制程序，确保所有 SIS 文档的升版、修改、审查，以及批准，都处于受控状态。

小　结

不可避免地，有时要对工艺过程、常规控制系统、安全系统，设备以及规程等进行变更。提出修改请求有很多理由，包括对技术、质量要求、设备功能失常等方面的修改或者基于安全的原因。管理法规以及标准规范都明确要求，安全要求规格书之外的任何变更，都必须遵循变更管理规程。变更管理规程要确保达到下面的要求：

- 由能够胜任修改工作的人员详细*说明*修改请求并制定方案；
- 由具备相应技能的人员对变更依据的技术基础进行*审查*，并辨识变更的影响；
- 在变更完成，并在系统投用之前，要进行*检验*和全面*测试*；
- 形成完整的*文档记录*；
- 与影响到的人员进行*沟通*，确保他们充分了解变更情况，并进行必要的培训。

参 考 文 献

1. 29 CFR Part 1910. 119. *Process Safety Management of Highly Hazardous Chemicals*. U. S. Federal Register, Feb. 24, 1992.
2. ANSI/ISA-84. 00. 01—2004, Parts 1-3 (IEC 61511-1 to 3 Mod). *Functional Safety: Safety Instrumented Systems for the Process Industry Sector*.
3. Leveson, Nancy G. *Safeware - System Safety and Computers*. Addison - Wesley, 1995.

14·
安全系统的可行性评判

来吧，亲爱的，要是
不安全他们就不会制
造它了。

我不认为这是有理有据
的评判。

Gruhn

14.1　概　　述

为了判断是否需要安全仪表系统(SIS)，首先要知道*为什么*要安装这样的系统。在过程工业领域采用安全系统，是为了降低对人员、环境、生产、财产，以及公司形象等方面的风险。事实上，对一些安全仪表功能(SIF)来说，基于经济或环境原因得出的安全完整性等级(SIL)，要高于为人身安全确定的等级，这种情形屡见不鲜。

企业对每个 SIF 进行 SIL 定级，通常基于工业标准(参见第 6 章内容)的规定，从实践中开发合适的方法。公司内部采用的定级方法，要反应公司容忍的风险量值。在进行 SIL 定级的同时，有必要进一步评估是否真正需要这样的系统。因此，进行必要性判断不可或缺。

许多公司安装安全系统，仅仅是为了解决人身保护问题，并符合相关的法规要求。在这种情形下，SIL 定级只反映"人身 SIL"。采用这种方法有一个基本前提，即关停工艺过程的目的只是为了解决对人身安全的关切。不过，确定现代过程工业安全要求必须满足法律法规、道德伦理，以及财务等多方面的诉求。如果只单纯关注保护人员的安全，不考虑技术可行性或投资的收益，对安全系统进行可行性或必要性分析没有太大必要。

某些公司更乐于使用一些辅助的评估方法，对 SIS 的成本投入进行深入的分析。通过详细的成本/收益分析，如果发现设置 SIS 的计划投资远大于由此获得的安全利益，就说明这样的 SIS 配置方案不合理。要基于每种可能后果的影响，对设置 SIS 的可行性和合理性进行谨慎的评判。

评估设置 SIS 的可行性和合理性，需要关注两个不同的问题：

(1) 在确定 SIF 的安全完整性等级时，是否可以只基于人身安全，而无需考虑包括生产损失、设备损坏、环境伤害等在内的其他风险受体？

(2) 安全、可靠性以及安全系统的生命周期成本之间的关系。安全问题关注基于必需的风险降低要求确定安全系统的安全性能。换句话说，当需要的时候系统能关停工艺过程吗？可靠性问题关注误停车指标，以及误停车对安全和整体成本的影响。由于误停车会导致多少生产损失，甚至附带的安全问题是什么(非计划停车和再开车会产生什么风险)？生命周期成本分析关注安全系统的整个生命期总成本，而非仅仅考虑 SIS 项目的初始投资。

因此，评价安全系统是否必要和合理，不仅要考虑它的安全完整性等级，也要关注它的可靠性和整个生命周期成本。

控制系统设计者面对的另一个问题,不是增设一套安全仪表系统,而是用它*取代*非 SIS 保护层。由于成本、进度,或者市场竞争的原因,有时需要考虑用一套安全系统取代其他安全保护层,需要控制系统设计者分析是否具有可行性以及可能的解决方案。典型例子是安装一套高完整性压力保护系统(HIPPS – High Integrity Pressure Protection Systems)取代机械卸压装置。在一些工厂,随着生产装置的扩容改造,火炬系统原始处理能力出现不足,不能处理全厂放空时的极端排放量。应对措施之一是安装低成本的压力保护仪表系统(大大避免安全阀起跳,消除火炬系统潜在的过压可能性),而不是增大火炬本身的处理量。

本章将探讨下面的问题,阐述安全系统进行可行性评判时的影响因素:

- 安全系统的失效模式;
- 可行性评判;
- 评判的责任主体;
- 如何进行评判;
- 生命周期成本分析;
- 优化安全、可靠性,以及生命周期成本。

14.2　安全系统失效模式

在本书中,我们一直强调安全系统存在两种截然不同的失效模式(即安全失效或危险失效)。为了对安全系统的安全性能进行深入评估,我们将这些失效模式进一步细分为下面的类型,它们对系统的性能表现有截然不同的影响:

(1)*未被检测出的危险失效*:系统的此类危险失效不仅使系统对"要求"无法做出响应,并且这样的失效也没有任何征兆可以发现。

(2)*检测出的危险失效*:系统的失效结果是危险的,但是能够通过系统内的自诊断将该失效报告出来。问题存在期间,系统不能对"要求"进行响应。

(3)*冗余系统的部分失效导致的降级模式*:这一种情形适用于具有故障容错特征的冗余系统。任一通道的失效(安全或危险)通过系统内部的自诊断报告出来,系统仍然能够对"要求"做出响应。

(4)*误关停失效*:导致误关停的失效(即导致工艺过程的非计划停车)。问题被处理完后,生产装置再重新启动。

模式 1:未被检测出的危险失效

一般认为这是最糟糕的"场景"。未被检测出的危险失效是计算"要求"时失效概率(PFD_{avg}),暨此验证安全功能安全完整性等级(SIL)的最核心影响因素(参见第 8 章的论述）。SIL 定级基于公司的风险管理策略。应该建立公司关于安全的政策和策略，并使所有各方充分理解。接下来，基于人身保护建立的 SIL 定级方法就不会受到公司领导的质疑。为了符合确定的 SIL，不管需要的安全系统结构和冗余水平如何，通常会欣然接受。另外，未被检测出的危险失效一旦发生，只能通过离线的人工测试辨识出来。

模式 2：检测出的危险失效

危险失效即使发生，如果能够被检测到，就有可能将其转化为安全的结果，因此我们的目标是尽可能地将危险失效检测出来。如果系统的平均修复时间（MTTR-Mean Time To Repair）是 8 小时，并假设"要求"为平均每六个月出现一次，那么在这 8 个小时的维修期间内，刚好发生危险的概率大约为五百四十分之一（1/540）。

这样的失效一旦检测出来，相关人员应该按照预先建立的作业规程去处理。操作规程可能需要操作人员执行下面的对策：

（1）更密切地监视停车参数和整个工艺流程的操作状态。做好准备，一旦工艺过程出现异常，必要时采取手动动作关停工艺流程。在极端情况下，可能需要立刻手动紧急停车。

（2）对发现的问题，请求 SIS 维护人员处理。如果在预定时间限度内没有完成修复工作，安全系统可以设计为自动强制停机。该预定时间限度，通常由权威认证机构（例如 TÜV）批准。

（3）系统的诊断能力，包括现场仪表，应该作为整个安全系统设计的重要关注点。在设计过程中要进行充分分析并提供必要的措施和手段。不过，提升系统的诊断能力不可避免地要增加额外的成本。对此要进行综合评估。

模式 3：降级模式

冗余系统具有故障容错能力（即容许系统中存在失效并且仍然正常维持运行）。不论关注点是安全问题还是可用性/可靠性问题，冗余架构都得到了广泛应用。冗余系统降级后，在处理故障或失效问题期间，系统仍然处于功能正常状态，因此系统降级是首选的失效模式。冗余配置虽然增大了初始投入成本，但是系统的整个生命周期成本实际上会更低。第 14.7 和 14.8 小节，给出了这样的一个例子。

模式 4：误关停失效

诸如 IEC 61508 和 IEC 61511 这样的标准，关注危险失效和安全性能问题（即当需要时，系统能够保证将工艺过程关断停车），而并没有对安全失效（即导致工艺过程的误关停）相关问题给予充分讨论和做出规定。不过一旦系统存在故障，就简单地将工艺单元关断停车，并不总是最安全的或者最经济的做法。29 CFR

1910. 119 给出的下面一段描述，概括了与误关停有关的核心问题：

"在炼化工艺过程中，举例来说，设备操作状态有时会超出设定的'可接受'限值，这时要采取应急保护措施，将设备恢复到安全操作参数值。当出现这样的状态时，根据操作规定，强制要求立即将整个工艺过程关断停车。但是从本质来说，工艺过程关断停车和再开车操作充满危险性，除非绝对必要，应该尽力避免。此外，某些部件的预期使用寿命，直接受制于按照指令循环动作的频度。因此，我们认为将关断停车降低到最低限度，不仅没有降低安全，恰恰相反会提升安全水平"。

也曾听说过，由于误关停过于频繁，对生产造成了难以接受的负面影响，解决之道是对安全系统某一部分功能长时间的禁止或者旁路，这样的解决方案非常不可取。OSHA 和 EPA 都通报过，一些意外事故就是因为这样的不恰当旁路导致的。为了减少误停车，有效的方式是提高系统的冗余水平(即故障容错)。不过，这样做会增大系统的复杂性以及增加系统成本。因此，有必要对其合理性进行评判。

14.3　可行性评判

如在本章概述中所说的，所有风险受体(即人员、环境、生产、固定设备，以及公司形象)可以通过安全系统降低过程风险受益。根据风险评估预判出可能受到伤害或者失去生命的人员数量，进而安排专项处置资金，是非常敏感、并有争议的问题。从道德层面上讲，我们必须追求人员的零伤害和零死亡。因此，许多公司避免公开制定或者使用可接受多少个人员伤亡这样的数字指标，作为安全系统可行性评判的尺度之一。对于是否需要安全系统的其他理由，可以通过量化对财务的影响进行评估。设备的损坏会造成生产的损失，可以将这两方面结合在一起考虑。有些方面，诸如对公司形象的影响，可能难以量化，需要采用更细化的定性方法进行处理。

对安全系统的可行性评判，通常需要自控系统工程人员的指导，因为他们有安全系统安装以及操作维护的成本数据。设置一套安全系统是否可行，可以基于成本-收益分析进行评判。成本包括安全系统的工程、采购、安装、操作，以及维护。降低人员伤害和意外事故发生率，降低生产损失的数量或程度，会从安全成本的节省中获取利益。本章对安全系统的可行性评估，关注下列两个方面：

（1）设备损坏以及关联的生产损失；

（2）工艺过程误关停的避免。

14.4　评判的责任主体

评判系统可行性的责任主体有很大的不同，这取决于关注点是防止设备损坏以及关联的生产损失，还是避免误关停（正如此前提及的，从纯粹的人员安全角度评判安全系统的可行性，通常不是需要讨论的问题）。如果关注的核心是设备损坏以及关联的生产损失，则需要工艺和生产人员在系统可行性评判中发挥主导作用。

为了满足误关停率要求，有一系列增强或改进系统可靠性的技术措施，不过这通常会增加系统成本和复杂性。对这些改进措施进行可行性评判时，经常要面对一些阻力，原因如下：

- 有人会认为这是生产问题，而非安全问题。显然这是错误的认知。
- 安全系统的目标是保护生产装置。由安全系统失效导致的非计划停车，可能被认为是纯粹的控制系统问题，因而想当然地觉得应该由仪表专业人员解决。生产和操作领导不愿接受由于非生产原因导致装置停车。他们对误关停可能会十分不满："什么意思？你们的安全系统还要每年至少停一次车吗?!"
- 到这个阶段项目预算一般已经确定了，增加额外的费用可能会受到限制，除非经过分析认为这很有必要。
- 用于计算误停车率的数据，可能会受到质疑。

对安全系统进行上述的可行性评判，超出了SIL要求以及控制系统工程师的责任。虽然从可靠性更高的安全系统上可获取的好处显而易见，但也不要指望所有的人都能意见一致。有人经常提出的问题如下：

- "上一个项目并没有要求安全系统如此复杂，为什么你现在要坚持这样做，并增加额外成本 ?"
- "如果确实有问题，可否以后升级解决?"
- "其他低成本的方案都考虑了吗？最好的选择是什么?"

对任何系统的投入，都需要进行适当的可行性评判。所有的项目都要面对愈演愈烈的低价格竞争。对于最低投入将造成的影响，需要仔细斟酌。

14.5　如何进行评判

对任何系统进行可行性评判，通常都基于财务分析。因此，有必要了解一些最基本的财务术语、计算用的函数公式，以及资金的数值如何随时间变化。

资金的未来值(FV-Future Value)随时间和利率的影响而变化。如果年度固定投资 M，年利率为 R，N 年后该投资的未来值可以表达为：

$$FV = M \frac{[1 + R]^N - 1}{R} \tag{14-1}$$

也可以计算未来以固定的时间间隔进行投资的现值(PV-Present Value)。如果年度固定投资 M，年利率为 R，投资 N 年，该投资的现值可以表达为：

$$PV = M \frac{1 - [1 + R]^{-N}}{R} \tag{14-2}$$

当对安全系统的可行性进行评判时，我们感兴趣的是在一定的年限上量化年度损失，再折算到现值。换句话说，我们可以计算危险事件以及/或者误停车的年度影响，计算未来损失的现值，并确定安全系统的投资额度限制。如果投入的成本高于预估的收益，增加这样一套安全系统的可行性就受到质疑。

可行性评判例 1：设备损坏和相关生产损失

假设一个危险事件可能导致爆炸，并估计造成 \$1000000 的设备损坏。分析表明，该事件预计发生的频率为 2.0×10^{-3}/年(1/500 年)。拟采用一套安全系统，其风险降低因数为 100，风险将降低到 2.0×10^{-5}/年(1/50000 年)。假定安全系统的预计使用年限为 20 年，年利率为 6%。那么，上一套安全系统的初始投资限定到多少时，才是合理的？

答案：

如果安全系统将风险从 2.0×10^{-3}/年降低到 2.0×10^{-5}/年，则每年平均节省 \$1980（\$1000000/500 - \$1000000/50000）。那么，对安全系统的投资最高可以按照每年投入 \$1980，共投入 20 年，每年的利率为 6% 进行计算。设置一套安全系统的初始投资超过这个限值，意味着得不偿失。可采用上述的式(14-2)进行计算：

$$PV = \$1980 * [1-(1.06)^{-20}]/0.06$$
$$= \$22710$$

在上面的计算中，安全系统的操作和维护成本被忽略了。在现实的估值计算中，这些因素应该被考虑在内。

可行性评判例 2：误停车的避免

假设一个工艺单元误停车的总成本估计为 \$100000。现有一套在役的安全系统，其误关停率为每 5 年一次。对在役安全系统进行升级，计划投入 \$70000，可以将误停车率降低到 10 年一次。如果系统的使用年限估计还有 20 年，年利率为 5%，评估一下对系统进行升级的计划投资是否合理？

答案：

在没有升级前，误停车的年度成本为 \$100000/5 年，即每年 \$20000。升级后，误停车的年度成本为＄100000/10 年，即每年＄10000。潜在的收益为每年＄10000（＄20000－＄10000）。

贷款＄70000，期限为 20 年，年利率为 5%，其年度成本可以依据式（14-2）求 M 值获得。

$$= (\$70000 * 0.05)/[1-(1+0.05)^{-20}]$$
$$= \$5617/年$$

可见，其投资是合理的，因为其收益（＄10000）大于支付的成本（＄5617）。

14.6　生命周期成本

评估安全系统投资合理性的一种方法，是在考虑各种因素的前提下，对整个生命周期的成本进行分析。生命周期成本代表了拥有该系统的总成本。在计算生命周期成本时，需要更加量化的、口径一致的方式对各种选项进行分析。表14-1概括了在安全系统的整个寿命期内，需要支付的主要成本科目。该表分为初始的固定投资（即系统的设计、采购、安装、调试、以及操作等的成本），以及年度成本（即维护以及与系统关联的其他不断发生的成本）。在某种程度上，这些成本代表了在第二章生命周期模型中涉及的那些活动的必要支付。

表 14-1　安全系统成本明细列表

成本科目	注　释
初始的固定成本	
SIL 定级	完成安全完整性等级（SIL）定级活动的成本（安全审查活动完成后，需要进行一系列活动，确定是否需要安全系统。如果需要，要辨识出安全功能，并确定相应的 SIL）
安全要求以及设计要求规格书	完成安全要求规格书，以及概念设计和详细设计规格书的人工成本
详细设计和工程	详细设计和工程实施的成本
传感器	传感器的采购成本
最终元件	阀门和其他最终元件的采购成本
逻辑系统	逻辑系统的采购成本
控制盘柜、电源、导线或电缆接线、接线箱，以及操作员接口等	用于安装以及监控安全系统必需的各种辅助设备和材料的成本

成本科目	注　　释
初始培训	面向设计、操作,以及维护支持人员,进行系统的设计、安装,以及测试等方面的培训需要支付的成本
FAT/安装/PSAT	工厂验收测试、SIS 系统安装,以及开车前验收测试的成本
开车和完善活动	大多数系统在完全投入使用前,需要进行一些收尾和完善活动
年度成本	
持续培训	对操作和维护支持人员,要持续地进行知识和技能更新培训
工程变更	由于审查的需要,以及文档的更新,这一项的成本可能会比较高
服务协议	对于可编程逻辑控制器,一般会与制造商签订服务协议,以便解决那些"疑难"问题。如有的话,相关的成本
固定操作和维护成本	公共资源以及预防性维护规程实施等方面的成本
备件	按照供货商建议,采购的关键备件成本
测试	由操作和维护人员进行周期性测试的花费
维修成本	维修或更换损坏的仪表或部件的成本
危险事件的成本	这一部分的成本基于危险分析确定。危险率是系统的 PFD 值和"要求率"的函数
误停车成本	基于系统 $MTBF^{误关停}$ 计算出的生产损失
年度成本的现值	年度成本的现值,基于当前的利率和预期的系统使用年限计算。这些成本应该加到初始固定成本中,并获得所有成本的现值。PV 按照下面的公式计算: $$PV = M \frac{1-\left[1+R\right]^{-N}}{R}$$ 其中,M 为年度成本,R 为年利率,N 为使用年限
生命周期的总成本	系统有效生命期的总成本。它是初始固定成本和年度固定成本现值的总和

14.7　审查示例

下面列举两种可能的安全系统解决方案,用于示范如何分析生命周期成本。

易燃物质 A 和 B,以固定的比率输送到反应器内,这一过程由基本过程控制系统(BPCS-Basic Process Control System)进行控制。流量控制器 1 的给定值由罐上液位控制器的输出设定,以便保持罐内的液位稳定。进料 A 的流量控制器输出,调节进料 B 流量控制器的给定值,以便保持进料 A 和 B 的流量比值。

图 14-1 展示了基本过程控制方案的构成。

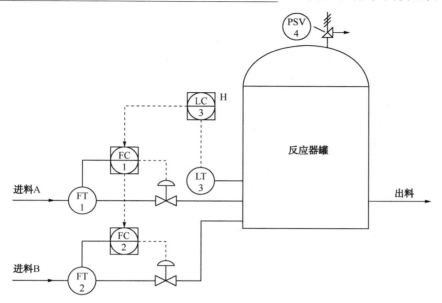

图 14-1　反应器罐的基本过程控制方案

表 14-2 为在安全审查中辨识出的危险事件的危险分析汇总。

表 14-2　危险分析汇总

危险	原因	后果	发生的可能性
易燃性气体释放到大气环境	BPCS 失效	火灾、爆炸，$500000 损失	中等
反应器失效	BPCS 和安全阀失效	$750000 损失	低

注：一次误停车成本为 $10000。

推荐的安全仪表系统如下：

（1）安装高压关断系统，切断反应器进料 A 和 B。

（2）安装高液位关断系统，切断反应器进料 A 和 B。

依据上面的数据，并采用第 6.8 小节和图 6-2 中给出的 3 维 SIL 定级矩阵，最终确定每个安全功能(压力和液位)需要的安全完整性等级均为 SIL1。

拟定安全系统如下：

方案 1：

传感器：单台变送器；

逻辑单元：继电器逻辑；

阀门：在每条进料管线上安装一台切断阀。

方案 2：

传感器：三重化变送器 2oo3 表决(选择中值)；

逻辑单元：故障容错安全 PLC；

阀门：在每条进料管线上安装一台切断阀。

方案 1(图 14-2)的 PFD$_{avg}$和 MTTF^{误关停}计算：

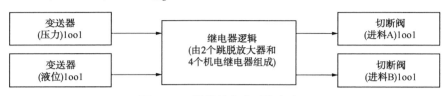

图 14-2　拟议的安全系统方案 1

失效数据：　　　　　　　(失效数/年)

变送器：　　　　　　$\lambda_{du} = 0.01$（100 年 MTTF）　　$\lambda_s = 0.02$（50 年 MTTF）

阀门和电磁阀：　　　$\lambda_{du} = 0.02$（50 年 MTTF）　　$\lambda_s = 0.1$（10 年 MTTF）

跳脱放大器：　　　　$\lambda_{du} = 0.01$（100 年 MTTF）　　$\lambda_s = 0.01$（100 年 MTTF）

机电继电器：　　　　$\lambda_{du} = 0.002$（500 年 MTTF）　$\lambda_s = 0.02$（50 年 MTTF）

附加数据：

测试时间间隔(TI)：6 个月

PFD$_{avg}$计算

SIL 定级与每个安全仪表功能相对应，因此，"要求"时失效概率(PFD)也应该针对每个安全功能计算，即 1 台变送器、1 个跳脱放大器，3 个机电继电器，以及 2 个阀门。

PFD$_{avg}$　　　　　　　　　$= \lambda_{du} * TI/2$

PFD$_{avg}$(传感器)　　　　$= 0.01 * 0.5/2 = 0.0025$

PFD$_{avg}$(跳脱放大器)　　$= 0.01 * 0.5/2 = 0.0025$

PFD$_{avg}$(机电继电器)　　$= 3 * 0.002 * 0.5/2 = 0.0015$

PFD$_{avg}$(阀门和电磁阀)　$= 2 * 0.02 * 0.5/2 = 0.01$

PFD$_{avg}$(整个 SIF)　　**$= 0.0165$**

对于 SIL1 功能，允许的 PFD 最大值为 0.1。因此，上面的计算结果表明，整个安全仪表功能符合 SIL1 的安全性能要求。(风险降低因数[1/PFD]为 60，介于 SIL1 规定范围 10 到 100 之间)。

MTTF^{误关停}计算

关于误关停车平均无失效时间(MTTF^{误关停})计算，应该包括可能引起误关停的所有部件：2 台变送器、2 个跳脱放大器、4 个机电继电器，以及 2 个阀门和电磁阀组合。假设电源是冗余配置，并在计算中予以忽略(非冗余部件才是主要影响因素)。

MTTF^{误关停}　　　　　　　　　$= 1/(\lambda_s)$

MTTF^{误关停}(传感器)　　　　　= 1/(2 * 0.02) = 25 年
MTTF^{误关停}(跳脱放大器)　　　= 1/(2 * 0.01) = 50 年
MTTF^{误关停}(机电继电器)　　　= 1/(4 * 0.02) = 12.5 年
MTTF^{误关停}(阀门和电磁阀)　　= 1/(2 * 0.1) = 5 年

MTTF^{误关停}(整个系统) = 3 年

（这里没有给出计算过程，根据 ISA 相关文献给出的误停车率（STR-Spurious Trip Rate）计算公式，整个系统的 MTTF^{误关停} 倒数等于各部分 MTTF^{误关停} 的倒数求和。——译注。）

根据上述计算，预计平均每 3 年会发生一次误关停。

虽然方案 1 系统满足了 SIL1 的要求，为了降低误停车率，也需要考虑是否配置冗余的传感器和可编程逻辑单元。

方案 2（图 14-3）的 PFD$_{avg}$ 和 MTTF^{误关停}计算：

图 14-3　拟议的安全系统方案 2

来自于现场的失效率数据，假设与方案 1 相同。逻辑系统的供货商，通常要提供其硬件的安全和危险失效的性能数据。对于冗余变送器和逻辑系统，考虑有 10% 的公共原因因数（β）。假定冗余变送器配置有 99% 的诊断覆盖率。参照第八章给出的相应公式进行计算。另外，2oo3 传感器和逻辑系统每 3 年进行一次功能测试，而阀门仍然按照每 6 个月进行一次功能测试。

PFD$_{avg}$计算

SIL 定级与每个安全仪表功能相对应，因此，"要求"时失效的概率（PFD）也应该针对每个安全功能计算，即 2oo3 变送器、2oo3 安全 PLC，以及两个阀门。冗余部件的公共原因占比需要在计算时考虑（因为这一参数的影响很明显）。

PFD$_{avg}$（2oo3 传感器）　　　= 0.01 * 0.01 * 0.1 * 3/2 = 0.000015
（失效率 * 未检测出的失效% * 公共原因% * 测试时间间隔/2）
PFD$_{avg}$（2oo3 安全 PLC）　　= （来自供货商）= 0.00005
PFD$_{avg}$（阀门和电磁阀）　　= 2 * 0.02 * 0.5/2 = 0.01
PFD$_{avg}$（SIF）　　　　　　= 0.01

对于 SIL1 功能，允许的 PFD 最大值为 0.1。因此，上面的计算结果表明，整个安全仪表功能符合 SIL1 的安全性能要求。（风险降低因数[1/PFD]为 100，介于 SIL1 和 SIL2 以内）。

MTTF^{误关停}计算

关于误停的平均失效时间(MTTF^{误关停})计算,应该包括可能引起误关停的所有部件:两组 2oo3 变送器配置、2oo3 安全 PLC,以及两个带有电磁阀的关断阀门。冗余部件的公共原因占比需要在计算时考虑(因为这一参数的影响很明显)。

MTTF^{误关停}(2oo3 传感器)= $1/(2*0.02*0.1)=250$ 年

(1/数量 * 失效率 * 公共原因%)

MTTF^{误关停}(安全 PLC)= (来自供货商)= 200 年

MTTF^{误关停}(阀门和电磁阀)= $1/(2*0.1)=5$ 年

MTTF^{误关停}(整个系统)= 5 年

根据上述计算,预计每 5 年会发生一次误关停。方案 2 中阀门是最薄弱的环节(包括安全和误关停),系统的其他部分是故障容错的。方案 2 的系统比方案 1 的更安全,并且有更小的误关停率。下面针对这两种系统配置,进一步对整个生命周期成本进行分析。

14.8　生命周期成本分析

下面的分析试图说明完成生命周期成本分析采用的技术方法。所用*数据*都是*主观假设*,并不代表任何特定产品或装置的实际成本。读者应该依据自己的现场实际数据,进行精确的计算。方案 1 和方案 2 的生命周期成本见表 14-3 和表 14-4。

表 14-3　方案 1 的生命周期成本

	材料	人工	总成本	小计
初始固定成本				
SIL 定级		$2000	$2000	
SRS/设计技术规格书		$5000	$5000	
详细设计和工程实施		$30000	$30000	
传感器	$4000		$4000	
最终元件	$3000		$3000	
逻辑系统	$10000		$10000	
控制盘柜、电源、接线、接线箱等	$5000		$5000	
初始培训		$5000	$5000	
FAT/安装/PSAT	$5000	$25000	$30000	
开车和收尾活动	$2000	$8000	$10000	

	材料	人工	总成本	小计
固定成本小计				$ 104000
年度成本				
持续培训		$ 3000	$ 3000	
工程变更	$ 1000	$ 4000	$ 5000	
服务协议				
固定操作和维护成本		$ 1000	$ 1000	
备件	$ 2000		$ 2000	
人工测试		$ 25000	$ 25000	
维修成本	$ 1000	$ 500	$ 1500	
危险事件的成本			$ 12000	
误关停成本			$ 4000	
年度成本小计				$ 45500
年度成本的现值（PV）				$ 567031
（20 年的使用年限，5% 年利率）				
生命周期成本总计				**$ 671031**

表 14-4 方案 2 的生命周期成本

	材料	人工	总成本	小计
初始固定成本				
SIL 定级		$ 2000	$ 2000	
SRS/设计技术规格书		$ 5000	$ 5000	
详细设计和工程实施		$ 30000	$ 30000	
传感器	$ 12000		$ 12000	
最终元件	$ 3000		$ 3000	
逻辑系统	$ 30000		$ 30000	
控制盘柜、电源、接线、接线箱等	$ 5000		$ 5000	
初始培训		$ 15000	$ 15000	
FAT/安装/PSAT	$ 5000	$ 25000	$ 30000	
开车和收尾完善活动	$ 2000	$ 8000	$ 10000	
固定成本小计				$ 142000
年度成本				
持续的培训		$ 3000	$ 3000	

续表

	材料	人工	总成本	小计
工程变更	$1000	$1000	$2000	
服务协议		$2000	$2000	
固定操作和维护成本		$1000	$1000	
备件	$4000		$4000	
人工测试		$15000	$15000	
维修成本	$1000	$500	$1500	
危险事件的成本			$6000	
误关停成本			$2000	
年度成本小计				$36500
年度成本的现值(PV)				$454871
(20 年的使用年限,5% 年利率)				
生命周期成本总计				**$596871**

与方案 1 相比,方案 2 的系统有更低的误停车率,并且改进了安全性能。另外,除了更低的人工测试成本(传感器和逻辑系统的测试频率更低),整个安全生命周期的成本也低,这就意味着方案 2 更可取,有足够的理由证明选用方案 2 是合理的。

14.9 优化安全、可靠性以及生命周期成本

过去许多人更关注逻辑单元的安全性能。然而只用简单的模型分析,也会看到现场仪表设备的影响更大,不仅体现在安全性能上,即使在误停车率以及整个安全生命周期成本上也是如此。可以基于安全、可靠性,以及成本等方面,分析并比较各种方案(例如:冗余性、测试时间间隔、自诊断水平,以及公共原因等等)的长期影响。

可靠性建模和生命周期成本分析,都是优化安全系统设计非常有效的工具。通过这样的分析,可以把注意力集中在对安全系统的性能影响举足轻重的某些特定子系统或部件上,着眼于长期利益,可以更好地评估系统的结构配置和测试时间间隔等要素的合理性。如在上面的例子中看到的,故障容错系统的初始投入成本可能会高些,但是,由于有更低的误关停率以及减少了测试成本,整个生命周期成本可能反而更低。

这样的分析方法,也可以用于分析安全仪表系统是否可以用作取代其他独立保护

层的选项。在整个分析过程中，工艺工程师以及其他系统专家的参与非常有必要。

小　结

在以人员安全为基本考量，确定是否需要安全系统的工程实践中，很多公司积累了丰富的经验。人命关天，如果只单纯地从保护人员的角度决定是否设置 SIS，就无需过多地考虑成本因素。

不过，对安全系统可行性的评判，并不仅限于人员安全，我们仍有必要关注可靠性和总生命周期成本。应该考虑生产设备等固定资产的保护，误关停造成生产损失的大小，意外事故对环境的影响，以及企业形象等方面。评判安全系统的设计和安装是否合理，可靠性建模和生命周期成本分析，是非常适宜的工具。

参 考 文 献

1. Goble，W. M. *Control Systems Safety Evaluation and Reliability*. Second edition. ISA，1998.
2. 29 CFR Part 1910. 119. *Process Safety Management of Highly Hazardous Chemicals*. U. S. Federal Register，Feb. 24，1992.
3. Belke，James C. *Recurring Causes of Recent Chemical Accidents*. U. S. Environmental Protection Agency−Chemical Emergency Preparedness and Prevention Office，1997.

15
SIS 设计检查表

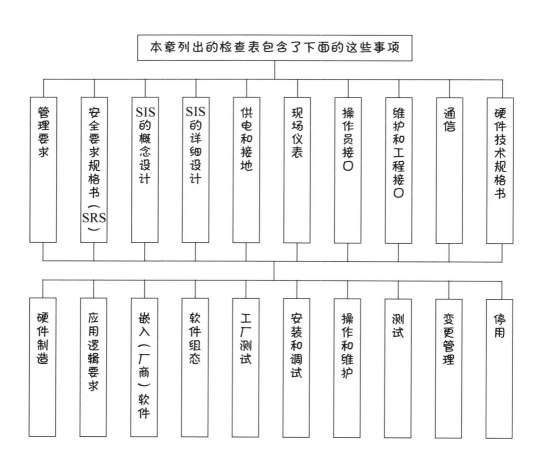

本章列出的检查表包含了下面的这些事项

- 管理要求
- 安全要求规格书（SRS）
- SIS 的概念设计
- SIS 的详细设计
- 供电和接地
- 现场仪表
- 操作员接口
- 维护和工程接口
- 通信
- 硬件技术规格书

- 硬件制造
- 应用逻辑要求
- 嵌入（厂商）软件
- 软件组态
- 工厂测试
- 安装和调试
- 操作和维护
- 测试
- 变更管理
- 停用

15.1　概　述

采用检查表，本身并不会使系统更安全，这就如同即使完成了危险和可操作性研究（HAZOP-HAZard and OPerability study），如果不按照它给出的意见和建议去行动，也不会使工厂或生产设施有任何安全改进。检查表中提及的那些操作步骤以及作业规程，都是基于业界标准和积累的经验知识制定的（很多的现场经验是在"交付了昂贵的学费"后获取的）。只有遵循了这些作业或管理程序，才会推动功能安全的整体水平提高。检查表尽可能地列出涉及到的规程以及常见的实践活动。希望通过对 SIS 工程项目生命周期的系统性、全面的审查，确保不会有任何必要的工作环节落入技术或管理的"裂缝"中。

检查表由多个部分组成，每一部分对应 SIS 安全生命周期的一个阶段。在各种功能安全标准中，都有对安全生命周期的表述。不同的检查表，用于涉及安全系统全部生命周期活动的不同团体，包括最终用户、承包商、供货商，以及系统集成商。严格规定哪个团体对哪几部分负责，是很困难的，因为项目与项目可能截然不同。因此，这些检查表并不指定由谁负责实施，它们只是汇总了生命周期的各个阶段应该关注的要点。

为何要这样做？英国健康和安全执行局（HSE）发布了 34 起意外事故的研究结果，这些事故都是因为控制和安全系统的失效导致的。研究结果见图 15-1。44%的意外事故，是由于*不正确的以及不完整的技术规格书*（功能和完整性两方面）引起的。20%是调试后由于变更导致的。很多问题都与*最终用户*的活动有关。后知后觉容易做到，每个人总能事后看清所做所为的对与错。做到先见之明，会有些困难。工业标准，以及在此讨论的检查表，都是试图涵盖所有的问题，并非仅仅盯着某一特定的局部。

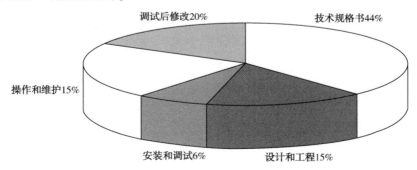

图 15-1　各阶段导致意外事故占比，摘自 U. K.　HSE

这些检查表绝不是最终的或者特别完善的，仅作为参考。如果打算采用这些表格，一定要全面审查，并按照自己的需要增加、删减或者做出必要的调整。每一部分的注释，可以结合实际工作情况，给出说明、评论，以及意见和建议。

15.2　检查表概览

本章列出的检查表，包含了下面的这些事项：

- 管理要求；
- 安全要求规格书(SRS)；
- SIS 的概念设计；
- SIS 的详细设计；
- 供电和接地；
- 现场仪表；
- 操作员接口；
- 维护和工程接口；
- 通信；
- 硬件技术规格书；
- 硬件制造；
- 应用逻辑要求；
- 嵌入(厂商)软件；
- 软件组态；
- 工厂测试；
- 安装和调试；
- 操作和维护；
- 测试；
- 变更管理；
- 停用。

第1部分：管理要求

序号	项目描述	对选项画圈			注释
1.1	执行生命周期各阶段的活动，是否已经明确了相关部门的分工或人员的责任？	Y	N	N/A	
1.2	执行生命周期各阶段的活动，相关的部门是否非常了解他们的分工？相关人员是否非常清楚他们的责任？	Y	N	N/A	
1.3	相关责任人，是否胜任其工作，具备执行其职责的能力？	Y	N	N/A	
1.4	人员的能力是否记录在案，并按照专业知识、技能与经验，以及接受培训情况分类评定？	Y	N	N/A	
1.5	对于生产工艺过程，是否进行了危险分析和风险评估？	Y	N	N/A	
1.6	是否制定了安全计划，并且定义了必需的各项活动？	Y	N	N/A	
1.7	是否制定了工作标准和管理规程，确保及时发现问题，并对提出的意见和建议，及时整改？	Y	N	N/A	
1.8	是否制定了工作标准和管理规程，定期完成功能安全审核，确保相关的法规、技术标准和规范、工作规程和管理规定，以及设计要求等等得到满足？	Y	N	N/A	

第2部分：安全要求规格书

序　号	项目描述	对选项画圈			注　释
2.1	安全要求是依据对工艺过程的系统性危险评估制定的吗？如果不是，依据什么？	Y	N	N/A	
2.2	对于每一个在 SIS 中执行的安全相关功能，是否有清晰、准确的描述？	Y	N	N/A	
2.3	对于工厂的每种工艺操作模式(例如，开车、正常操作、维护等等)，是否定义了相应的工艺安全状态？	Y	N	N/A	
2.4	针对工厂的每种工艺操作模式(例如，开车、正常操作、维护等等)，是否定义了相应的 SIS 安全功能？	Y	N	N/A	
2.5	对于每一个安全仪表功能，是否定义了性能要求(例如：响应速度、测量精度，等等)？	Y	N	N/A	
2.6	对于每一个安全仪表功能，是否定义了必需的安全完整性等级(SIL)？	Y	N	N/A	
2.7	对于传感器输入信号，是否定义了量程、精度、故障时的信号偏置方向、噪音限度、甚至频带宽度等等？	Y	N	N/A	
2.8	对于输出信号，是否定义了信号范围、精度、刷新频率等等？	Y	N	N/A	
2.9	在系统失效时，是否有足够的诊断或报警信息，告知操作和维护人员？同时，相关人员是否能采取有效的处理措施和手段确保安全控制？	Y	N	N/A	
2.10	在操作员接口，是否很好地定义了数据显示、报警等交互信息？	Y	N	N/A	
2.11	是否遵循了当地的或者专门的法规要求？	Y	N	N/A	
2.12	对于 I/O 信号的复位操作，是否制定了相应的操作和管理规程？	Y	N	N/A	
2.13	对于 I/O 信号的旁路操作，是否制定了相应的操作和管理规程？	Y	N	N/A	
2.14	对于与工艺有关的共因问题(例如，腐蚀、堵塞、涂层等等)，是否作了充分考虑？	Y	N	N/A	

第 3 部分：SIS 的概念设计

序　号	项目描述	对选项画圈			注　释
3.1	安全功能与常规过程控制功能是否在完全隔离的不同系统实现（例如：安全功能在单独的 SIS，而常规过程控制在 DCS）？如果不是，评估其合理性了吗？	Y	N	N/A	
3.2	如果多个安全仪表功能在同一个逻辑控制器中实现，当不同安全完整性等级（SIL）的信号共享某些部件时，是否按照其中的最高 SIL 要求，进行设计、维护，以及管理？	Y	N	N/A	
3.3	针对每个安全仪表功能的 SIL 要求，是否在仪表设备选型时考虑了不同的技术，采用了不同的冗余水平？如果是，不同 SIL 的选型原则和冗余水平是什么？	Y	N	N/A	
3.4	针对每一个安全仪表功能，是否确定了它们子系统的人工检验测试周期，并评判了其合理性？	Y	N	N/A	
3.5	对于每个安全仪表功能的性能化水平，是否做了定量分析并形成书面报告，以便确认满足了相应的 SIL 要求？如果没有，如何评判系统配置具有合理性？	Y	N	N/A	
3.6	对于非认证的仪表设备，是否建立了基于"经验使用（Proven in use）"或者"早先使用（Prior use）"原则的评判规则？	Y	N	N/A	

第 4 部分：SIS 的详细设计

序　号	项目描述	对选项画圈			注　　释
4.1	对于所有设计文件的管理，是否有正式的版本控制和交付管理程序？	Y	N	N/A	
4.2	对于最终系统达到的 SIL，是否做了定量分析并形成书面报告？如果没有，如何评判系统配置具有合理性？	Y	N	N/A	
4.3	现场仪表与逻辑控制器之间的接口，是否配置恰当？	Y	N	N/A	
4.4	用于信息交换的通信接口，采用的通信协议等是否配置恰当？	Y	N	N/A	
4.5	对于未来的系统扩展，是否做了必要的考虑？	Y	N	N/A	
4.6	在设计过程中的任何修改变更，是否有相应的管理规定？	Y	N	N/A	
4.7	针对下列情形，系统是否故障安全：				
	a）在电源掉电时？	Y	N	N/A	
	b）仪表气源中断时？	Y	N	N/A	
	c）现场信号接线断路时？	Y	N	N/A	
4.8	非安全功能的动作，是否妨碍或者削弱任何安全功能？	Y	N	N/A	
4.9	对于每个系统部件的安全状态，是否都明确做出了定义？	Y	N	N/A	
4.10	对于系统中每个部件的失效模式及其影响是否做了分析？对失效时必需的动作是否做了考虑？	Y	N	N/A	
4.11	现场仪表设备的配电是否与其他系统分开设置？	Y	N	N/A	
4.12	I/O 信号的旁路措施是否得当？	Y	N	N/A	
4.13	当输入信号被旁路时，现场传感器的实际状态是否仍然可以读到？	Y	N	N/A	
4.14	当旁路持续时间超过了预设值后，是否采取了某种形式的报警？	Y	N	N/A	
4.15	对于联锁，是否设置了手动复位用于重新启动？如果没有，如何评判其合理性？	Y	N	N/A	

第 5 部分：供电和接地

序 号	项目描述	对选项画圈			注 释
5.1	系统内采用的电源是直流电（DC）吗？如果不是，如何评判其合理性？	Y	N	N/A	
5.2	系统外的供电电源是否为冗余配置？如果不是，如何评判其合理性？	Y	N	N/A	
5.3	是否充分考虑了电源失效的可能影响？	Y	N	N/A	
5.4	是否对与电源有关的下列问题，做了充分考虑：				
	a）电压和电流的波动范围，包括瞬间起峰电流？	Y	N	N/A	
	b）频率波动范围？	Y	N	N/A	
	c）谐波畸变？	Y	N	N/A	
	d）非线性负载？	Y	N	N/A	
	e）AC 转换时间？	Y	N	N/A	
	f）过载和短路保护？	Y	N	N/A	
	g）雷电防护？	Y	N	N/A	
	h）对于瞬时峰值、浪涌、电压过低，以及噪音等的防护？	Y	N	N/A	
	i）电压高或低？	Y	N	N/A	
5.5	是否对与接地有关的问题，做了充分考虑：				
	a）腐蚀防护？	Y	N	N/A	
	b）阴极保护？	Y	N	N/A	
	c）静电防护？	Y	N	N/A	
	d）屏蔽接地？	Y	N	N/A	
	e）测试信号接地？	Y	N	N/A	
	f）本安安全栅接地？	Y	N	N/A	
	g）对于处于不同接地点的设备通信，是否采用了适当的通信隔离技术（例如：采用通信隔离转换器，或者采用光纤连接）？	Y	N	N/A	

第6部分：现场仪表

序 号	项目描述	对选项画圈			注 释
6.1	对于所有的现场仪表，是否有失效率、失效模式，以及诊断覆盖率等有效信息？	Y	N	N/A	
6.2	供货商是否提供了建议的人工测试时间间隔，以及测试的步骤和程序等信息？	Y	N	N/A	
6.3	是否有可用的方法或手段进行周期性检验测试，以便辨识仪表设备隐蔽的危险失效？	Y	N	N/A	
6.4	设计的安全功能回路是正常带电的吗？如果不是，采用回路监测(监管电路)措施了吗？	Y	N	N/A	
6.5	每个仪表设备的接线都是相互独立(即没有公共端)的吗？如果不是，如何评判其合理性？	Y	N	N/A	
6.6	如果选用智能传感器，是否具有"写保护"措施？	Y	N	N/A	
6.7	对于现场I/O回路，是否考虑了最大以及最小负荷？	Y	N	N/A	
6.8	对于最终元件，是否有动作回讯措施，用以监测它们的动作状态？	Y	N	N/A	
6.9	对于特定应用，是否选用了适当的辅助材料(例如，密封材料)？	Y	N	N/A	
6.10	对于现场仪表，用户是否具有曾在其他应用场合使用的丰富经验？	Y	N	N/A	
6.11	电磁阀是否有防止堵塞、污垢、昆虫筑巢、凝露冻结等的措施？采取了什么有效措施？	Y	N	N/A	
6.12	对于最终元件，是否考虑了下面的这些问题：				
	a)打开和关闭的速度？	Y	N	N/A	
	b)关闭时允许的两侧差压？	Y	N	N/A	
	c)允许的泄漏量？	Y	N	N/A	
	d)阀体、执行器，以及气动或液动管路等的防火要求？	Y	N	N/A	
6.13	是否以某种方式(例如颜色编码、标牌)，对安全关键的现场仪表进行了标识？	Y	N	N/A	

第 7 部分：操作员接口

序 号	项目描述	对选项画圈			注 释
7.1	是否考虑了接口的失效(通信故障)?	Y	N	N/A	
7.2	是否有其他可用的替代方式,将工艺流程置于安全状态?	Y	N	N/A	
7.3	下面的内容是否显示在了接口上:				
	a) 工艺流程的操作顺序?	Y	N	N/A	
	b) SIS 已经发生的动作?	Y	N	N/A	
	c) 被旁路的 SIS 功能回路?	Y	N	N/A	
	d) SIS 部件或子系统出现的失效,或者处于降级状态?	Y	N	N/A	
	e) 现场仪表的操作状态?	Y	N	N/A	
7.4	在紧急状态下,对特定的工艺应用,画面的刷新速率是否满足要求?	Y	N	N/A	
7.5	确认操作员没有色盲等影响操作的健康状况?	Y	N	N/A	
7.6	是否限制了从操作员接口修改 SIS 的逻辑组态?	Y	N	N/A	
7.7	对量程等参数的更改,是否有权限保护?	Y	N	N/A	

第 8 部分：维护和工程接口

序 号	项目描述	对选项画圈			注 释
8.1	本接口的失效，是否对 SIS 本身的操作有负面影响？	Y	N	N/A	
8.2	是否有足够的访问权限保护措施？采用的是什么方法？	Y	N	N/A	
8.3	是否将维护和工程接口，用作了操作员接口？	Y	N	N/A	
8.4	在系统正常操作时，是否将维护和工程接口与 SIS 的通信连接断开？	Y	N	N/A	

第 9 部分：通信

序 号	项目描述	对选项画圈			注 释
9.1	通信失效，是否对 SIS 本身的操作有负面影响？	Y	N	N/A	
9.2	通信信号是否与其他能量源作了隔离？	Y	N	N/A	
9.3	SIS 是否有"写保护"措施，避免外部系统毁坏 SIS 的存储器？如果没有，为什么？	Y	N	N/A	
9.4	通信接口是否有足够的抗干扰能力，抵御 EMI/RFI 和电源等的影响？	Y	N	N/A	

第 10 部分：硬件技术规格书

序　号	项目描述	对选项画圈			注　　释
10.1	对物理操作环境是否做出了明确规定，技术规格书是否对下面的环境影响因素给出了具体要求：				
	a）温度范围？	Y	N	N/A	
	b）湿度？	Y	N	N/A	
	c）振动和撞击？	Y	N	N/A	
	d）防水和防尘？	Y	N	N/A	
	e）污染性气体？	Y	N	N/A	
	f）环境的其他危险因素？	Y	N	N/A	
	g）电源电压的容许波动范围？	Y	N	N/A	
	h）电源的不间断要求？	Y	N	N/A	
	i）电磁干扰？	Y	N	N/A	
	j）电离辐射？	Y	N	N/A	
10.2	所有部件的失效模式是否已知？	Y	N	N/A	
10.3	供货商是否提供了系统的危险和安全失效率，以及评估这些失效率时采用的部件可靠性数据和假设条件？	Y	N	N/A	
10.4	供货商是否提供了系统的诊断覆盖率？	Y	N	N/A	
10.5	逻辑系统的所有部件(I/O 卡件、CPU、通信卡件等)是否来自同一供货商？	Y	N	N/A	
10.6	系统掉电后，恢复上电时需要怎样的步骤以及会对工艺装置有怎样的影响，这些是否都做了充分考虑？	Y	N	N/A	
10.7	是否所有的 I/O 卡件都做了对电压峰值冲击的防护？	Y	N	N/A	
10.8	如果采用冗余的仪表设备或系统，是否充分考虑了最大限度地降低共因失效问题，并且采用的措施是什么？				

第 11 部分：硬件制造

序 号	项目描述	对选项画圈			注 释
11.1	供货商是否提供了证据，表明他们的硬件经过了第三方独立的功能安全评估？	Y	N	N/A	
11.2	供货商是否有正式的版本修订和发布控制管理程序？	Y	N	N/A	
11.3	在硬件上是否有表明版本号的标识？	Y	N	N/A	
11.4	对于材料的质量、生产加工，以及检验等，供货商是否有相应的技术要求规格书，以及工作管理规程？	Y	N	N/A	
11.5	是否有足够的预防措施，防止由于诸如静电放电等问题，对硬件造成损坏？	Y	N	N/A	

第 12 部分：应用逻辑要求

序 号	项目描述	对选项画圈			注 释
12.1	对于参与应用逻辑组态的各方，是否有正式的版本修订和交付控制管理规定？	Y	N	N/A	
12.2	对于参与组态的各方，是否有相应的措施，保证以清晰明确的、不会出现歧义的方式进行应用逻辑的组态？	Y	N	N/A	
12.3	在组态时，是否加注了必要的标题、说明，以及其他必要的注释？	Y	N	N/A	
12.4	在应用逻辑技术要求规格书中，是否对下面的问题做了清晰的、精准的阐述：				
	a) 每一个安全相关功能？	Y	N	N/A	
	b) 需要与操作员交互的信息？	Y	N	N/A	
	c) 对操作员指令的响应动作，包括针对非法的或者不期望的操作员指令的应对？	Y	N	N/A	
	d) SIS 与其他系统之间的通信要求？	Y	N	N/A	
	e) 所有内部变量和外部接口的初始状态？	Y	N	N/A	
	f) 工艺变量超出量程时必需的动作？	Y	N	N/A	

第 13 部分：嵌入（厂商）软件

序　号	项目描述	对选项画圈			注　释
13.1	供货商是否提供了证据，表明他们的所有嵌入软件经过了第三方独立的功能安全评估？	Y	N	N/A	
13.2	软件是否在类似的应用场合，有相当长时间的使用经历？	Y	N	N/A	
13.3	供货商是否提供了足够完整的软件手册，保证用户能够明白它的操作，以及懂得如何执行期望的功能性？	Y	N	N/A	
13.4	对于非正常的数学计算（例如除以 0）的后果，是否在手册中有明确的说明？	Y	N	N/A	
13.5	是否有明确的管理规定，对使用中的软件版本进行控制，以及对系统进行软件升级如何进行？	Y	N	N/A	
13.6	对于有固件的备件，是否有相应的管理规定，确保它未来使用时，能够与运行中的所有系统部件兼容？	Y	N	N/A	
13.7	是否很容易地查阅到使用中的软件版本号？	Y	N	N/A	
13.8	如果在嵌入软件中发现错误，是否由供货商及时地进行了整改处理，并且在对软件程序做了充分检查和测试后，才投用到实际的 SIS 中使用？	Y	N	N/A	
13.9	制造商是否有足够强的技术支持能力？	Y	N	N/A	

第 14 部分：软件组态

序　号	项目描述	对选项画圈			注　　释
14.1	对于软件组态，是否有相应的标准和规定？	Y	N	N/A	
14.2	在组态阶段，如果发现技术规格书或者其他设计资料中有任何错误，对于如何更正以及保存记录，是否有明确的管理规定？	Y	N	N/A	
14.3	对于设计要求的任何违背或者正面强化，是否有书面记录？	Y	N	N/A	
14.4	是否有相应的措施，确保组态的精准，避免出现歧义？	Y	N	N/A	
14.5	对于组态过程的所有活动，是否有形成并保持相应足够文档的管理规定？	Y	N	N/A	
14.6	采用的编程语言，是否便于生成和使用功能块？	Y	N	N/A	
14.7	在组态时，是否加注了必要的标题、说明，以及其他必要的注释？	Y	N	N/A	
14.8	在组态阶段，是否由用户、设计人员，以及组态人员一起对软件功能的设计进行了审查？	Y	N	N/A	
14.9	软件中是否有相应的错误检测措施，确保发现问题时，能够将其隔离、恢复正常功能，或者安全停车？	Y	N	N/A	
14.10	所有的功能都是可测试的吗？	Y	N	N/A	
14.11	是否由直接组态者之外的人员，对最终的组态进行了检查？	Y	N	N/A	
14.12	是否采用了其他辅助的编译或汇编程序？	Y	N	N/A	
14.13	采用的辅助编译或汇编程序，是否获得了基于公认标准的认证？	Y	N	N/A	

第 15 部分：工厂测试

序　号	项目描述	对选项画圈			注　释
15.1	对于最终的系统，是否有进行测试的步骤和规程？	Y	N	N/A	
15.2	对于测试的结果，是否保留了相应的记录？	Y	N	N/A	
15.3	在测试阶段，如果发现技术规格书、其他设计资料，以及组态的程序中有任何错误，对于如何更正以及保存记录，是否有明确的管理规定？	Y	N	N/A	
15.4	是否由直接组态者之外的人员，对最终的系统进行了测试？	Y	N	N/A	
15.5	软件是否在最终的目标系统中进行了测试，并非仅仅用仿真或模拟的方式进行了测试？	Y	N	N/A	
15.6	是否对每一组控制流程或者逻辑路径都进行了测试？	Y	N	N/A	
15.7	如果包含算术功能，是否对最大和最小取值都进行了测试，确保不会出现溢出状态？	Y	N	N/A	
15.8	是否采用仿真或模拟的方式，对正常状态以及可能的异常状态都进行了测试？	Y	N	N/A	
15.9	下面的各项，是否都进行了测试：				
	a）与其他系统的关联或者接口？	Y	N	N/A	
	b）逻辑控制器的硬件配置以及软件组态？	Y	N	N/A	
	c）旁路操作？	Y	N	N/A	
	d）复位操作？	Y	N	N/A	
	e）所有的功能逻辑？	Y	N	N/A	

第 16 部分：安装和调试

序　号	项目描述	对选项画圈			注　释
16.1	相关人员，是否都接受了适当的培训？	Y	N	N/A	
16.2	执行安装与调试的人员与对这些工作进行检查的人员，是否保持了相当的独立性？	Y	N	N/A	
16.3	在安装期间，是否对现场存储货物有足够的防护措施？	Y	N	N/A	
16.4	对于所有仪表设备的安装，是否有足够详细的指导文件，确保安装人员不会迷失重要的信息或决定？	Y	N	N/A	
16.5	是否对 SIS 进行了充分地检验，确保能够发现因安装造成的损坏？	Y	N	N/A	
16.6	对于诸如机柜、接线箱，以及电缆等事项，是否针对下面的问题做了充分防护：				
	a）蒸汽泄漏？	Y	N	N/A	
	b）水泄漏？	Y	N	N/A	
	c）油品泄漏？	Y	N	N/A	
	d）热源？	Y	N	N/A	
	e）机械损坏？	Y	N	N/A	
	f）腐蚀（例如：泄漏的流体物料对仪表和安装附件的腐蚀）？	Y	N	N/A	
	g）易燃易爆环境？	Y	N	N/A	
16.7	安全相关系统是否有醒目的标识，防止不经意地损害？	Y	N	N/A	
16.8	是否已经确认下面的各项能够满足安装和操作要求：				
	a）仪表设备都已正确地安装和接线？	Y	N	N/A	
	b）能量源（即电源、气源，或者液压源等）都完好？	Y	N	N/A	
	c）所有的现场仪表都已经进行了校验？	Y	N	N/A	
	d）所有的现场仪表都功能完好、可操作？	Y	N	N/A	
	e）逻辑控制器已经具备投用条件？	Y	N	N/A	
	f）与其他系统的通信都已经正常？	Y	N	N/A	
	g）旁路可操作并在操作时有相应的指示信息？	Y	N	N/A	
	h）复位功能可操作？	Y	N	N/A	
	i）手动停车功能可操作？	Y	N	N/A	
16.9	所有相关的文档是否与实际的安装保持一致？	Y	N	N/A	

续表

序　号	项目描述	对选项画圈			注　　释
16.10	下列事项是否有书面的文档记载：				
	a) 对系统进行调试的所有证明资料？	Y	N	N/A	
	b) 所有调试工作已经全部成功完成的最终确认？	Y	N	N/A	
	c) 对系统进行调试的日期？	Y	N	N/A	
	d) 用于对系统进行调试的步骤和规程？	Y	N	N/A	
	e) 表明系统已经被成功完成调试的授权签字？	Y	N	N/A	

第 17 部分：操作和维护

序　号	项目描述	对选项画圈			注　　释
17.1	针对系统的操作和维护规程，是否对相关人员进行了培训？	Y	N	N/A	
17.2	操作规程和维护规程是否完备？	Y	N	N/A	
17.3	是否有系统的用户手册、操作手册，以及维护手册？	Y	N	N/A	
17.4	系统手册中是否描述了下列各项：				
	a）安全操作的限制，如果超过相应的后果？	Y	N	N/A	
	b）系统如何将工艺过程置于安全状态？	Y	N	N/A	
	c）系统失效的相关风险，以及针对不同失效的必需动作？	Y	N	N/A	
17.5	是否有相应的措施，仅限于授权人员能够访问系统？	Y	N	N/A	
17.6	是否与操作有关的设定参数能够易于检验，确保持续正确有效？	Y	N	N/A	
17.7	是否有相关的措施，限制输入信号联锁设定值的范围？	Y	N	N/A	
17.8	当安全功能被旁路时，是否有足够的措施仍然保证安全？	Y	N	N/A	
17.9	当安全功能被旁路时，是否有醒目的指示或显示？	Y	N	N/A	
17.10	对旁路或解除旁路，是否有相应的操作步骤和规程？	Y	N	N/A	
17.11	是否有相应的步骤或规程，确保对 SIS 进行维护时，工厂仍然保持安全操作？	Y	N	N/A	
17.12	对于所有仪表设备的维护，是否有足够详细的指导文件，确保维护人员不会迷失重要的信息或规定？	Y	N	N/A	
17.13	针对系统的各个部分，是否制定了相应的维护活动和时间表？	Y	N	N/A	
17.14	对所有的操作或维护规程，是否定期地进行审查？	Y	N	N/A	
17.15	是否有变更管理规定，防止对操作和维护规程的非授权修改？	Y	N	N/A	
17.16	是否有相应的措施，确保维修时实际花费的时间，与安全评估时所做的假设相一致？	Y	N	N/A	
17.17	为了最大限度地减少潜在的共因问题，操作和维护规程是否做出了相应的规定？	Y	N	N/A	
17.18	实际进行的操作和维护，是否与书面规程保持一致？	Y	N	N/A	

第 18 部分：测试

序 号	项目描述	对选项画圈			注 释
18.1	对于所有的安全功能，包括现场仪表，是否有检验测试的书面规定和作业程序？	Y	N	N/A	
18.2	对于所有仪表设备的测试，是否有足够详细的指导文件，确保维护人员不会迷失重要的信息或规定？	Y	N	N/A	
18.3	用于确定周期性检验测试时间间隔的所有依据，是否有文档记载？	Y	N	N/A	
18.4	下面的各项是否被测试：				
	a）与工艺过程连接的引压管路？	Y	N	N/A	
	b）传感器？	Y	N	N/A	
	c）应用逻辑、计算指令，以及/或者顺序控制？	Y	N	N/A	
	d）联锁设定值？	Y	N	N/A	
	e）报警功能？	Y	N	N/A	
	f）响应速度？	Y	N	N/A	
	g）最终元件？	Y	N	N/A	
	h）手动关断？	Y	N	N/A	
	i）诊断？	Y	N	N/A	
18.5	对于测试中发现的故障，是否有记录报告？	Y	N	N/A	
18.6	是否有相应的管理规定和执行方法，将实际的安全性能与预测的或者要求的安全性能进行比较，以便采取后续措施？	Y	N	N/A	
18.7	对于发现的任何缺陷，是否有相应的改正或完善规定？	Y	N	N/A	
18.8	采用的测试仪器或工具，是否都做了标定和检验？	Y	N	N/A	
18.9	是否保存了原始的测试记录？	Y	N	N/A	
18.10	测试记录是否包括下列各项：				
	a）检验或测试的日期？	Y	N	N/A	
	b）进行测试的人员姓名？	Y	N	N/A	
	c）被测试设备的标识？	Y	N	N/A	
	d）测试的结果？	Y	N	N/A	
18.11	为了最大限度地减少潜在的共因问题，测试规程是否做出了相应的规定？	Y	N	N/A	
18.12	是否对现场收集的失效率数据进行定期审查，并与系统设计和安全性能分析中采用的数据进行比较，以便采取后续措施？	Y	N	N/A	

第 19 部分：变更管理

序　号	项目描述	对选项画圈			注　释
19.1	对于修改变更，是否有报批管理规定，并评估修改对安全的影响，例如要澄清下列问题：				
	a) 修改变更的技术依据？	Y	N	N/A	
	b) 对安全和人身安全的影响？	Y	N	N/A	
	c) 对操作和维护规程的影响？	Y	N	N/A	
	d) 需要的时间？	Y	N	N/A	
	e) 对系统响应时间的影响？	Y	N	N/A	
19.2	根据变更的范围以及影响程度，需要不同级别的审查和批准，是否对此有相应的管理规定？	Y	N	N/A	
19.3	对于计划的修改变更，是否遵循相关功能安全标准的规定，返回到生命周期的适当阶段，作为起点？	Y	N	N/A	
19.4	是否需要对项目文件(例如：操作、测试、维护规程等)做相应的更新，以便反应出所做的修改？	Y	N	N/A	
19.5	在完成修改变更后，是否对系统重新进行了测试，并将结果记录归档？	Y	N	N/A	
19.6	是否有管理程序，用于检验变更修改已经全部完成？	Y	N	N/A	
19.7	变更修改涉及到的有关部门，是否对修改进行了确认？	Y	N	N/A	
19.8	对硬件和软件的访问，是否仅限于授权的和有资质的人员？	Y	N	N/A	
19.9	对项目文件的修改，是否仅限于授权的人员进行？	Y	N	N/A	
19.10	对所有项目文件的修改变更，是否有相应的版本修订控制？	Y	N	N/A	
19.11	是否充分考虑了新版软件与原运行软件的兼容性，以及可能的后果？	Y	N	N/A	

第 20 部分：停用

序　号	项目描述	对选项画圈			注　释
20.1	对于停用活动，是否遵循了变更管理程序？	Y	N	N/A	
20.2	是否评估了对仍处于操作中的相邻工艺单元或设施的影响？	Y	N	N/A	
20.3	在停用处理期间，是否有相应的管理程序，用于保持工艺过程的安全？	Y	N	N/A	
20.4	在处理停用时，是否有相应的管理程序，规定了针对不同停用活动，要有不同的授权级别？	Y	N	N/A	

参 考 文 献

1. *Programmable Electronic Systems in Safety Related Applications-Part 2-General Technical Guidelines*. U. K. Health & Safety Executive，1987.

2. ISA-84. 01—1996. *Application of Safety Instrumented Systems for the Process Industries* .

3. *Guidelines for Safe Automation of Chemical Processes* . American Institute of Chemical Engineers-Center for Chemical Process Safety，1993.

4. *Out of Control：Why control systems go wrong and how to prevent failure*. U. K. Health & Safety Executive，1995.

16
案例分析

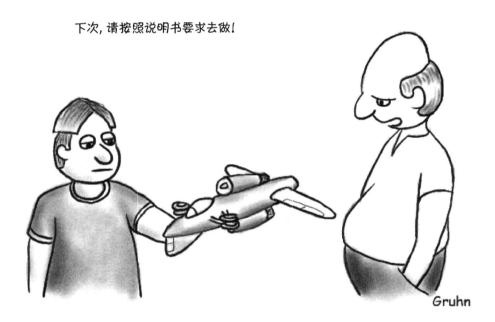

16.1　概述

　　本章案例分析，主要展示第1章~第15章中介绍的内容和技术运用到制定技术要求、设计、安装、调试，以及维护一套典型的安全仪表系统（SIS），涵盖第2章中所示的生命周期各阶段。在案例分析中，通过对特定问题解决方案的审查和讨论，读者可以进一步澄清相关技术和方法的来龙去脉，更好地理解文档管理的重要性，并消除SIS相关概念上可能存在的误解。本章的讨论，可以看作是补充的指导性资料，意在帮助读者在制定安全系统的技术要求以及设计过程中，遵循怎样的思路，关注哪些细节和要求。

　　本章重点关注的是方式或方法，而不是案例中的具体问题或者它的最终解决方案。本案例分析和相关文档做了简化，以便使注意力集中在"如何做"，而不是"做多少"。

警　　告

　　本章讨论的控制和安全保护用仪表系统，只是为了案例教学的目的，做了很多的简化处理，因此并不以任何方式反应实际生产装置的具体要求。同时，拟选系统和解决方案，并不一定符合某些国际上公认的标准（例如：国家消防协会（NFPA–National Fire Protection Association），或者美国石油学会（API–American Petroleum Institute）等等的标准）。

16.2　安全生命周期及其重要性

　　如同在第2章中强调的，ANSI/ISA 84.00.01—2004，第1~3部分（IEC 61511 Mod）给出了需要遵循的步骤，确保安全仪表系统的安全要求规格书制定、设计、安装，以及维护等全生命周期过程的完美执行。图16-1是简化的安全生命周期架构，所有技术活动可以划分为三个阶段：

　　（1）风险分析；

　　（2）设计和工程实施；

　　（3）操作和维护。

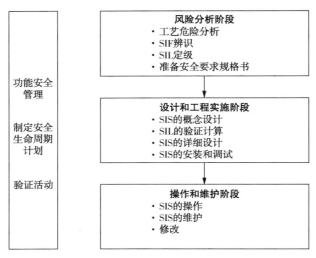

图 16-1　安全生命周期

　　风险分析阶段涵盖工艺危险分析、风险评估、安全仪表功能(SIF)辨识、安全完整性等级(SIL)定级，以及安全要求规格书(SRS)制定。

　　设计和工程实施阶段涵盖 SIS 的设计和工程执行，其中包括了 SIL 验证计算。SIL 的验证计算是为了保证安装和调试后的系统满足 SIL 要求。

　　操作和维护阶段涉及在系统的整个使用年限内，如何操作和维护系统，确保每个 SIF 的 SIL 能够持续保持。

　　标准强调了功能安全的管理、功能安全评估、构建与项目相匹配的安全生命周期架构、制定执行生命周期各项活动的计划，以及验证等活动贯彻整个安全生命周期。这些管理要求和活动，如图 16-1 左侧的纵向条块所示。

　　基于如下的原因，需要了解上述的各项活动并贯彻执行：

　　● 第 2 章回顾了英国健康和安全执行局(U. K. HSE)对控制和安全系统失效导致事故的研究结果，发现在整个生命期的各个阶段都可能出现错误。

　　● 按照生命周期的架构执行 SIS 工程项目，可以避免或者减少系统性失效。引发系统性失效的原因包括：不充分或者不完整的技术要求规格书、设计、软件规划与组态、测试、培训，以及工作程序或作业规程等等。

　　● 安全完整性等级的确定、工程执行，以及持续保持是整个安全生命周期问题。为了保持各个安全仪表功能的 SIL，生命周期的每一步都要认真完成并得到验证。

16.3 案例描述：加热炉、
燃烧加热器安全停车系统

加热炉或者燃烧加热器是炼油厂蒸馏装置常见设备，本案例是增设用于加热炉燃料控制的安全仪表系统，因为工厂领导担心现有系统不完善、不够有效，甚至不可靠。加热炉为自然通风，以天然气作燃料，并有长明灯（点火用辅助气）。图 16-2 展示了加热炉及其相关联基本过程控制的流程图。

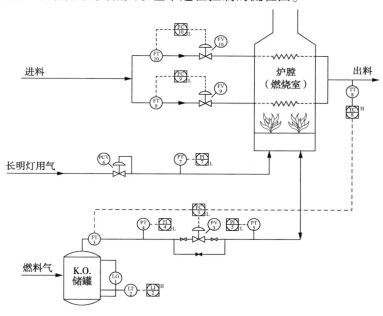

图 16-2 加热炉及其基本过程控制系统

基本过程控制系统描述

加热炉进料流量，由常规控制回路 FC-9 和 FC-10 进行控制。就地自立式压力控制器（PCV-6），调节长明灯管线压力。炉管的出料温度控制，与燃气流量控制构成串级控制的主、副回路，出料温度控制器（TC-8）的输出，作为燃气流量控制器（FC-3）的设定值，同时该流量控制器操控调节阀 FV-3。所有的常规控制回路，都在基本过程控制系统（BPCS）中实现，BPCS 安装在距离加热炉大约 200 英尺开外的控制室中。

在工艺危险审查活动中，辨识出了下列危险事件，见表 16-1。

表 16-1　加热炉危险

危　　险	可能的原因	后　　果	可能性
加热炉爆炸	长明灯熄灭	多人死亡	中等
加热炉火灾	长明灯熄灭，或者炉管中的物料没有流量	$1000000 损失	中等
炉管损坏	炉管中物料没有流量	$1000000 损失	中等

分析认为，对于上述危险事件的预防或抑制减轻，没有其他非仪表保护层可以应用。因此，推荐了下面的安全和保护仪表系统：

1. 当任意一路进料流量低时，切断燃料气(20 秒延时)；

2. 当长明灯燃气压力低时，切断主燃料气和长明灯用气；

3. 在控制室中安装一个硬接线紧急开关，用于手动切断燃料气和长明灯用气。

预计每个安全仪表功能"要求"出现的频次，低于每年一次。另外，由于安全系统失效导致每年一次加热炉误关停是可以接受的。一次误停车造成的损失大约为 $20000。

16.4　分析范围

分析的范围，包括下列生命周期步骤：

(1) 定义每个 SIF 的 SIL 目标值；

(2) 制定安全要求规格书(SRS)；

(3) SIS 概念设计；

(4) 生命周期成本分析；

(5) 验证概念设计满足 SIL 要求；

(6) 详细设计；

(7) 安装、调试，以及开车前测试；

(8) 制定操作和维护规程。

还有一些其他关键的生命周期活动没有包括在上述的范围中，也需要在上述活动之前、或者与上述活动一道，一并完成。它们是：

• 制定安全生命周期计划。对每个项目都应该制定具体的安全生命周期执行计划。标准并不要求企业必须遵循标准中给出的安全生命周期。

• 功能安全管理活动。其中包括：

　• 制定功能安全管理计划；

- 定义人员的角色和职责；
- 明确人员能力要求；
- 文档和文档控制；
- 制定功能安全验证计划；
- 制定功能安全评估计划；
- 功能安全审核。
- 与生命周期的每一步技术活动相关的验证活动。
- 功能安全评估。评估活动至少在装置开车前进行一次。

16.5 确定 SIL 目标值

必须确定每个安全仪表功能的安全完整性等级（SIL），在第 6 章讨论了一些 SIL 定级的方法，包括：

- 定性方法：3-D 风险矩阵；
- 定性方法：风险图；
- 定量方法：保护层分析（LOPA）。

在本案例分析中，我们采用 3-D 风险矩阵确定 SIL 要求。危险事件的后果和发生可能性，已经列在了表 16-1 中。

警　告

SIL 定级中采用的后果分类，是假定在没有任何安全监控措施存在的条件下，可信的最坏后果。发生可能性的分类，是假定除拟定的安全仪表功能（SIF）以外，其他非 SIS 保护层存在的前提下给出的。很多时候，在前期的安全分析和报告中，对可能性的分类包括了 SIF 存在的影响。在这种情况下，SIL 定级应该对可能性的分类进行重新调整，剔出 SIF 存在的影响，即在不考虑 SIF 的前提下，确定危险事件发生的可能性是多少。

下面表 16-2 所示的风险/SIL 定级矩阵，是图 6-2 矩阵的进一步简化。在本案例中，矩阵图依据的各种后果和可能性分类，是在没有其他附加安全保护层的条件下（在前期安全分析中，确定没有其他非 SIS 安全监控措施存在）给出的 SIL 定级。

表 16-2　简化的矩阵

后果	高	2	3	3
	中	2	2	3
	低	1	2	2
		低	中	高
		可能性		

基于上面的矩阵，两个 SIF 的 SIL 定级，如表 16-3 所示。

表 16-3　案例中加热炉的安全完整性等级要求

项　　目	安全功能	后　　果		可能性	SIL
1	进料管线流量低，或无流量	炉管损坏，$1000000 损失	中	中	2
		加热炉火灾，$1000000 损失	中	中	
2	长明灯燃气压力低	爆炸，多人死亡	高	中	3

请注意，没有为手动停车功能确定 SIL 要求。根据定义，安全仪表功能是系统的自动动作，当某种危险情形出现时，将生产设备或工艺单元置于安全状态。报警和手动停车，通常不被看作是安全仪表功能，因为它们并不是自动动作。因此，很多公司并不对报警和手动停车提出 SIL 要求并进行 SIL 定级。

16.6　制定安全要求规格书(SRS)

第五章涵盖了安全要求规格书(SRS)，它由功能要求(系统做什么)和完整性要求(系统的安全性能水平)两部分组成。在实际工程实践中，SRS 可能是一组文件。表 16-4 汇总了应该包括在 SRS 中的关键信息。将所有这些要求整理在一个表里，是为了便于查阅需要的全部信息资料。列表中的"详细要求"，解释如何满足如本案例所示的每项具体内容。如有必要，在这一项中，还可以阐述专门的规定或者说明。

表 16-4　SRS 汇总表

项　　目	详细要求
输入文件和一般要求	
P&ID	必需的。图 16-2 是实际 P&ID 的简化表述
因果图(Cause & Effect)	需附上。(如表 16-5 所示)
逻辑图	本例的因果图已经足以表达清楚逻辑要求

续表

项　目	详细要求
输入文件和一般要求	
工艺数据表	与所有现场仪表（即 FT-22，FT-23，PT-7，PT-24，以及四个切断阀）有关的，都要提供
要求 SIF 防止的、每个潜在危险事件的工艺信息（意外原因的动力学特性，最终元件等等）	需要对下列内容进行详细描述： ● 会发生怎样的爆炸、火灾，或者炉管损坏，以及安全保护仪表系统如何抑制减轻这些危险事件的发生。 ● 安全保护仪表的响应速度和精度要求。 ● 对切断阀的特殊要求（例如：火灾时的安全考虑，关闭时的密闭等级）
工艺过程公共原因失效的考虑，诸如腐蚀、堵塞，以及涂层等等	由于原油高黏度和易凝结，进料流量测量相对困难，最好采用管道嵌入式测量仪表。对于本案例，现场有良好的使用经验，确定采用科里奥利流量仪表 由于环境中存在硫化氢，需要对腐蚀采取应对措施
法规、规范要求对 SIS 的影响	需要满足 ANSI/ISA-84.00.01—2004，第 1~3 部分要求。API556 也可用作参考标准。并不强制要求完全符合标准要求
其他	无
对每个 SIF 的详细要求	
SIF 的仪表位号	参见表 16-5
SIF 必需的 SIL	参见表 16-5
预期的"要求"率	每年一次。低要求模式操作
测试时间间隔	3 个月
对于每个辨识出的危险事件，工艺安全状态的定义	安全状态是切断进入加热炉的燃料气、长明灯用气，以及被加热物料
输入 SIS 的被测工艺参数，以及关断设定值	参见表 16-5
工艺参数的正常操作范围及其量程上下限	参见表 16-5
SIS 输出控制的工艺对象，以及相关的动作	参见表 16-5
SIS 输入和输出之间的功能关系，包括逻辑、数学功能，以及必需的"允许"条件	参见表 16-5
得电或失电关停的选择	整个安全系统的逻辑，选择失电关停
手动停车的考虑	在主控室设置一个硬接线的停车开关（HS-21），该手动停车功能，必须独立于可编程逻辑控制器之外
SIS 上电启动和重新启动需要执行的相关步骤或规程的要求	必需的。需要规定

续表

项　　目	详细要求
对每个 SIF 的详细要求	
列出特定应用软件的安全要求	没有要求
旁路以及解除旁路的要求	必需的。需要规定
SIS 的动力源(电源、气源等)中断时，需要采取的动作	所有的切断阀关闭
SIS 将工艺过程置于安全状态的响应时间要求	5 秒是可接受的
当诊断出或者表现出任何故障时需要的响应动作	立即响应。定为最高优先级的维护，操作人员需要对关键参数进行重点监控，直至问题解决
人机接口要求	对任何安全系统故障或关停状态，在主控室设置专门的硬接线报警。同时要求配置手动停车按钮
复位功能	与切断阀一道，配置手动复位电磁阀
为取得必需的 SIL，对诊断功能的要求	选用智能现场传感器，以便利用它们的诊断能力。需要为切断阀配置限位开关，以便当逻辑系统使阀门关闭时，证实阀门的实际状态是否达到
为取得必需的 SIL，对维护和测试的要求	参见手动测试步骤和规程
如果出现误关停是危险的，对可靠性的要求	需要对误关停率进行计算，以便符合前期安全研究给出的要求
每个调节阀的失效模式	失效时关闭
所有传感器/变送器的失效模式	失效时置于量程下限
其他	无

表 16-5　因果图(参见图 16-3)

位号	描　　述	SIL	仪表量程	关断值	单位	关阀 XV-30A	关阀 XV-30B	关阀 XV-31A	关阀 XV-31B	备注
FT-22	加热炉进料管 A 流量	2	0-500	100.0	B/H	×	×			1
FT-23	加热炉进料管 B 流量	2	0-500	100.0	B/H	×	×			1
PT-7/24	长明灯用气压力	3	0-30	5	PSIG	×	×	×	×	2
	控制系统电源中断	NA				×	×	×	×	
	仪表气源中断	NA				×	×	×	×	
HS-21	手动停车	NA				×	×	×	×	

备注 1：在关闭阀门之前，要求有 20 秒的延时。

备注 2：所有的四个切断阀的电磁阀，都配备手动复位功能。

16.7　SIS 概念设计

SIS 的概念设计，必须符合所有相关的企业标准。与 SIL 和硬件选型有关的公司指南汇总见表 16-6。

表 16-6　基于 SIL 的 SIS 设计指南

SIL	传感器	逻辑控制器	最终元件
3	要求采用冗余传感器，或者 1oo2，或者 2oo3，取决于误关停率要求	要求冗余安全 PLC	要求 1oo2 表决
2	是否采用冗余传感器，不做硬性要求，依据 PFDavg 计算结果，决定是否采用冗余配置	要求安全 PLC	是否采用冗余配置，不做硬性要求，依据 PFDavg 计算结果，决定是否采用冗余最终元件
1	单一传感器	非冗余 PLC 或者继电器逻辑	单一最终元件

基于表 16-6 所列企业设计规定，系统配置如图 16-3 所示。

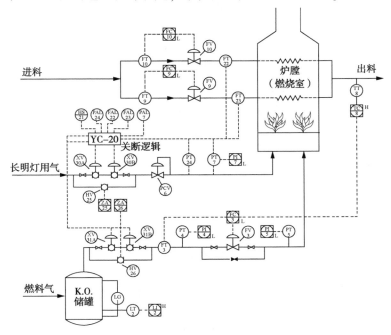

图 16-3　拟采用的安全仪表功能

概念设计要求

SIS 的概念设计(参见第 10 章)，基于在第 16.6 小节介绍的安全要求规格书(SRS)制定出的要求，以及结合公司的设计指南进行。工程承包商为了工程实施所需的关键信息，在概念设计上应该体现出来。概念设计应该遵循企业的标准和工作程序。在 SRS 和概念设计要求之间不能存在相互矛盾。

表 16-7 汇总了概念设计的基本要求。

表 16-7　概念设计汇总

系统结构	逻辑控制器应该是冗余的、经过认证的安全 PLC。系统机柜安装在主控制室。长明灯用气压力变送器，以及燃料气和长明灯用气切断阀，都选用 1oo2 表决配置。需要对设计进行 SIL 计算，确认满足了 SIL 要求。图 16-4 是整个配置的草图
最小化公共原因	1oo2 阀门和变送器至 SIS 逻辑控制器的接线，应该与 BPCS 的接线分开布置。为 SIS 配置单独的不间断电源(UPS)。所有的变送器都应该有各自的工艺管道引压接口
环境考虑	该区域的等级为 1 级、D 组、2 分区。在加热炉大气环境中含有硫化氢。在冬季，环境温度可能低至-35℃
供电电源	在主控制室内，有两套各自独立的 110V，50Hz UPS 供电系统
接地	确保遵循仪表和电源接地的公司标准
旁路	为了在线测试的需要，在长明灯用气管道的两个切断阀上，以及燃料气管道的两个切断阀上，分别并联安装一个旁路阀。在 BPCS 上设置报警，用以指示旁路阀的打开状态。没有其他旁路要求
应用软件	SIS 内所有编程，采用梯形逻辑
安保措施	对 SIS 逻辑进行访问和修改变更，遵循公司现有的网络安保和权限管理要求
操作员接口	紧急停车和诊断报警，连接到现有的硬接线报警器上。旁路阀打开报警连接到 BPCS 上

图 16-4 为拟采用 SIS 的概念设计。

图 16-4　拟采用 SIS 的概念设计

16.8 生命周期成本分析

生命周期成本汇总见表16-8。

表16-8 生命周期成本汇总

生命周期成本(20年)	材 料	人 工	总 成 本	小 计
初始固定成本				
SIL定级		$1000	$1000	
SRS/设计技术规格书		$3000	$3000	
详细设计和工程		$20000	$20000	
传感器	$24000		$24000	
最终元件	$6000		$6000	
逻辑系统	$30000		$30000	
杂项-电源、接线、接线箱等等	$4000		$4000	
初始培训		$5000	$5000	
FAT/安装/PSAT	$4000	$16000	$20000	
开车和收尾完善活动	$1000	$2000	$3000	
固定成本小计				$116000
年度成本				
持续的培训		$1000	$1000	
工程变更	$1000	$1000	$2000	
服务协议		$1000	$1000	
固定操作和维护成本		$1000	$1000	
备件	$4000		$4000	
人工测试		$8000	$8000	
维修成本	$1000	$500	$1500	
危险事件的成本				
误停车成本			$8000	
年度成本小计				$26500
年度成本的现值(PV)(20年的使用年限，5%年利率)				$330249
总的生命周期成本				$446249

16.9 验证概念设计满足 SIL 要求

在 SIS 的设计方案确定后，验证每一个安全仪表功能(SIF)是否满足安全完整性等级(SIL)要求是不可或缺的重要一环。在本案例中，有三个 SIF(即进料管流量 A 低，进料管流量 B 低，以及长明灯用气压力低)。其中，长明灯用气压力低保护功能要求 SIL3，进料流量低保护功能要求 SIL2。下面仅就 SIL3 功能回路进行分析。

我们采用第八章给出的公式进行计算。长明灯用气关断停车功能概念设计的方块图，如图 16-5 所示。

图 16-5 长明灯用气关断停车功能的方块图

假定：

平均修复时间(MTTR)：	8h
平均"要求"率：	每年一次
人工检验测试时间间隔：	3 个月
公共原因 β 因数：	5%
通过信号比较实现的变送器诊断覆盖率：	90%

失效率数据详见表 16-9。

表 16-9 失效率数据 (失效数/年)

项 目	危险失效率 λ_d	安全失效率 λ_s
变送器 PT-7/27	0.01(1/100 年)	0.02(1/50 年)
切断阀和电磁阀 XV-30A/B，XV-31A/B	0.02(1/50 年)	0.1(1/10 年)
安全 PLC	见备注 1	见备注 1

备注 1：冗余 PLC 的 PFD_{avg} 和 $MTTF^{误关停}$ 值，由供货商提供。

PFD_{avg} 计算：

PFD_{avg}(传感器) = 0.01×0.1×0.05×0.25/2 = 0.00000625

（失效率×10% 未检测出的失效×5% 公共原因×检验测试时间间隔/2）

PFD$_{avg}$（切断阀和电磁阀）= 2×0.02×0.05×0.25/2 = 0.00025

（数量×失效率×5% 公共原因×检验测试时间间隔/2）

冗余安全 PLC：PFD$_{avg}$ = 0.00005

PFD$_{avg}$（整个 SIF）= 0.000306

SIL3 的允许的最大 PFD$_{avg}$值是 0.001，因此概念设计满足了安全要求。本系统的风险降低因数（RRF = 1/PFD）是 3300，处于 SIL3 的 1000 到 10000 之间。

MTTF^{误关停}计算：

在计算误关停指标时，应该将所有的现场仪表都包括进来。

MTTF^{误关停}（传感器）= 1/（4×0.02）= 12.5 年

MTTF^{误关停}（关断阀和电磁阀）= 1/（4×0.1）= 2.5 年

MTTF^{误关停}（安全 PLC）= 1/（0.01）= 100 年

MTTF^{误关停}（整个 SIF）= 2.0 年

上面的计算表明，预计每两年将发生一次误关停，这也满足了最初规定的一年一次的要求。

16.10　详细设计

详细设计需要遵循安全要求规格书的规定，并在概念设计的基础上完成。作为详细设计一部分，应该提供下面的文档：

（1）安全/危险分析的结论以及建议；

（2）所有 PFD$_{avg}$和 MTTF^{误关停}的计算报告；

（3）管道和仪表流程图（P&ID）；

（4）仪表索引表；

（5）安全 PLC、变送器，以及阀门的选型规格数据表；

（6）回路图；

（7）因果矩阵；

（8）所有主要仪表和控制设备布置轮廓图；

（9）PLC 系统配置和组态，I/O 清单，以及梯形逻辑图；

（10）接线箱和机柜的接线图；

（11）配电盘配置图；

（12）气动系统管路配置图；

（13）备品备件清单；

（14）供货商的标准文档，包括技术规格书、安装要求，以及操作和维护手册；

（15）检查或测试的记录表单，以及步骤和规程；

（16）人工测试的步骤和规程。

16.11　安装、调试，以及开车前测试

需要完成下面活动：

● 逻辑系统的工厂验收测试（FAT）。作为详细设计活动的一部分，测试的详细要求以及相关各方的责任，需要明确和落实。所有相关方应该见证整个测试过程。

● 整个系统的现场安装。现场安装和接线，应该符合设计给出的安装图、安装说明和要求。

● 安装检查。仪表设备检查记录表单应该完整留存，并涵盖全部安装工作范围。

● 确认或现场验收测试。按照功能检查表列出的项目，遵循规定的步骤和检查程序，完成功能检查和测试。

● 开车前验收测试（PSAT-Pre-Startup Acceptance Test）。在生产装置开车前，与操作人员一起完成相关测试和验收。因果逻辑图的详细程度应该满足PSAT 要求。

16.12　操作和维护规程

必须制定 SIS 的安全操作和维护规程，也必须制定针对每个安全仪表功能的测试步骤和程序。表 16-10 为对长明灯燃气停车功能进行测试的程序。

表 16-10　长明灯燃气停车功能测试程序

步骤#	描　　述	检查 OK
1	通知所有相关工艺操作岗位的人员，测试即将开始	
2	完全打开长明灯燃料气旁路阀 HV-25，在 BPCS 的操作员画面上检查旁路阀打开报警 ZA-25，确认报警信号正确	
3	完全打开燃料气旁路阀 HV-26，在 BPCS 的操作员画面上检查旁路阀打开报警 ZA-26，确认报警信号正确	
4	确认加热炉的操作仍然稳定正常	

续表

步骤#	描　　述	检查 OK
5	关闭 PT-7 引压管的隔离阀，慢慢将引压管从隔离阀到变送器内的压力放空。随着变送器检测到的压力降低至 5 psig 时，两个长明灯燃料气切断阀，以及两个主燃料气切断阀，都将联锁关闭。记录切断阀联锁关闭时变送器的实际输出压力值，确认是否为 5 psig。确认所有四个切断阀已经完全关闭。确认整个回路的操作速度<3 秒	
6	确认主控制室报警器上以及在 BPCS 画面上，PAL-7 报警信号启动	
7	重新对 PT-7 充压	
8	确认 PAL-7 报警信号解除	
9	复位四个切断阀上的电磁阀。确认这四个切断阀立即打开	
10	重复第 5 到 9 步，测试 PT-24	
11	完全关闭长灯燃料气旁路阀 HV-25，确认在 BPCS 操作员画面上的旁路阀打开报警 ZA-25 解除	
12	完全关闭燃料气旁路阀 HV-26，确认在 BPCS 操作员画面上的旁路阀打开报警 ZA-26 解除	
13	通知所有相关工艺操作岗位的人员，变送器 PT-7 和 PT-24 以及长明灯燃料气低压联锁测试结束	
14	将全部测试记录表签字后，交付相关部门审查并存档	

测试结果/注释/发现的问题：

联锁停车检查执行人：＿＿＿＿＿＿＿＿　　日期：＿＿＿＿＿＿＿＿

工艺操作(注释)：当变送器 PT-7 或者 PT-24 的压力降到联锁设定压力 5psig 以下时，切断阀 XV-30A、XV-30B、XV-31A，以及 XV-31B，都应在 3 秒之内完全关闭。

以下是停车测试规程实例。

停车测试规程　　　　　　　　　　　　　　**规程编号：××-1**

1.0　目的

测试加热炉 F-001 的长明灯燃气低压联锁，测试变送器 PT-7 和 PT-24。

2.0　测试责任人

加热炉操作员负责完成整个测试。在测试期间，现场仪表技师给予支持和配合。

3.0　工具和其他条件

对讲机。对于本测试无其他专用工具要求。

4.0　联锁停车的检查频度

本停车逻辑，每 3 个月检查测试一次。

5.0　危险

在测试期间，1)如果长明灯燃气切断阀的旁路阀或者燃料气切断阀的旁路阀因为故障打不开，将会导致加热炉停车，并可能导致加热炉火灾或者爆炸。2)如果测试完成后不能完全关闭旁路阀，可能会导致加热炉停车功能无法正常实现。

6.0 参考资料

应该准备好下面所述文档,便于在测试中出现任何问题时随时查阅:回路图、仪表技术规格表,以及停车逻辑系统的描述。

7.0 测试的详细步骤

测试程序如表16-10所述,并参照图16-6给出的安全关断功能描述。

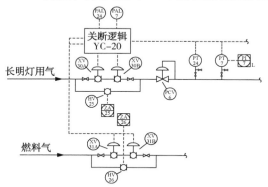

图 16-6 长明灯燃料气压力低关断系统示意图

小 结

本章所讨论的加热炉案例分析,目的就是说明如何将第1章~第15章提供的技术和方法,应用到安全仪表系统的安全要求规格书制定、设计、安装、调试,以及维护之中。在本案例中,主要展示了生命周期下列各项内容:

- 定义每个 SIF 的 SIL 目标值;
- 制定安全要求规格书(SRS);
- SIS 概念设计;
- 生命周期成本分析;
- 验证概念设计满足 SIL 要求;
- 详细设计;
- 安装、调试,以及开车前测试;
- 操作和维护规程。

参 考 文 献

1. ANSI/ISA-84.00.01—2004,Parts 1-3(IEC 61511-1 to 3 Mod). *Functional Safety: Safety Instrumented Systems for the Process Industry Sector.*